Silvia Jodas | Hellmut Woernle

Patient Tier

GEFLÜGEL GESUND ERHALTEN

Krankheiten vorbeugen, erkennen und behandeln

Begründet von Prof. Dr. Hellmut Woernle

5., aktualisierte Auflage

96 Farbfotos
23 Zeichnungen
23 Tabellen

Inhaltsverzeichnis

Vorwort

Bei der Bearbeitung der 3. Auflage von „Patient Tier, Geflügelkrankheiten“ war vor allem eine weitere Berücksichtigung der zwischenzeitlich geänderten oder erweiterten gesetzlichen Bestimmungen erforderlich. Bestimmte Arzneimittel dürfen nicht mehr bei den als Lebensmittel in Frage kommenden Tieren und tierischen Produkten angewendet werden, Wartezeiten wurden teilweise geändert, manche Gesetze wurden dem EU-Recht angepasst. Im Übrigen war die Problematik bei der mehr und mehr geforderten Auslaufhaltung mit der starken Bedrohung durch Darmparasiten und bakterielle Infektionen, beispielsweise durch Salmonellen sowie durch Influenza-A-Viren, hervorzuheben.

Da ein medikamentöses Eingreifen wegen der Gefahr der Rückstandsbildung stark eingeschränkt ist, kommt der Krankheitsvorbeugung mit dem Wissen über mögliche Geflügelkrankheiten eine besondere Bedeutung zu.

Obwohl die genaue Krankheitsermittlung, die Planung eines speziellen Impfprogrammes oder einer notwendigen Behandlung dem Tierarzt zu überlassen ist, soll dieses Buch zum Verständnis der Vorkommnisse und Maßnahmen beitragen. Da das Wohlbefinden der Tiere ganz entscheidend von ihrer Gesundheit abhängt, ist Krankheitsvorsorge auch praktizierter Tierschutz.

Die Beschreibung der einzelnen Krankheiten erfolgt, soweit möglich, wieder entsprechend dem Vorkommen in bestimmten Altersphasen. Dadurch soll die Aufmerksamkeit des Tierhalters auf mögliche Gefahren innerhalb der Altersstufen gelenkt werden.

Wer sich für die systematische Einteilung der Krankheitserreger interessiert, kann diese den Seiten 28–32 entnehmen. Darüber hinaus sind die Besonderheiten des Geflügels im Hinblick auf Körperbau und Lebensfunktionen auf den Seiten 6–21 aufgeführt.

Putenkrankheiten und häufige Krankheiten des Wassergeflügels werden ebenfalls beschrieben.

Einzelne Farbfotos hat freundlicherweise Kollege Prof. Dr. H. M. Hafez zur Verfügung gestellt, dem ich an dieser Stelle besonders danken möchte. An der Überarbeitung hat in dankenswerter Weise Frau Dr. med. vet. Silvia Jodas mitgewirkt.

Hellmut Woernle, Stuttgart

Vorwort zur 5. Auflage

Seit nunmehr 10 Jahren ist in Deutschland die Hühnerhaltung überwiegend auf Boden-, Volieren- und Freilandhaltung umgestellt. Vergessen geglaubte Hühnerkrankheiten und Haltungsprobleme sind dadurch wieder in den Vordergrund gerückt. Eine Vielzahl unterschiedlicher Beschäftigungsmaterialen, Zusatzstoffe, Impfungen und Vieles mehr werden angewendet, um die Hühner vor Erkrankungen und Verhaltensstörungen zu bewahren. Häufig führen sie aber nicht zu nachhaltigen Verbesserungen zum Wohle der Tiere. Von elementarer Bedeutung für das Wohl der Tiere während der Legeperiode sind die Bedingungen in der Aufzucht besonders bei braunen Rassen. Am wichtigsten sind die Haltungseinrichtungen und Trainingsmöglichkeiten für die Beweglichkeit und Flugfähigkeit der Tiere für eine gesunde und wirtschaftliche Legeperiode. Einzig durch die Prägung im Küken- und Junghennenalter sind die Legehennen fähig, sich im Legestall mit Futter und Wasser ausreichend versorgen zu können und mit einem stabilen Immunsystem vor Krankheiten geschützt zu bleiben. Um die Rückverfolgbarkeit der Aufzuchten transparent zu halten, wäre eine amtliche Lebendtierbeschau für Junghennen angeraten, wie sie bei Schlachttieren durchgeführt wird.

Dr. Silvia Jodas, Dachau

Anatomische und physiologische Besonderheiten des Geflügels

Skelett

Körperbau (Anatomie) und Ablauf der Lebensvorgänge (Physiologie) des Geflügels sind wie bei allen Vögeln besonders auf die Flugfähigkeit ausgerichtet. Zur Versteifung verknöchert das Skelett schon sehr frühzeitig, was den hohen Vitamin-D-Bedarf des Kükens erklärt. Der **Schultergürtel** ist als Verbindung von Flügel und Rumpf stark ausgebildet. Die kräftigen Rabenbeine dienen als Stütze zwischen den im oberen Brustkorbbereich liegenden Schulterblättern und dem den Brustkorb unten abschließenden flachen Brustbein, wo die wesentlichen Flugmuskeln angeheftet sind. Eine Gelenkvertiefung im Rabenbein nimmt zusammen mit einer Vertiefung im Schulterblatt den Gelenkkopf des Oberarmknochens auf. Eine Gelenkwalze stellt die Verbindung zum Brustbein her, wo auch die Schlüsselbeine, zum V- oder beim Wassergeflügel U-förmigen Gabelbein vereint, bindegewebig angeheftet sind. Auch die Gabeläste sind nur bindegewebig mit dem jeweiligen Rabenbein und Schulterblatt verbunden, verhindern aber ein Abdrängen der Schultergelenke vom Brustkorb beim Flug.

Ebenso zeigt die **Wirbelsäule** wegen der zum Flug notwendigen Versteifung Besonderheiten. Bei Huhn und Taube sind der zweite bis fünfte Brustwirbel miteinander verwachsen, der siebte Brustwirbel bildet schon zusammen mit den Kreuz-, Lenden- und einzelnen Schwanzwirbeln das knöcherne Becken. Die Verbindung zwischen viertem und fünftem Brustwirbel ist aber so schwach, dass es bei fütterungsbedingten Entkalkungserscheinungen zum Bruch und zur Blutung in den Wirbelkanal kommt, was sich dann als Lähmung zeigt, bei Ruhigstellung aber wieder ausheilt. Zur Gewichtserleichterung sind Oberarm- und Kopfknochen pneumatisiert. Der Kopf, beim Geflügel durch 13 bis 18 Halswirbel sehr beweglich, dient mit dem Schnabel als Greiforgan.

Der **Beckenboden** ist als Durchlass für die Vogeleier offen, der Schambeinabstand gibt einen Hinweis auf die Legetätigkeit. Die Mittelfußknochen sind zum langen Laufknochen vereint, dem sogenannten Lauf. Auch die Zehen, in der Entwicklungsgeschichte noch fünffach vorhanden, sind bei den heutigen Geflügelarten reduziert. In der Regel sind beim Hausgeflügel drei Zehen, die zweite, dritte und vierte Zehe, nach vorn gestellt. Die erste Zehe, etwas höher angesetzt, ist nach hinten gestellt. Das äußerste Zehenglied ist mit einer krallenartigen Hornscheide überzogen (s. Abb. Seite 7).

Atmung

Flugtiere haben einen hohen Sauerstoffbedarf. Der intensive Gasaustausch erfolgt in den beiden Lungenflügeln. Zur Unterstützung der Durchströmung der **Lungen** dienen die in der zwerchfelllosen Leibeshöhle liegenden neun **Luftsäcke**, Ausstülpungen der Bronchien. Die über die Lungen einfließende Luft wird blasebalgartig wieder durch die Lungen zurückgedrückt. Die Ausdehnung der Luftsäcke bis in die Oberarm- und flachen Kopfknochen hilft zugleich das Körpergewicht zu vermindern. Beim panikartigen Zusammendrängen einer Hühnerherde führt aber dann die Einengung des Brustkorbes, zumal das Zwerchfell fehlt, innerhalb von wenigen Minuten zum Ersticken der Tiere.

Der umfangreiche Kontakt von Lungen und Luftsäcken zur Atemluft wird auch zur Regulierung der Körpertemperatur benutzt. Da die dünne Vogelhaut keine Schweißdrüsen aufweist, zeigt sich bei hoher Außentemperatur die notwendige Wärmeabgabe durch intensives Atmen bei geöffnetem Schnabel (Schnabelatmung). Die gute Durchlüftung der Lungen ermöglicht eine so reichhaltige Sauerstoffversorgung, dass verhältnismäßig kleine Lungen, rückwärtig bindegewebig an der hinteren Brustwand angeheftet, ausreichen. Nachteilig ist, dass die weitverzweigten Atemwege anfällig für Pilzinfektionen und für bakterienbedingte Entzündungsprozesse sind.

Verdauungsorgane

Das Futter wird vorzugsweise nach Farbe und Form ausgewählt. Der **Gesichtssinn** ist wie der **Tastsinn** im Schnabel oder der **Gehör- und Gleichgewichtssinn** beim Vogel gut ausgebildet. Dagegen ist beim Huhn, nicht jedoch bei Taube und Wassergeflügel, der **Geschmacks- und Geruchssinn** nur schwach ausgeprägt. Auch bittere Arzneimittel werden vom Huhn problemlos über das Trinkwasser aufgenommen. Korpuskuläre Futterstoffe wie Getreidekörner zieht das Huhn den Futtermehlen vor.

Die Aufnahme von Quarzsand ist notwendig für die Arbeit und Kräftigung des Muskelmagens. Zähne und Kaumuskulatur wären für ein Flugtier im Bereich des Kopfes zu schwer. So liegt der **Muskelmagen** mit aufgenommenen Quarzsteinen als

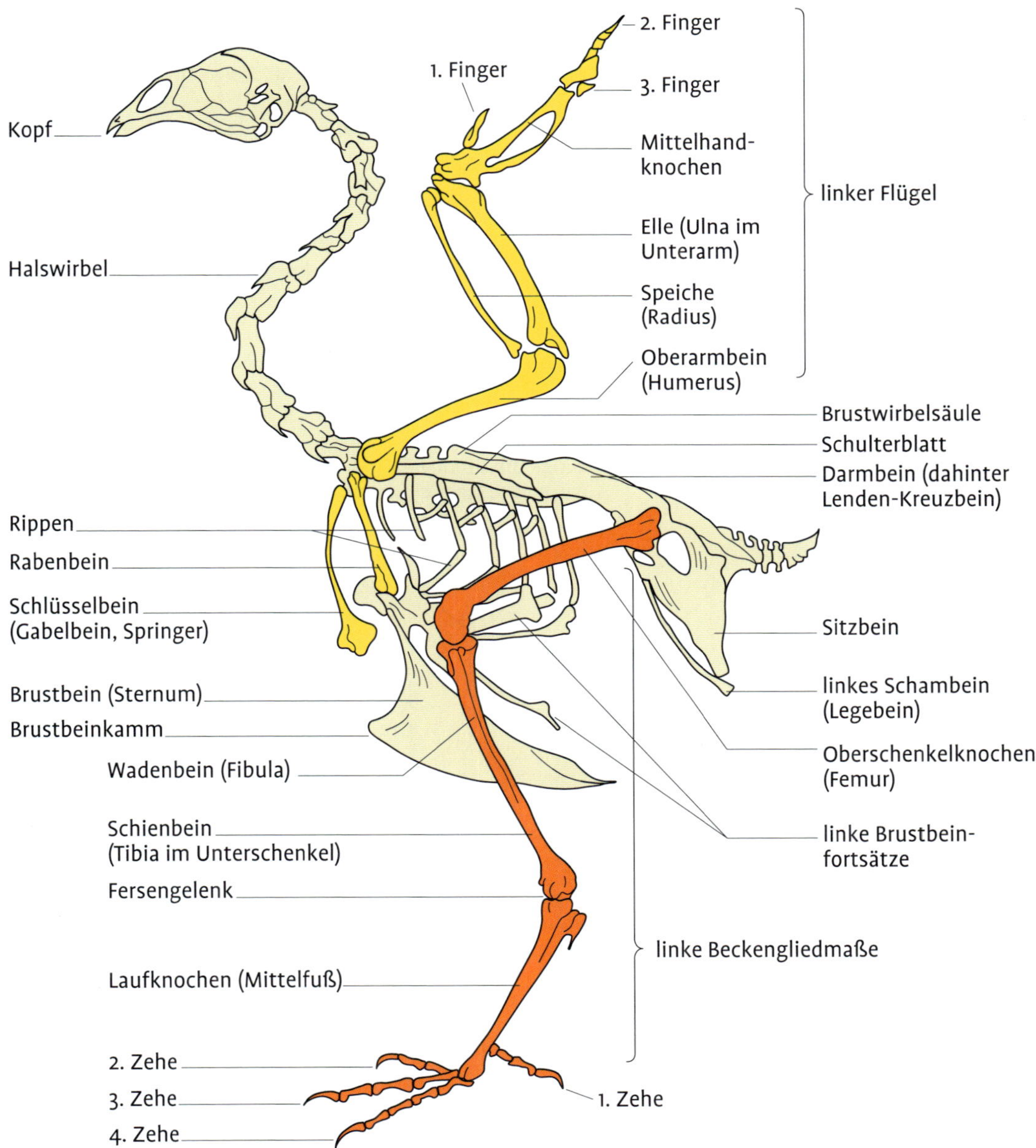

Skelett des Huhns (nach HOFFMANN *und* VÖLKER *1966).*

Zahnersatz in der Leibeshöhle, im Schwerpunkt des Vogelkörpers (Kaumagen). Beim Körner fressenden Huhn wird die Füllung des Muskelmagens über den **Kropf**, eine Ausstülpung der Speiseröhre, geregelt, wo zugleich ein Aufquellen der Nahrung erfolgt. Noch vor dem Muskelmagen muss der Kropfinhalt aber den kleinen **Drüsenmagen** passieren, der mit dem Magen der Säugetiere vergleichbar ist. Dort werden Pepsin und Salzsäure zur Einleitung der Eiweißverdauung produziert.

Die Durchmischung der Salzsäure mit dem Nahrungsbrei im Muskelmagen dient aber auch zur Abtötung der über Futter oder Einstreu aufgenommenen krankmachenden Keime, wobei die *Salmonella*-Bakterien am meisten gefürchtet sind. Wichtig ist deshalb, den Hühnern stets etwas Quarzsand zur Verbesserung der Arbeit des Muskelmagens anzubieten.

Der **Zwölffingerdarm** umschlingt die Bauchspeicheldrüse. Die Spitze seiner Schleife liegt nahe der Kloake und kann, wenn Kannibalismus vorliegt, beim Anpicken leicht nach außen gezogen werden. Als weitere Besonderheit fallen beim Hausgeflügel die beim Huhn 12 bis 25 cm, bei der Gans bis zu 34 cm langen, paarig angelegten **Blinddärme** auf. Mit ihrer Bakterienflora ermöglichen sie eine Restverdauung mit gleichzeitiger Vitaminproduktion. Die Blinddärme dienen aber auch einigen Darmparasiten und krankmachenden Bakterien als Lieblingssitz. Der bräunliche Blinddarmkot wird getrennt und ungefähr zehnmal seltener als der sonstige Darminhalt abgesetzt. Bei der Taube sind die Blinddärme allerdings ganz zurückgebildet und nur als kleine Ausstülpungen zu erkennen.

In die **Kloake** als Endabschnitt des Grimmdarmes münden auch Harn- und Ei- oder Samenleiter. Eine Harnblase fehlt. Die von den langen, der Wirbelsäule rechts und links anliegenden Nieren kommenden Harnleiter sind nur dann deutlich zu erkennen, wenn sie krankhaft mit Harnsäure angefüllt sind.

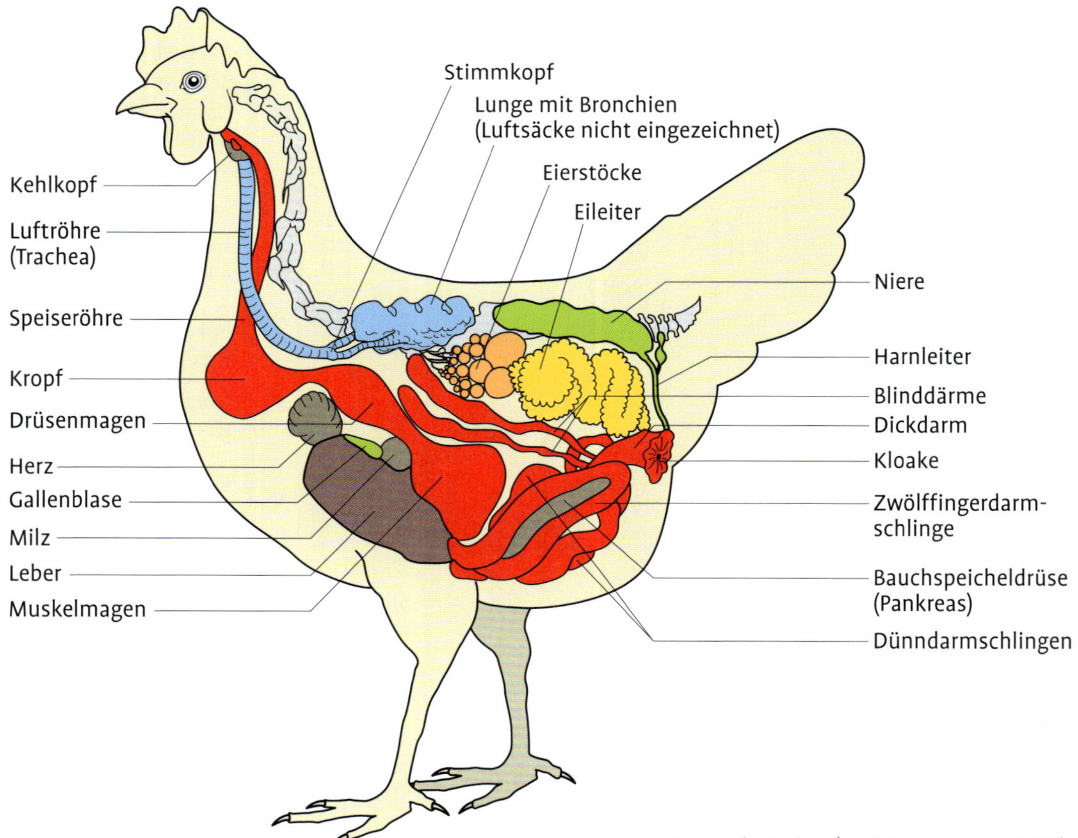

Innere Organe des Huhns (nach SCHOLTYSSEK 1987).

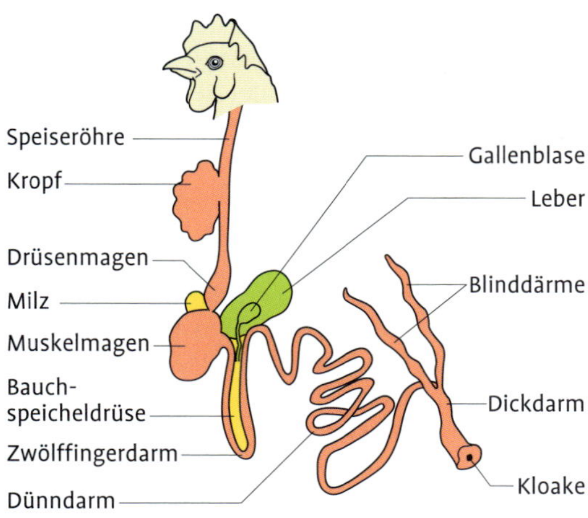

Magen-Darm-Kanal des Huhns (nach SCHOLTYSSEK *1987).*

Über der Kloake liegt die nur bei Vögeln anzutreffende **Bursa Fabricii**. Es handelt sich um ein lymphatisches Organ, das namentlich in den ersten Lebenswochen zur Ausbildung des Immunsystems bedeutungsvoll ist. Dort werden die Lymphozyten, die kleinen runden weißen Blutkörperchen, zu den Antikörperbildenden Plasmazellen geprägt, die in der Immunologie nach dieser Bursa „B-Zellen" genannt werden und die nach Einwirkung von Krankheitserregern Schutzstoffe (Antikörper) in das Blutserum abstoßen. Auch bei Säugetieren und dem Menschen wird von „B-Zellen" gesprochen, obwohl dort Darmwandzellen die Funktion der Bursa übernommen haben. Wird die Bursa Fabricii bei Küken durch eine bestimmte Virusinfektion (Infectious Bursa Disease), welche diese Bursa als Zielorgan hat, geschädigt, so leiden die Tiere später an einer Immunschwäche mit einer erhöhten Anfälligkeit für Infektionskrankheiten.

Fortpflanzungsorgane

Die Entwicklung des Embryos erfolgt beim Geflügel wie bei jedem Vogel zur Erleichterung beim Flug im nach außen abgelegten Ei. Beim **Tretakt**, der in der Regel in den Nachmittagsstunden abläuft, erfolgt die Samenübertragung durch Vorstülpen und Zusammenpressen der Kloaken von Hahn und Henne. Im Gegensatz zum Begattungsorgan des Wassergeflügels befindet sich beim Hahn im unteren Bereich der Kloake nur ein kleiner Hügel. Beim Sortieren der Hühnerküken kann diese Vorwölbung durch Ausstülpen der Kloake von Geübten erkannt werden. Nach dem Zukauf von Zuchthähnen unkontrollierter Herkunft kann es vorkommen, dass beim Tretakt über die Kloake ein Hühnerherpesvirus und beim Festhalten der Henne am Kamm das Hühnerpockenvirus übertragen wird. In reinen Hennenhaltungen treten diese Virusinfektionen dagegen nur noch selten auf.

Die Spermamenge beträgt je nach Geflügelart etwa 0,5 bis 1 ml und enthält mehrere Millionen Spermien, die in der Henne bis zu 3 Wochen, bei Puten sogar bis zu 50 Tagen befruchtungsfähig bleiben.

In der Hühnerzucht wird meistens zu 15 Hennen jeweils ein Hahn gegeben. Im Alter von etwa 5 Monaten sind die Hähne geschlechtsreif. Eine manuelle Samenübertragung ist bei Hühnern nicht üblich, zumal das Vogelsperma im Gegensatz zum Rindersperma außerhalb des Tierkörpers noch nicht wirksam konserviert werden kann. Lediglich bei der Putenzucht, wo die schweren Putenhähne beim natürlichen Tretakt eine hohe Belastung für die Putenhennen bedeuten, wird wöchentlich nach Massieren der Hähne Sperma abgesaugt, etwas verdünnt und unmittelbar danach in die Mündung des Eileiters der ausgestülpten Kloake der Putenhennen eingespritzt.

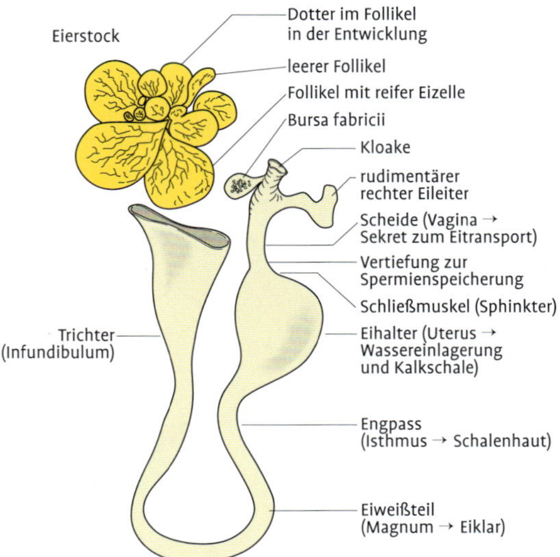

Eierstock und Eileiter (nach SCHOLTYSSEK *1987).*

Wie die beiden **Hoden** der Hähne liegt bei den Hennen auch der **Eierstock** zentral im Schwerpunkt des Tierkörpers zwischen Lungenende und vorderem Teil der linken Niere. Von den zunächst ebenfalls paarig angelegten Eierstöcken reift aber nur der linke Eierstock und ebenso der linke Eileiter bis zur **Geschlechtsreife** aus, die bei Legehennen nach 150 bis 160 Tagen, bei Puten nach 220 bis 230 Tagen und bei Enten nach 150 bis 180 Tagen erreicht wird. Der rechte Eileiter ist gelegentlich noch als rudimentäres Gebilde in Form eines Anhängsels an der Kloake anzutreffen, manchmal sogar als eine hühnereigroße, mit klarer Flüssigkeit gefüllte Blase. Schon beim Küken lässt sich im Eierstock die Anlage von bis zu 4 500 Eifollikeln zählen. Die reifen, gelben Follikel haben bereits die Größe des Eidotters. Nach dem Follikelsprung wird der Follikel vom Eileitertrichter übernommen und die Eizelle in der Keimscheibe, sofern ein Tretakt stattgefunden hat, im **Eileiter** befruchtet. Die Umhüllung der Dotterkugel mit Eiklar erfolgt vor allem im Eiweißteil des Eileiters und noch in der Eileiterenge, wo zusätzlich die unter der Eischale liegenden Schalenhäute angelagert werden. Im Eihalter (Uterus) bleibt das Ei während der Bildung von Schale und Schalenoberhaut (Kutikula) etwa 20 Stunden liegen. Insgesamt dauert die Passage durch den Eileiter 24 bis 24,5 Stunden.

Beim Ausstoß des Eies stülpt sich nun der Scheidenteil des Eileiters mit dem Ei durch die Kloake nach außen. Ein zunächst ganz sauberes Ei wird gelegt. Die an der Luft sich verfestigende Kutikula schützt es weitgehend vor dem Eindringen von Bakterien.

Bei unreinen Legeplätzen besteht aber die Gefahr, dass die Scheide des Eileiters Darmbakterien aufnimmt, die möglicherweise über den Eileitertrichter bis in die Bauchhöhle gelangen. So kommt es zur „Berufskrankheit“ der Henne, zur Eileiter- und Bauchfellentzündung. Selbst Spulwürmer können auf diesem Weg in den Eileiter gelangen und später, nach Ausbildung der Eischale, innen im Speiseei gefunden werden. Wird die Henne beim Legeakt gestört, so reizt der noch ausgestülpte Legedarm die Nachbarhühner zum Kannibalismus, der schließlich bis zum Herausziehen des Zwölffingerdarmes führt.

Innerhalb einer Legeperiode, bis zur ersten Mauser, kann eine auf Legeleistung gezüchtete Henne bis zu 300 Eier legen. Legende Hennen der schweren Putenherkünfte legen bis zu ca. 100 Eier innerhalb einer Legeperiode.

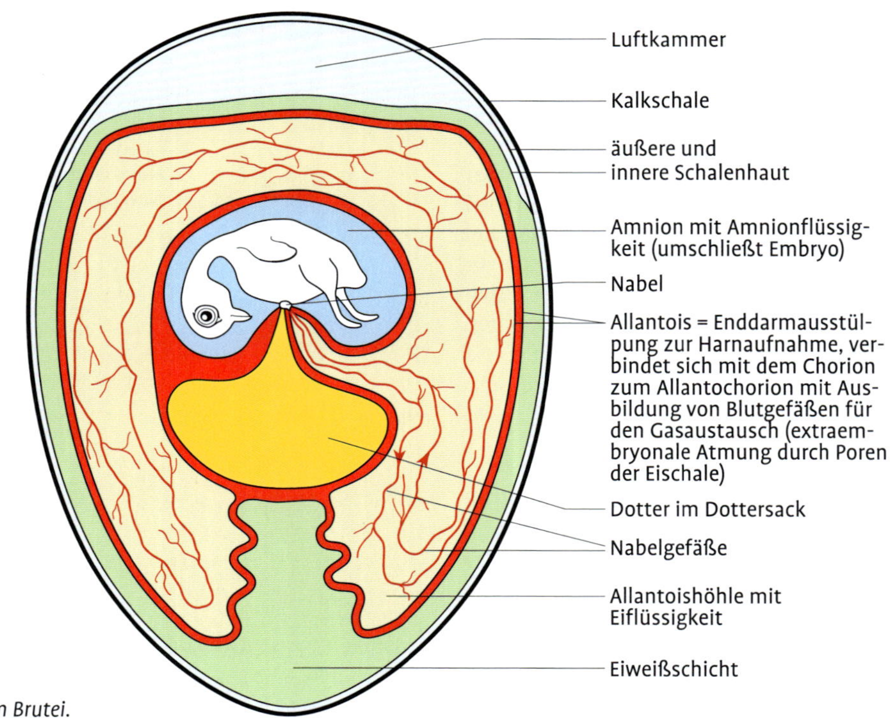

Embryo im Brutei.

Brut

Die **Brutdauer** ist bei den Vögeln unterschiedlich. Nachstehend sind die Daten für das Hausgeflügel zusammengefasst.

Huhn	20–22 Tage
Pute	26–30 Tage
Flugente	26–28 Tage
Moschusente	33–35 Tage
Gans	29–33 Tage
Perlhuhn	24–26 Tage
Wachtel	16–17 Tage
Taube	17–19 Tage
Fasan	21–24 Tage

Bei der **Kunstbrut** sind geringgradig schwankende Bruttemperaturen zu beachten, sie liegen aber alle im Bereich von 37 °C bis 38 °C.

Beim Huhn hat sich bis zum 17. Bruttag, bei der Pute bis zum 22. Tag, eine Temperatur von 37,8 °C bewährt. Anschließend ist die Temperatur auf 37 °C zu senken, weil die Küken bereits selbst Wärme produzieren. Bruteier von Wassergeflügel sind ab dem 8. Bruttag zweimal täglich bis auf Zimmertemperatur abzukühlen. Notwendig ist, während, vor allem aber gegen Ende der Brut, für reichlich Luftfeuchtigkeit zu sorgen (60 %, dann 80 bis 90 % relative Luftfeuchtigkeit) und frische Luft zuzuführen. Außerdem sollten die Eier der Hühner achtmal und der Puten viermal täglich und die des Wassergeflügels zwei- bis achtmal täglich um 180° gewendet werden. **Brutstörungen** sind oft auf einen fehlerhaften Luftfeuchtigkeitsgehalt und eine ungenügende Frischluftzufuhr zurückzuführen. Über die 7 000 bis 8 000 Poren der Eischale erfolgt der Gasaustausch. Als extraembryonale Lunge dient dabei die der Schale anliegende Chorioallantoismembran, deren Allantoisteil, der embryonale Harnsack, reichlich mit Blutgefäßen durchsetzt ist. Die Abbildung auf Seite 10 zeigt die Entwicklung des **Embryos** im Brutei.

Körpertemperatur und Pulsfrequenz

Eine weitere Besonderheit des Geflügels ist die hohe **Körpertemperatur** (etwa 41 °C bis 42 °C) und die hohe **Pulsfrequenz**: Huhn 350 bis 470, Pute 200 bis 280, Gans 200, Taube 150 bis 250, Ente 175 bis 190 Schläge je Minute.

Die Pulsfrequenz ist also beim Geflügel ohne elektronische Hilfe gar nicht messbar. Dagegen könnte die Körpertemperatur durch Einführen eines geeigneten Thermometers in die Kloake leicht gemessen werden (Fangen und Festhalten der Tiere siehe Seiten 19 und 20). Die für den Menschen gedachten Fieberthermometer sind jedoch ungeeignet, da sie nur für Temperaturen bis 42 °C ausgelegt sind, während Hühner im Fieber schnell Temperaturen über 43 °C erreichen. Ein fieberhafter Zustand ist aber leicht an der schweren Benommenheit der Tiere und bei legenden Hennen infolge der Blutgefäßerweiterung an der dunkelblauvioletten Farbe des Kammes zu erkennen. Ohne infektiöse Ursachen treten solche Bilder meist nur bei einzelnen Tieren nach Kreislauflähmung infolge einer Herzmuskelschädigung oder einer Vergiftung auf. Bei chronisch verlaufenden Krankheiten wie beispielsweise Leukose und Tuberkulose wird der Kamm blass und schrumpft schließlich.

Sinnesorgane

Beim Geflügel sind die Sinnesorgane an die besondere Lebensweise der Vögel angepasst. Außerordentlich leistungsfähig sind der Gesichts- sowie der Gehör- und Gleichgewichtssinn. Das sehr gute **Sehvermögen** mit Hilfe der verhältnismäßig großen Augen ist zur Nahrungssuche notwendig. So wird ein Weizenkorn vom Hausgeflügel noch ungefähr auf einen Meter Entfernung erkannt. Ein blindes Huhn findet tatsächlich im freien Auslauf kein und im Futtertrog nur noch selten ein Korn. Die seitwärtige Augenstellung mit einem Panoramagesichtsfeld von nahezu 360° hilft dem Geflügel Feinde frühzeitig zu erkennen. Schnelle Bewegungsabläufe im Umfeld können aber auch panikartige Flucht auslösen, was bei Stallhaltung zum Zusammendrängen, manchmal sogar zum Erdrücken führt. Wegen der schwach ausgebildeten Augenmuskeln erfolgt der gezielte Blick durch ruckartige Bewegungen des Kopfes. Das Futter wird aber nicht nur nach Korngröße, sondern auch nach Farbe beurteilt. Weicht eine neue Futterlieferung etwas in der Farbe von der vorhergehenden Charge ab, so wird vorübergehend weniger Futter aufgenommen.

Der gute **Gehörsinn** kann bei plötzlich auftretenden lauten Geräuschen, beispielsweise nahem Fluglärm, zu fluchtartigen Bewegungen innerhalb der Herde führen. Der Gehörsinn wird im Übrigen zur Verständigung unter den Artgenossen, beispielsweise zwischen Glucke und Küken, benötigt. Zum Fliegen oder Schwimmen braucht jeder Vogel einen guten **Gleichgewichtssinn**.

Vor allem zur Futterauswahl dient der **Tastsinn** mit Tastkörperchen im Bereich des Schnabels. So ziehen Hühner Körner dem Mehlfutter vor. Da das zahnlose Geflügel Quarzsand zur Unterstützung der Muskelarbeit benötigt, werden auch Sandkörner sehr gerne aufgenommen. Es empfiehlt sich daher, einmal wöchentlich jedem Tier einige Sandkörnchen anzubieten. Kalkgrit muss entsprechend dem Futter angepasst werden.

Tastkörperchen befinden sich aber auch vermehrt unter den Flügeln, am Schwanz und an den Zehen. Ein Greifen der Tiere an den Flügeln, zumal während der Mauser, löst heftige Abwehrbewegungen und Schmerzensschreie aus (Fangen und Halten siehe Seite 19f.). Bei der Haltung auf Drahtgeflechten werden Erschütterungen in einem Umkreis von mehreren Metern wahrgenommen.

Der **Geschmackssinn** ist mit Ausnahme der Taube beim Hausgeflügel, besonders bei den Hühnern, wenig ausgeprägt. Bei älteren Tieren ist die Zunge ohnedies stark verhornt, die Nahrungsbestandteile werden ohne lange Prüfung schnell abgeschluckt. So kann Hühnern auch ein bitteres Medikament im Trinkwasser angeboten werden. Lediglich bei jungen Tieren ist gegebenenfalls etwas Zuckerzusatz nötig.

Der **Geruchssinn** ist beim Huhn nur wenig, beim Wassergeflügel etwas besser entwickelt.

Haut und Federkleid

Neben der wesentlichen Aufgabe der **Haut**, den Körper vor äußeren Einwirkungen zu schützen, hat sie beim Geflügel vor allem auch für die Ausbildung des **Federkleides** zu sorgen. Schweiß- und Talgdrüsen fehlen in der äußeren Haut. Bei Überwärmung des Organismus erfolgt die Abkühlung über die Atemluft (Wärmeverbrauch durch Verdunstung) und vermehrtes Atmen (Schnabelatmung). Zum Einfetten der Federn – lebensnotwendig beim Wassergeflügel – dient das Sekret der Bürzeldrüse; sie liegt über den letzten Kreuz- und ersten Schwanzwirbeln. Aus der Bürzelzitze ergießt sich das flüssigwachsartige Sekret in einen Kranz kleiner Federn, die zum Bürzeldocht verkleben. Mit dem Schnabel werden dann von dort aus die Federn eingefettet. Außerdem gibt es noch Ohrenschmalzdrüsen im äußeren Gehörgang.

Da sich die Hautnerven im Wesentlichen auf den Bereich der Kiele der Schwung- und Steuerfedern sowie des Schnabels und der Zehen beschränken, reagiert die übrige Haut wenig auf äußere Reize.

Die **Kopfanhänge** – Kamm, Kehllappen, Wangenbehänge – bestehen aus einem doppelten Hautgebilde mit blutgefäßreicher Lederhaut sowie Bindegewebe mit Fettzellen im Inneren. Die Blutfülle kann wechseln und ist geschlechtshormonabhängig. Auch die Schwimmhäute des Wassergeflügels enthalten zahlreiche Blutgefäßverbindungen, notwendig zum Schutz gegen Erfrieren.

Ein besonderes Hautgebilde sind die **Federn**, die sich mit den Schuppen der Reptilien vergleichen lassen. Wie die Haare bei behaarten Tieren aus Haarpapillen auswachsen, entstehen die Federn aus in der Lederhaut sitzenden Federpapillen. Eine Feder besteht aus Spule und Schaft mit Innen- und Außenfahne. Hauptbestandteil des Federkleides sind die Deckfedern, bei denen die Äste der Federfahnen durch Bogen- und Hakenstrahlen fest verbunden sind; dies ist zwingend erforderlich zur Festigung besonders der Schwingen und Steuerfedern. Bei den Flaumfedern fehlen die häkchenförmigen Fortsätze, sie haben daher schlaffe Fahnen und dienen, unmittelbar der Haut anliegend, dem Wärmeschutz. Hauptsächlich am Schnabelgrund sind noch Fadenfedern zu finden, die nur aus einem ganz dünnen Schaft mit kaum ausgebildeter Fahne bestehen. Bei männlichen Vögeln ist das Federkleid meist stärker ausgeprägt und oft bunter. Bei Rückbildung des Eierstocks werden Hennen jedoch auch mehr „hahnenfedrig".

Bei heißem, trockenem Klima oder bei Stallhaltungen im Bereich starker Sonneneinstrahlung neigen Hühner dazu, sich selbst und anderen Hühnern Federn im Bereich des Rückens und des Schwanzansatzes auszurupfen, was schließlich zur kaum mehr beeinflussbaren Untugend wird (siehe Seiten 74 und 115).

Zu Herbstbeginn kommt es bei Hühnern und im Sommer und Herbst beim Wassergeflügel zur **Mauser**. Entscheidenden Einfluss auf das Auftreten der Mauser hat das kürzer werdende Tageslicht. Durch entsprechende Lichtprogramme, z. B. zu Legebeginn 12 Stunden Licht, zunehmend bis zu maximal 16 Stunden in der 28. bis 30. Lebenswoche, kann die Mauser bei reiner Stallhaltung hinausgeschoben und bis zur 75. Lebenswoche ein volles Legejahr mit bis zu 300 Eiern – je nach Rasse – erreicht werden. An der Auslösung der Mauser

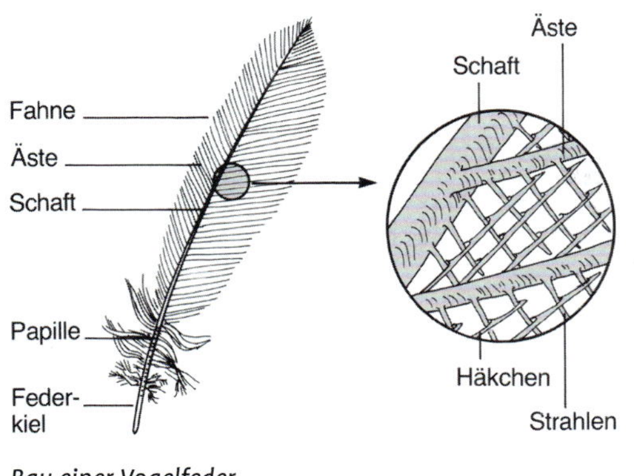

Bau einer Vogelfeder.

sind Hypophyse und Schilddrüse beteiligt. Injektionen von Schilddrüsenhormon, Futterentzug oder Krankheiten führen unabhängig von der Jahreszeit zur Mauser. Während der Mauser reagieren die Tiere besonders heftig beim Einfangen und Greifen. Überdies sind sie besonders krankheitsanfällig.

Brütende Hennen (Glucken) verlieren während der Brutzeit Federn auf der Bauchseite. In der Lederhaut erweitern sich Blutgeflechte, was zum Bild der Brutflecke führt. Beim Wassergeflügel entstehen Nestdunen, die sich die Tiere ausrupfen, um ihre Nester zum Schutz der Eier vor Kälte damit auszupolstern.

Anatomische Besonderheiten

Eigenheiten des Geflügels	Gesundheitsstörungen oder Besonderheiten
Brutei	
Lagerungseinflüsse und Transportschäden	Embryonaler Frühtod im Brutei
Embryonale Entwicklung im Ei, Amnion, Chorioallantoismembran (CAM)	Infektionen des Eidotters und Kontaminationen der Eischale (auch lebensmittelhygienische Bedeutung) Leukose-Virus, aviäres Encephalomyelitis-Virus, CELO-(Adeno-)Virus Salmonellen (*Salmonella pullorum*, *S. enteritidis*), *E. coli*, *Staphylokokken*, *Streptokokken*, *Pseudomonas aeruginosa* Mykoplasmen Seltener Infektiöse Bronchitis, Newcastle Disease, *Mycobacterium avium* (Geflügeltuberkulose), Infektiöse *Laryngotracheitis*, REO-Virus, Ornithose bei Enten, Tauben, Puten
Kalkschale etwa 7500 Poren (luftdurchlässig) Cuticula (Schleimüberzug zum Abhalten von Bakterien)	Gefahr des Eindringens von Bakterien
Mangelernährung der Elterntiere, Brutfehler (Sauerstoffmangel, nicht angepasste Bruttemperatur, zu geringe Feuchtigkeit)	Ungenügende Schlupffähigkeit, mangelhafte Dottersackresorption
Hospitalismus (Bakterienanhäufung in der Brüterei), Zugluft in Brüterei!	Nabelinfektionen
Kunstbrut und isolierte Aufzucht	Abreißen einer gewünschten Infektionskette (subklinische Durchseuchung im Jungtieralter bleibt aus, Ersatz: Impfungen!)
Skelett	
Schnabel zahnlos Frühe Verknöcherung (auch der sternalen Rippen)	Verdauungsstörungen bei Sandmangel Rachitis bei Küken, Osteomalazie der Hennen

Eigenheiten des Geflügels	Gesundheitsstörungen oder Besonderheiten
Skelett (Fortsetzung)	
Laufknochen in abnormaler Stellung	Perosis (Abrutschen der Gastrocnemiussehne vom Sprunggelenk)
Knochensystem	Tuberkuloseanfällig
Medullarknochen (östrogenabhängig) = Kalziumreserve (Ca) (nur 60 % bis 75 % des Eischalen-Ca unmittelbar aus Nahrung), Blutkalkspiegel abhängig von Vitamin D und Epithelkörperchenhormon	Osteomalazie (Entkalkungserscheinungen besonders bei Käfighühnern, Eischalen-Kalzifikation hat Vorrang)
Zweiter bis fünfter Brustwirbel verwachsen	Käfiglähmung (Bruch in der Regel zwischen viertem und fünftem Brustwirbel bei Osteomalazie)
Brustbeinkamm	Brustblasen (Schleimbeutel!)
Zehen	Ballenabszesse
Offener Beckenboden	Schambeinabstand: Hinweis auf Legetätigkeit
Muskulatur	
Feingefaserte, dichte Muskulatur, hellere Flugmuskeln, Sehnen teils verknöchert, hoher Sauerstoffbedarf der Muskulatur	Bei Beugung des Knie- und Intertarsal-(Sprung-)gelenks erfolgt Spannung der Zehenbeugesehne (Schlafstellung) Skelett- und Herzmuskeldegenerationen (zur Regeneration Vitamin E und Selen für inneren Stoffwechsel wichtig)
Zwerchfell rudimentär	Erstickungsgefahr beim Aufeinandersitzen, zur Atmung muss sich gesamter Brustkorb bewegen lassen
Eingeweidesystem	
Leibeshöhle ohne Zwerchfell als gemeinsame Körperhöhle für Lungen und Verdauungsorgane	Eileiter-Bauchfell-Entzündung betrifft den gesamten Bereich der Leibeshöhle
Verdauungsorgane Nahrungsdurchgang ja nach Legetätigkeit zur Hälfte in 4 bis 5 Stunden, zahnloser Schnabel, Choanenspalte offen	Parasitenkreislauf bei Bodenhaltung begünstigt, Schnabel zugleich Greiforgan
Kropf (Huhn rechts, Taube paarig)	Kropflähmung, Soor
Drüsenmagen (Pepsin, Magenlipase, Salzsäure)	Tumoröse Entartung bei akuter Marekscher Krankheit
Muskelmagen	bei Sandmangel: Verstopfung durch Fasermassen und verminderte Salzsäurewirkung auf Bakterien (*Salmonella*- und Tuberkulose-Bakterien)

Eigenheiten des Geflügels	Gesundheitsstörungen oder Besonderheiten
Eingeweidesystem (Fortsetzung)	
Dünndarm Duodenum (Zwölffingerdarm), Jejunum (Leerdarm), Ileum (Hüftdarm)	Infektionskrankheiten: Bakterienbefall (z.B. Geflügelcholera, Salmonellose); Virusbefall (z.B. Newcastle Krankheit); Parasitenbefall: Haarwurm-, Bandwurm-, Spulwurmbefall; Dünndarm-Kokzidiose (verschiedene Kokzidienarten)
Dickdarm 2 Blinddärme (paarig), Taube nur Ausstülpungen (bakterienbedingte Restverdauung und Zellulosespaltung)	Blinddarmkokzidiose, Pfriemenschwanz-(Heterakiden-)Wurmbefall
Enddarm (kurz), Kloake mit Mündungen der Harnsowie Samen- bzw. Eileiter	Kloakenvorfall, Ausstülpung nach Legeakt führt zum Kannibalismus (Teile des Darmes werden nach außen gezogen)
Bauchspeicheldrüse (= Pankreas) (Trypsinogen und Chymotrypsin, Lipase, Karbohydrasen, Insulin und Glukagon)	Neigt zur bösartigen Geschwulstbildung (Adenokarzinom), viel Kalzium in der Nahrung fördert Trypsinogenausschüttung und damit das Haften der Kokzidien
Leber	
Intensiver Stoffwechsel, funktionelles Blut aus Leberpfortader (kraniale Darmabschnitte), 2 Gallengänge des rechten Lappens zur Gallenblase (fehlt bei Taube)	Leberdegeneration und -dystrophie, Fettlebersyndrom durch niederkettige Fettsäuren in Nahrung, Krankheitserreger (z.B. Salmonellen) häufig in Leber, Gallenstauung bei Duodenitis und Haarwurmbefall
Atmungsorgane	
Nasenhöhlen mit Choanenspalte	Geflügelschnupfen (Schleimaustritt nach Nasendeckelgriff)
Infraorbitalhöhle	Sinusitis (Unteraugenhöhlenentzündung bei Geflügelschnupfen und Mykoplasmose)
Rachenraum Pharynx	Nadelkopfgroße, diphtheroide Stippchen bei der Newcastle-Krankheit
Kehlkopf (Larynx, ohne Stimmbänder)	Diphtheroide Beläge bei Pocken-Diphtherie
Stimmkopf Syrinx, am unteren Ende der Luftröhre, mit Stimmbändern	Klagende Laute bei Erkrankung der unteren Atemwege

Eigenheiten des Geflügels	Gesundheitsstörungen oder Besonderheiten
Atmungsorgane (Fortsetzung)	
Lungen Luftdurchgang zu 9 Luftsäcken (1 Schlüsselbein-, 2 Halsluftsäcke, 4 Brustluftsäcke, 2 Bauchluftsäcke)	Bakterien-, mykoplasmen- und virusbedingte Erkrankungen, chronische Erkrankungen der Atemwege (CRD) mit fibrinöser Luftsackentzündung Aspergillose (Schimmelpilzkrankheit der Lungen und Luftsäcke)
Atemfrequenz (etwa): Huhn 20–30/min Pute 13/min Ente 60/min Gans 20/min	Schnabelatmung bei Hitze zur Reduzierung der Körpertemperatur (etwa 41,0 °C bis 41,9 °C), Störungen bei Wassermangel und Atemwegserkrankungen
Harn- und Geschlechtsorgane	
Nieren Nutritives Blut aus Arterien, funktionelles aus Nierenpfortader (Venen der kaudalen Darmabschnitte und der Beckengliedmaßen)	Nieren- und Eingeweidegicht (Ablagerungen von Harnsäure und harnsauren Salzen) bei Nierenschädigungen und Wassermangel
Hoden (paarig) Im zentralen Schwerpunkt, zugleich Samenreservoir, Begattungsorgan beim Hahn zurückgebildet, bei Erpel 6 bis 8 cm, Ganter 7 bis 9 cm lang, ohne Harnröhre	Vereinzelt nur ein Hoden vorhanden (Monorchie); Ejakulatemenge Hahn 0,4 bis 1,25 ml Puter 0,2 bis 0,8 ml Ganter 0,05 bis 0,6 ml
Eierstock und Eileiter Nur links ausgebildet, rechter Eierstock und Eileiter rudimentär (zurückgebildet)	Zystöse Entartung: blasenartiges Gebilde rechts an Kloake hängend = rudimentärer rechter Eileiter
Schnellwachsende Follikel	Blutgefäß- und Follikelzerreißungen (Rupturen), Geschwulstleiden
Linker Eileiter beim Huhn bis 70 cm lang (Ostium-Infundibulum-Magnum-Isthmus-Uterus-Vagina-Kloake), Kalkschalenbildung im Uterusteil des Eileiters	Infektionen: Eileiterentzündung mit Fibrineinlagerung (Schichteibildung), Eileitervorfall und Kloakenentzündung; Phosphat-Ionenverlust bei Kalkschalenbildung, Folge: Osteomalazie (Rippen biegsam); Eischale vorwiegend aus kohlensaurem Kalk
Kreislaufsystem	
Herz Frequenz stark wechselnd, Huhn etwa 350/min, Wassergeflügel etwa 200/min.; hohes Herzgewicht, einfacher Aufbau, Muskelplatte statt rechter Atrioventrikularklappe,	Muskeldegeneration durch Giftstoffe z.B. von Bakterien (Intoxikationen), bakterienbedingte Entzündungsprozesse
Herzbeutel	Fibrinöse Entzündung bei chronischer Erkrankung der Atemwege (CRD) und Hühnertyphus

Eigenheiten des Geflügels	Gesundheitsstörungen oder Besonderheiten
Kreislaufsystem (Fortsetzung)	
Blutgefäße und Blut Kreislauf beim Huhn dauert 5,17 Sekunden, bei Ente 10,64 s, Gans 10,8 s; hoher arterieller Blutdruck; 3 (bei Huhn) bis 3,8 (bei Hahn) Mill. Erythrozyten/mm^3, Blutmenge etwa 7 % des Körpergewichts Köpertemperatur (in Kloake): Huhn 41,0 °C bis 41,9 °C, Ente und Pute 42,0 °C, Gans etwa 40,5 °C	Bakteriämie (Septikämie), Virämie (Newcastle-Krankheit, Infektiöse Bronchitis); Aortenruptur bei Putenhähnen; Hämorrhagisches Syndrom bei infektiöser Bursa-Krankheit sowie bei REO-Virusinfektionen und Sulfonamid-Vergiftung; Kohlenmonoxid-Vergiftung führt zur Schädigung der Erythrozyten, während eine Kohlensäureanreicherung bei mangelhafter Luftzufuhr zum Tod lediglich durch Sauerstoffmangel führt
Lymphgefäße *Ductus thoracici* doppelt, wenig lymphatisches Gewebe, etwa 28000 Leukozyten, etwa 60 % Lymphozyten	Wucherungen der Lymphozyten (weiße Blutkörperchen) in den Organen = Lymphosarkomatose (Leukose); Tumoren bei Marekscher Krankheit
Milz Kugelig, bei der Taube länglich; Im Embryo Erythrozytenbildung, später Blutabbau; Blutfilter, -speicher, Lymphozytenvermehrung zur Antikörperbildung	Vergrößert durch Lymphozytenwucherungen bei Leukose und Marekscher Krankheit; abgestorbene Zellen (Nekroseherde) bei Tuberkulose und anderen Infektionskrankheiten
Endokrines System	
Hypophyse	Beeinflusst die übrigen endokrinen Drüsen; Hormone der Hypophyse zusammen mit Thyroxin der Schilddrüse bewirken Mauser
Thymus (neben Luftröhre, ausgeprägt beim jugendlichen Organismus)	Bedeutung für zellgebundene Immunität, Verkleinerung bei Stress sowie REO-Virusinfektionen und Marekscher Krankheit
Bursa fabricii (über Kloake, bei Jungtieren deutlich sichtbar)	Bedeutung für humorale Immunität, Entzündung bei Bursa-Krankheit (Gumboro-Krankheit)
Nebennieren Zwischenstränge (bei Säugetieren = Nebennierenrinde) zwischen Marktsubstanz (Glukokortikosteroide)	Anpassung **nach** Flucht und Kampf: Wasserhaushalt, Fett- und Muskelabbau, entzündungshemmend, fördert Anfälligkeit bei Virusinfektionen, Legeleistungsabfall
Marksubstanz (Adrenalin und Noradrenalin)	Vorbereitung **auf** Flucht und Kampf: Glykogenabbau, Gefäßerweiterung im Herzen und in Skelettmuskulatur
Schilddrüse (paarig, klein über dem Stimmkopf) (Tyroxin und Trijodthyroxin)	Jodstoffwechsel, Grundumsatz, wachstumsfördernd, Mauser
Epiphiyse (Parathormon)	Bedeutung beim Tag- und Nachtrythmus
Äußere Epithelkörperchen	Blutkalkspiegel

Eigenheiten des Geflügels	Gesundheitsstörungen oder Besonderheiten
Endokrines System (Fortsetzung)	
Pankreasinseln, zahlreich in Bauchspeicheldrüse (Insulin und Glukagon)	Insulin zur Glykogensynthese, Senkung des Blutzuckerspiegels; Glukagon zum Glykogenabbau, Erhöhung des Blutzuckerspiegels;
Keimdrüsen (Geschlechtshormone)	Sekundäre Geschlechtsmerkmale
Nervensystem	
Großhirnsphären ohne Furchen	Aviäre Encephalomyelitis (AE), Newcastle-Krankheit (ND)
Kleinhirn (groß)	Lageorientierung, Gleichgewicht, Motorik; Encephalomalazie durch toxische Fettsäuren (Vitamin E beugt vor)
Chiasma opticum und periphere Nerven	Lymphozyteninfiltrate bei Marekscher Krankheit
Sinnesorgane	
Gesichtssinn sehr gut, Gesichtsfeld 360°	Panik bei schnellen Bewegungen
Gehör- und Gleichgewichtssinn sehr gut	Panik bei lauten Geräuschen
Tastsinn mit Tastkörperchen vorwiegend im Schnabel, unter den Flügeln und am Schwanzansatz: gut	Auswahl der Nahrung nach Farbe und Korngröße
Geschmacksorgane mit Ausnahme der Taube: wenig ausgebildet (Zunge verhornt)	Bittere Medikamente werden aufgenommen
Geruchssinn nicht gut ausgebildet, bei Wassergeflügel besser als beim Huhn	
Äußere Haut	
Federkleid mit Deck-, Flaum- und Fadenfedern, Nestdunen beim Wassergeflügel	Federling- und Vogelmilbenbefall, Federpicken bei trockenwarmem Klima
Hornscheiden (Schnabel, Krallen, Sporn, „Eizahn“)	Überlange Krallen bei alten Käfighühnern
Talgdrüsen nur in Bürzeldrüse und äußerem Gehörgang	
Schweißdrüsen fehlen!	Wärmestau bei Hitze (Schnabelatmung!)
Gehörgang	Mit feinem Federkranz bedeckt, äußeres Ohr fehlt

Eigenheiten des Geflügels	Gesundheitsstörungen oder Besonderheiten
Äußere Haut (Fortsetzung)	
Blutgefäßnetze in Kamm und Kehllappen	Durchblutung keimdrüsenhormonabhängig, blauvioletter Kamm bei Septikämien (Fieber); Bläschen und Krusten auf Kamm bei Pockenvirusinfektion; Kammrückbildung während Mauserzeit und bei chronischer Krankheit
„Brutflecken“ bei brütender Henne	Gefäßerweiterung am Unterbauch

Fangen und Festhalten von Geflügel

Das Einfangen von Geflügel ist zur genaueren Untersuchung von Einzeltieren, zu Blutentnahmen für serologische Untersuchungen zum Nachweis von *Salmonella pullorum*-, Mykoplasmen- oder Virusinfektionen, zur Durchführung von Injektionsimpfungen und zur Einzeltierbehandlung erforderlich. Schwere Legehennen und Puten sind auch in der Bodenhaltung leicht zu greifen. Die neugierigen Puten kommen bei ruhigem Vorgehen ohnedies auf einen zu. Bei leichten Hennen ist das Einfangen jedoch schwieriger, sie weichen aus, wenn sie nicht an eine Bezugsperson gewöhnt sind. Mit einem ausziehbaren Fanghaken gelingt es jedoch ohne große Mühe und ohne die Tiere jagen zu müssen, sie in der Fluchtbewegung am Lauf einzufangen (siehe Abb. unten). Hühner werden dann am befiederten Unterschenkel gegriffen. Wenn gleichzeitig mit dem Daumen das Sprunggelenk gestreckt wird, bleibt das Huhn ruhig. In Rückenlage unterstützt die andere Hand den Kopf und hält ihn gerade, wenn das Tier zur Begutachtung, zur Blutentnahme aus der Flügelvene oder zur Injektion in die Brustmuskulatur mit der Bauchseite nach oben zu halten ist. Sofern der die Blutentnahme oder Impfung Durchführende

Mit dem Fanghaken lassen sich Hühner gut einfangen.

Rechtshänder ist, gilt: Unterschenkel in die linke Hand, Bauchseite nach oben, Kopf nach rechts. Das Eingreifen in den Flügel zur Blutentnahme aus der Flügelvene gelingt dann leicht, und eine Injektion in die Brustmuskulatur kann kopfwärts erfolgen, die Gefahr des Anstechens der Leber mit innerer Verblutung bleibt aus. Nur wenn mit der linken Hand gearbeitet wird, gilt für den Helfer: Ständer in die rechte Hand (siehe Abb. unten)!

Keinesfalls sollten Hühner an den Flügeln gefasst werden. Im Bereich der Schwingenansätze liegen zahlreiche Nervenendigungen, was zu heftigen Abwehrbewegungen führt, wie auch das meist übliche Greifen am federlosen Lauf.

Müssen Maßnahmen an mehreren Hühnern einer Herde vorgenommen werden, so sind die Tiere mit Hilfe eines aufklappbaren Fanggitters in eine Stallecke oder durch den Stallausschlupf in ein geschlossenes Gitter, eine Hühnersteige, zu treiben (siehe Seite 21). Lebensbedrohend für Hühner ist es aber, wenn die Tiere durch das Zusammendrängen schließlich aufeinander sitzen. Der Brustkorb der unten liegenden Hühner kann nicht mehr bewegt werden, sie sterben innerhalb weniger Minuten, auch wenn der Kopf mit den Nasenöffnungen frei liegt.

Falsches Festhalten von Hühnern: Sobald das Huhn den Kopf hebt, schlägt es mit den Flügeln.

Richtiges Festhalten von Hühnern: Eine Hand unterstützt das Huhn am Hals oder Rücken, das Flügelschlagen bleibt aus; die andere Hand umgreift die befiederten Unterschenkel.

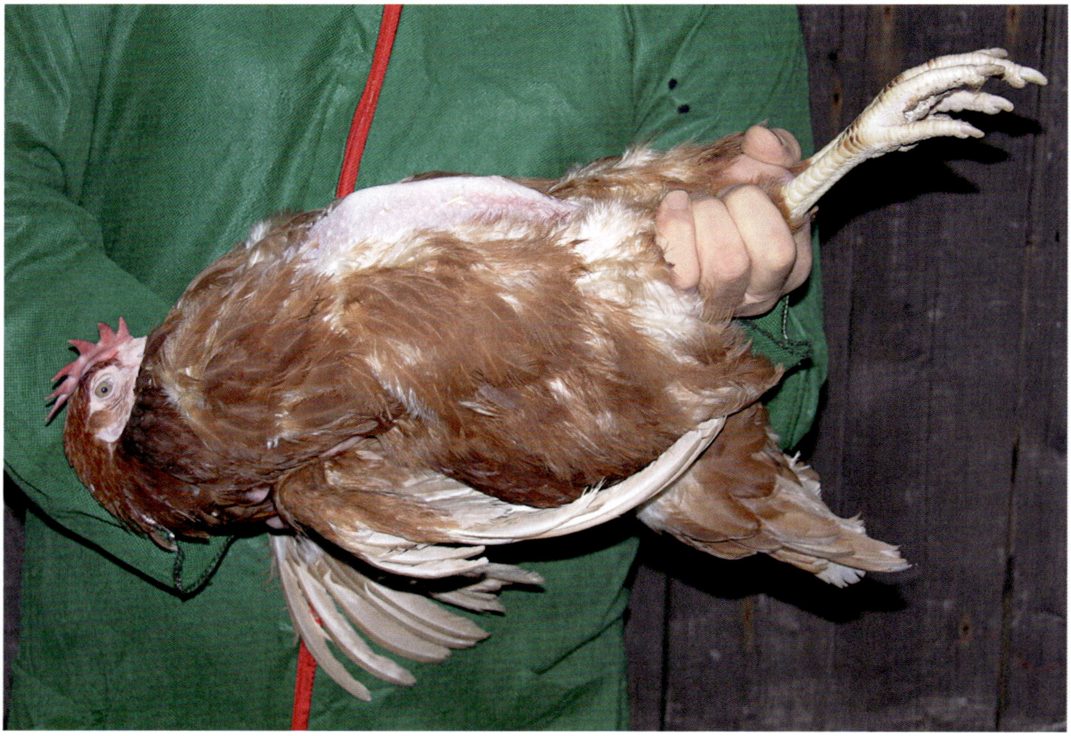

Fanggitter erleichtern das Einfangen mehrerer Hühner.

Natürliche Lebensdauer des Hausgeflügels

Den natürlichen Alterstod erleben beim Hausgeflügel wohl nur wenige Lieblingstiere, zumal die maximale Lebensdauer beim Geflügel erstaunlich hoch liegt. Schwarze und Schröder geben folgende Daten an:

Maximale Lebensdauer	
Huhn	etwa 50 Jahre
Pute	über 30 Jahre
Ente	etwa 50 Jahre
Gans	etwa 80 Jahre
Taube	etwa 50 Jahre

Durchschnittliche Lebensdauer	
Huhn	etwa 20 Jahre
Pute	etwa 12 Jahre
Ente	etwa 19 Jahre
Gans	etwa 31 Jahre
Taube	etwa 35 Jahre

Die Fangsteige dient zum Einfangen und zum Transport von Hühnern.

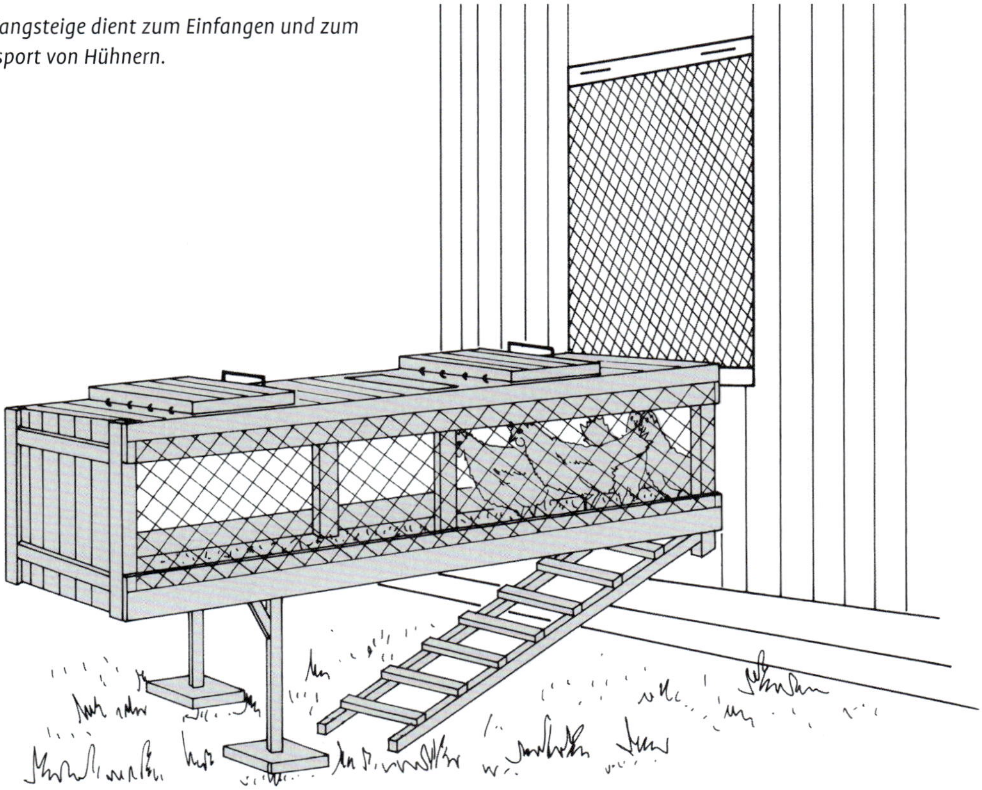

Ursachen der wichtigsten Gesundheitsstörungen

Gesundheitsstörungen des Geflügels können erb- oder anlagebedingt, aber auch haltungs- und ernährungsbedingt sein. Außerdem wird das Geflügel wie jedes Lebewesen von den verschiedensten **Krankheitserregern** bedroht oder belästigt. Dabei handelt es sich um **Pilze**, um ein- oder mehrzellige **Parasiten** aus dem Tierreich sowie um **Bakterien**, **Mykoplasmen** und **Viren**. Viren haben keinen eigenen Stoffwechsel, sie benötigen deshalb zu ihrer Vermehrung stets eine lebende Zelle, in der sie „vermehrt werden", d. h. sie regen diese Zelle an, statt der eigenen die Aufbaustoffe vom Virus zu bilden. Das, was aus der Zelle ausgeschleust oder beim Zugrundegehen der Zelle freigesetzt wird, lässt sich dann als Virus oder besser gesagt als Virion in der Größe von 15 bis 40 Millionstel mm im Elektronenmikroskop fotografieren und dient als unbelebtes Makromolekül zur Übertragung des krankmachenden Stoffes von einem Tier zum anderen, vergleichbar mit dem Samen einer Pflanze. Das Virion besteht aus genetischem Material, dem Erbträger. Er ist umgeben von Eiweiß und bei bestimmten Viren noch von einer Hülle aus Kohlenhydraten und Lipiden, was bei der Auswahl der Desinfektionsmittel zu beachten ist.

Schwierig wird die Abklärung einer Gesundheitsstörung, wenn mehrere unglückliche Faktoren zusammenwirken. So kann es sein, dass beispielsweise eine Virusinfektion bei einem Tier in gutem Allgemeinzustand ohne Störungen abläuft, beim Nachbartier aber durch das Zusammenspiel von Anfälligkeit, Mangelernährung und zusätzlichem Befall mit Parasiten oder Bakterien zum Durchbruch kommt oder gar zum Tode führt.

Erbbedingte Gesundheitsstörungen

Erb- oder anlagebedingte Gesundheitsstörungen spielen beim Geflügel infolge der neuzeitlichen Zuchtmethoden eine untergeordnete Rolle. Missbildungen treten in der Regel nur als Einzelerkrankung auf. Lediglich durch die Zucht auf hohe Legeleistung mag sich eine erhöhte Anfälligkeit für bestimmte Krankheiten ausgebildet haben, was

- Erbbedingte Anfälligkeit
- Missbildungen
- Stress:
  hohe Legeleistung
  Kükenschlupf
- Alter
- Immunstatus

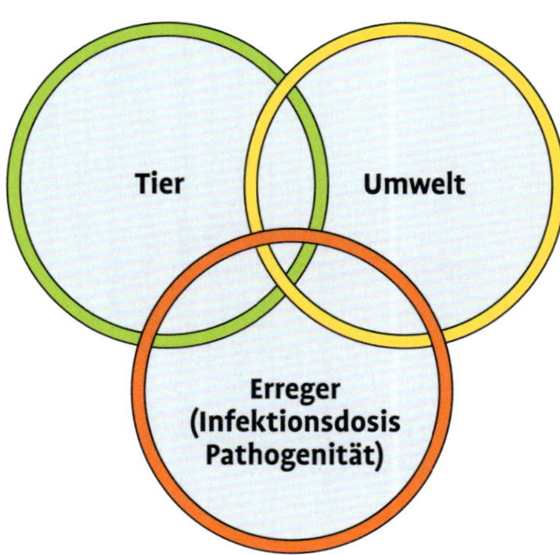

- Haltungsfehler:
  Stallklima
  Schadgase, Staub
  Transportschäden
- Ernährungsfehler:
  Wassermangel
  Futterschädlichkeiten
  Vitamin- und
  Mineralsalzmangel

- Parasiten
- Pilze und Pilztoxine
- Viren
- Bakterien
- Mykoplasmen

Das Diagramm zeigt das Zusammenspiel krankheitsauslösender Faktoren.

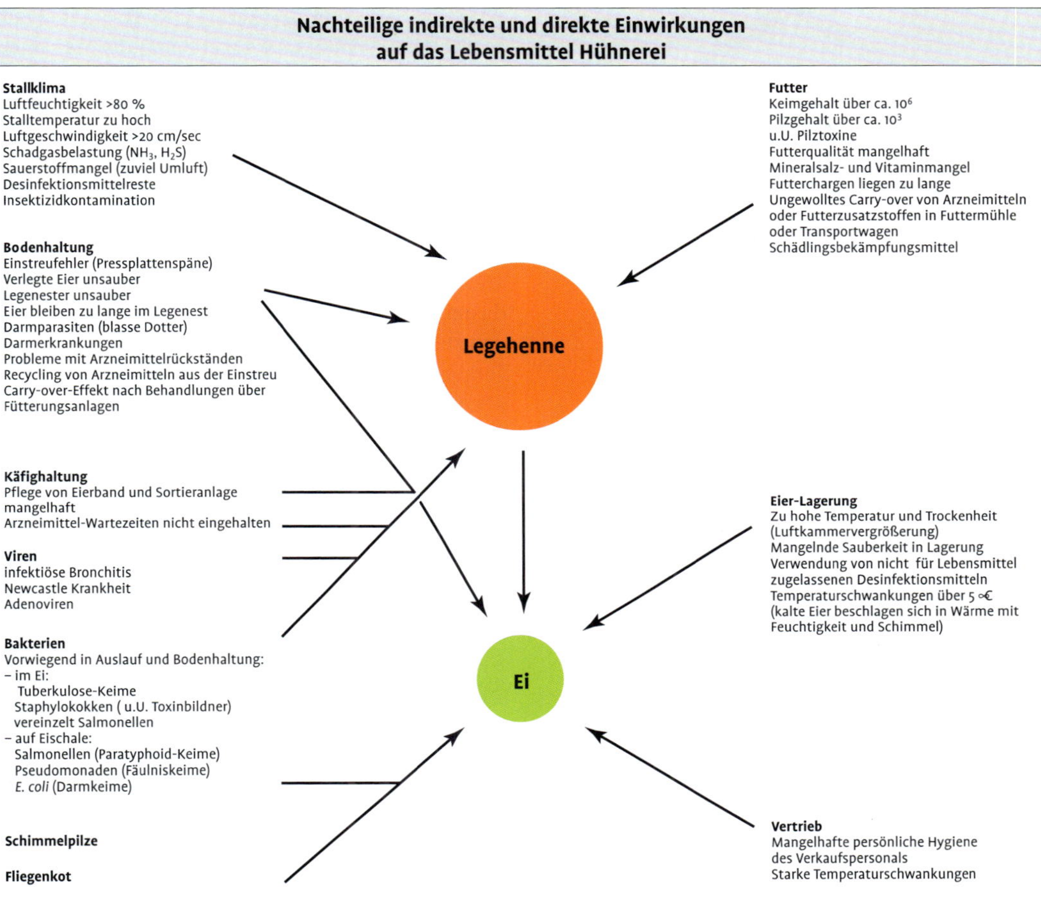

Dieses Schaubild verdeutlicht, welche Faktoren die Eiqualität indirekt oder direkt beeinflussen.

aber oft durch vorbeugende Impfungen wieder ausgeglichen werden kann.

Haltungsbedingte Gesundheitsstörungen

Legehennen, die für alternative Haltungssysteme bestimmt sind, müssen in Volierensystemen aufgezogen werden. Die beste Voraussetzung für einen guten Start der Junghenne in die Legephase und während der gesamten Legephase ist die Aufzucht der Tiere in geeigneten Aufzuchtsystemen.

Braune und weiße Legehennen zeigen unterschiedliche Eigenschaften in der Bewegung und im Verhalten. Beobachtet werden bei braunen Legehennen eine geringer Bewegungsaktivität und Flugfähigkeit als bei weißen Legehennen. Ihr Verhalten in Volierenanlagen ist ruhiger als das der weißen Kolleginnen. Außerdem halten sich braune Legetiere verglichen mit weißen Hennen mehr im Scharraum auf. Aufgrund dieser unterschiedlichen Aktivitäten ist besonders bei braunen Legehennen dem Zusammenhang zwischen Aufzuchtsystem und Haltungsform der späteren Legehennen große Beachtung zu schenken.

Beobachtungen in der Praxis bestätigen, dass Aufzuchtsysteme wie z. B. die Nivovaria Aufzuchtanlage der Firma Jansen oder die Jump Start Aufzuchtanlage der Firma Vencomatic geeignet sind zur Aufzucht brauner Junghennen.

In diesen Anlagen werden die Eintagsküken in die unterste Ebene der Aufzuchtanlagen eingesetzt, können sich hier frei bewegen, finden den Zugang zu Futter und Wasser und können diese auf der Anlage stehend aufnehmen. Bereits in den

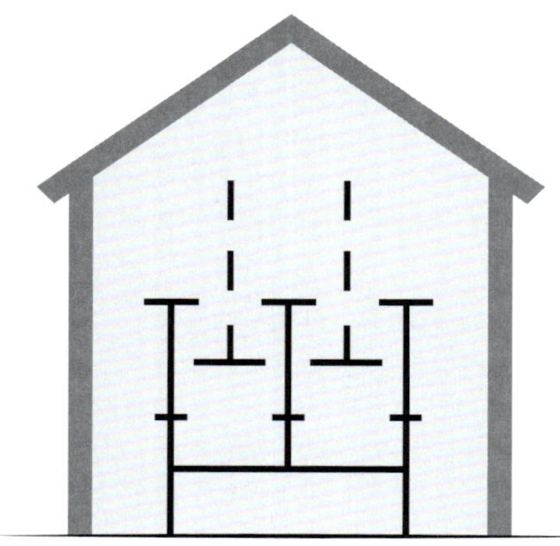

Schematische Darstellung der Junghennen Aufzuchtanlagen mit erhöhten Ebenen und variablen Tränkeeinrichtungen und Fütterungen auf erhöhten Ebenen.

ersten 10 Lebenstagen können die Küken schräg gestellte Ebenen hoch und runter laufen oder hüpfen und erhöhte Ebenen zum Sitzen und Laufen einnehmen.

Ab der 4. Lebenswoche wird das Aufzuchtsystem zum Scharraum runter geöffnet und die Küken können sich während der Tageslichtzeit im Scharraum und auf der Anlage frei bewegen. Abends gehen die Tiere hoch in die Anlage zu ihren Schlafplätzen. Ab der 6. Lebenswoche werden weitere erhöhte Ebenen zur Verfügung gestellt und teilweise mit Wasserlinien und gegebenenfalls mit weiteren Futterlinien versehen um die Bewegungsaktivität und Flugfähigkeit der Tiere zu trainieren.

Die wichtigste Prägungsphase für die Verhaltensmuster, die Beweglichkeit und Flugfähigkeit der Junghenne ist von der 1.–10. Lebenswoche. Erfolgt die Aufzucht brauner Küken auf dem Boden, lernen die Tiere Futter und Wasser im Scharrbereich aufzunehmen. Die Gewöhnung in der wichtigsten Prägungsphase Futter und Wasser am Boden stehend aufzunehmen verursacht bei braunen Junghennen eine Fehlprägung. Diese sind nicht geeignet in die vom Gesetzgeber vorgeschriebenen alternativen Haltungssystemen (Volierenhaltungen) in denen Futter- und Wasser auf der Volierenanlage angeboten wird eingestallt zu werden. Hier gilt im übertragenen Sinn das Sprichwort „was Hänschen nicht lernt, lernt Hans nimmermehr".

Auch im Legealter suchen fehlgeprägte Tiere ihre Futter- und Wasserquelle zunehmend am Boden, im Scharrbereich. Dieses bereits von der 1.–10. Lebenswoche erlernte Verhalten hat zur Folge, dass die Tiere neben Futter zunehmend auch Kot und Einstreumaterial fressen. Deshalb nimmt das Tier nicht ausreichend Nährstoffe auf um den leistungsgerechten Nährstoffbedarf zu decken. Als Folgeerscheinungen kommt es zu Ernährungsstörungen, Schwächung des Immunsystems, Infekti-

Junghennen in der 4. Lebenswoche eingestallt in Nivovaria Aufzuchtanlage.

onserkrankungen, Kannibalismus, die erwartete Legespitze wird zu keinem Zeitpunkt erreicht, Eier werden verlegt und es beginnt sehr früh ein zunehmender Legeleistungsrückgang.

Die Folgeerscheinungen beginnen schleichend. Häufig werden bereits mit der 35. Lebenswoche die Nährstoffdefizite bei den ersten Tieren deutlich sichtbar. Die betroffenen Herden erreichen die Legespitze nicht, bereits mit der 35.–45. Woche kommt es zu einem deutlichen Legeleistungsrückgang. Die Beeinträchtigung des Immunsystems hat zur Folge das Tiere häufig Infektionserkrankungen haben. Unzureichend ernährte Hühner neigen dazu verstärkt Eier zu fressen. Diese Hühner warten am Boden und im Nest auf andere Hühner um bereits in der Kloake das Ei anzupicken, dadurch werden Kloakenverletzungen und Kannibalismus begünstigt.

Juristisch hat der Legehennen-Halter die Verantwortung, dass die von ihm gekauften Junghennen in sein Volierensystem für Legehennen passen. Er hat aber in Deutschland keine Möglichkeit die Rückverfolgbarkeit belastbar zu kontrollieren. Hier ist der Gesetzgeber in der Pflicht ein ausreichend transparentes System der Rückverfolgbarkeit vom Elterntier über das Brutei bis zur Legehenne zu schaffen. Beispielsweise durch eine amtliche Lebendtierbeschau, ähnlich wie sie bei Schlachttieren vorgeschrieben ist.

Jede Haltungsform der Hühner hat Vor- und Nachteile. Bei der eingegrenzten **Auslaufhaltung** kommt es früher oder später zu einer Anreicherung von Parasiteneiern und krankmachenden Bakterien wie z. B. den auch in Wildvögeln vorkommenden Salmonellen und Influenza-A-Viren. Wird die Verabreichung von Quarzsand versäumt, kann es zu Muskelmagenverstopfungen durch Pflanzenfasermassen und zu Verdauungsstörungen kommen. Trotz Grünfutteraufnahme werden die Eidotter dann blass. Der Auslauf wird „hühnermüde". Wechselausläufe können Erleichterung bringen. Selten steht ausreichende Auslauffläche zur Verfügung, sodass die Verabreichung von Wurm- und Kokzidiosemitteln und sogar von Antibiotika zur Gesunderhaltung, auch im Sinne des Tierschutzes, notwendig wird. Aus lebensmittelhygienischen Gründen sollte dies aber möglichst vermieden werden.

Auch in der **Bodenhaltung** reichern sich im Laufe der Zeit Parasiten, vor allem Kokzidien- und Wurmeier an, weil die Einschleppung über das Schuhwerk kaum zu verhindern ist. Man spricht hier vom „hühnermüden" Stall, der allerdings beim Wechsel der Altersgruppen leichter zu desinfizieren ist als ein Auslauf. Notwendig wäre wenigstens der regelmäßige Schuhwechsel vor Betreten des Stalles. Selbst Außenparasiten wie die rote Vogelmilbe und Federlinge werden sich ohne Einsatz von Insektiziden schließlich einnisten.

Junghennen in der 13. Lebenswoche eingestallt in Nivovaria Aufzuchtanlage.

Nach innen gekippte Stallfenster verhindern das schnelle Absinken kalter Luft und sorgen für ein ausgeglichenes Stallklima. Das Entweichen der Hühner über den Öffnungsspalt muss verhindert werden.

Frisches Trinkwasser muss immer bereitstehen, die Einstreu sollte aber auch rund um die Tränke trocken bleiben.

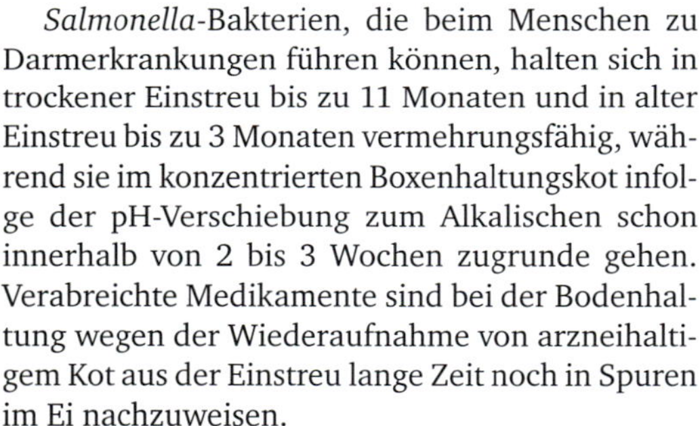

Salmonella-Bakterien, die beim Menschen zu Darmerkrankungen führen können, halten sich in trockener Einstreu bis zu 11 Monaten und in alter Einstreu bis zu 3 Monaten vermehrungsfähig, während sie im konzentrierten Boxenhaltungskot infolge der pH-Verschiebung zum Alkalischen schon innerhalb von 2 bis 3 Wochen zugrunde gehen. Verabreichte Medikamente sind bei der Bodenhaltung wegen der Wiederaufnahme von arzneihaltigem Kot aus der Einstreu lange Zeit noch in Spuren im Ei nachzuweisen.

Die vom lebensmittelhygienischen Standpunkt aus, auch wegen der sauberen Speiseeigewinnung optimale **Boxenhaltung** auf Drahtgeflechten führt dagegen zu Zielkonflikten im Hinblick auf eine tierschutzgerechte Haltungsform. Medikamente, Parasitenmittel und Insektizide werden hier während der Legeperiode praktisch nicht benötigt. Die Tiere sind jedoch im Hinblick auf Stallklima und Ernährung voll auf die Fürsorge durch einen geschulten Tierpfleger angewiesen.

Ernährungsbedingte Gesundheitsstörungen

Ernährungsbedingte Gesundheitsstörungen lassen sich bei Verabreichung der handelsüblichen Fertigfuttermischungen, die reichlich mit Vitaminen, Mineralsalzen und Spurenelementen angereichert sind, leicht vermeiden. Häufig werden die Wasserversorgung und das Angebot von Quarzsand vernachlässigt. Wird eine Mäuse- oder Rattenbekämpfung erforderlich, so sind dikumarinhaltige Präparate den für Geflügel hochgiftigen phosphorsäureesterhaltigen Mitteln vorzuziehen. Die Tabelle auf Seite 25 gibt einen Überblick über erb-, haltungs- und ernährungsbedingte Gesundheitsstörungen.

Erregerbedingte Gesundheitsstörungen

Parasiten

Die ein- und mehrzelligen Schädlinge aus dem Tierreich, zusammengefasst unter dem Begriff „Parasiten", leben entweder auf dem Tier oder im Nahrungsweg, seltener in den Atemwegen, und befallen vorzugsweise das Junggeflügel.

Wichtig ist die Kenntnis der Zeit von der Aufnahme des Parasiteneies bis zur Geschlechtsreife des Parasiten und erneuten Eiablage (**Präpatentperiode**). Nur so lässt sich beispielsweise das Ergebnis einer parasitologischen Kotuntersuchung nach dem Zukauf von Tieren richtig beurteilen, denn bevor die Parasiten nicht geschlechtsreif sind, können im Kot keine Parasiteneier nachgewiesen werden!

Trotz negativem Ergebnis der parasitologischen Kotuntersuchung kann der Parasit verborgen im Tierkörper leben. Weil überdies die Parasitenmittel in der Regel nur gegen weitgehend ausgereifte Pa-

Erb-, haltungs- und ernährungsbedingte Gesundheitsstörungen bei Geflügel

Erbbedingte Gesundheitsstörungen

Missbildungen (beim Geflügel als Einzelerkrankungen bedeutungslos)
Anfälligkeit für bestimmte Krankheiten (bedeutungsvoll, wenn Gegenmaßnahmen, z.B. Impfungen, noch nicht möglich sind wie bei der Leukose)

Haltungsbedingte Gesundheitsstörungen

Krankheitsbild	gefördert durch:
Atemnot (Schnabelatmung) und Leistungsabfall	Überhöhte Stalltemperatur und Wassermangel
Erkrankung der Atemwege	Ammoniakhaltige und staubhaltige Stallluft
Kokzidiosedurchbruch und Vogelmilbenbefall	Feuchtwarmes Stallklima (Ausreifen der Kokzidiendauerformen und Milbeneier), feuchte Einstreu
Federfressen, Kannibalismus	Trockenwarmes Stallklima, Sonneneinstrahlung
Verletzungen, Ballengeschwülste	Fehlerhafte Stalleinrichtung, ausgetrocknete, steinige Ausläufe
Herztod bei Broilern	Sauerstoffmangel zusammen mit schnellem Wachstum und Stoffwechselstörungen (Vitamin-E-Mangel)
Zu früher Legebeginn	Fehlerhaftes Lichtprogramm
Marekschе Krankheit trotz Impfung	Frühinfektion bei trockenem Stallklima und mangelhafter Beseitigung des erregerhaltigen Stallstaubs (Luftschächte, Ventilatoren) früherer Aufzuchten

Ernährungsbedingte Gesundheitsstörungen

Krankheitsbild	gefördert durch:
Krankheitsanfälligkeit	Vitaminmangel (Vitamin-A-Mangel und reichliche Kalziumgaben fördern Kokzidiosedurchbruch)
Rachitis der Küken	Vitamin-D- und Mineralsalzmangel
Darmerkrankungen	Ernährungsfehler, hoher Keimgehalt des Futters (mangelhafte Silopflege)
Nierenerkrankungen und Leistungsabfall, Blaukammkrankheit	Wassermangel
Fettlebersyndrom	Mangel an ungesättigten Fettsäuren (Linolsäure) oder Cholin- und Eiweißmangel zusammen mit Resorptionsstörungen bei Darmerkrankungen
Verdauungsstörungen, Magenverstopfung	Fehlendes Quarzsandangebot, Steinchenmangel im Muskelmagen
Entkalkungerscheinungen der Knochen, Käfiglähmung bei Legehennen	Mineralsalzmangel (phosphorsaurer Kalk) bei hoher Legeleistung
Vergiftungen	Gelegentlich nach Aufnahme von phosphorsäureesterhaltigen Schädlingsbekämpfungsmitteln, phosphorhaltigem Mäusegift, oder von reichlich Kochsalz bei gleichzeitigem Wassermangel, falsche Dosierung von Arzneimitteln

rasiten wirken, ist auch die Wiederholung eingeleiteter Bekämpfungsmaßnahmen auf die Präpatentzeit auszurichten. Da der Parasitenkreislauf stets die Außenwelt einschließt, kann die Übertragungskette aber zudem durch entsprechende Haltungs- und Desinfektionsmaßnahmen, also durch ganz allgemeine hygienische Vorkehrungen unterbrochen werden. Zur Abtötung der widerstandsfähigen Parasiteneier sind jedoch besondere Präparate erforderlich (siehe www.dvg.de).

Federlinge, die ständig auf dem Tier leben, verschwinden nach einer 14-tägigen Leerphase des gereinigten Stalles, rote Vogelmilben nisten sich dagegen vorzugsweise in den Schlupfwinkeln von Holzställen ein und überleben dort auch den Winter. Parasiten sind meist schon mit dem bloßen Auge zu erkennen, deren Eier sowie Protozoen kann man unter dem gewöhnlichen Lichtmikroskop sehen (Präpatentperiode siehe Seite 30).

Pilze

Wie die Luftkammern im Brot sind auch die Vogellungen mit ihren Anhängseln, den Luftsäcken, besonders anfällig für Pilzbefall, der dann zu der Schimmelpilzerkrankung **Aspergillose** führt. Der häufigste Erreger ist *Aspergillus fumigatus*. Gefürchtet wird aber auch von Pilzen und deren hitzestabilen Giftstoffen befallenes Geflügelfutter.

Am bekanntesten sind *Aspergillus flavus*, der unter bestimmten klimatischen Bedingungen während der Erntezeit der Futtermittel in südlichen Ländern Aflatoxine (Pilzgifte) produziert, und *Aspergillus ochraceus*, der auch im europäischen Klima verschiedenartige Ochratoxine (Pilzgifte) abgibt. Feucht gewordene Einstreu oder feuchtwarmes Futter bieten einen guten Nährboden für Pilze.

Bakterien

Die Bakterien wirken krankmachend durch eine Zerstörung des Gewebes, auf dem sie leben, aber auch durch die Produktion von Giftstoffen, die dann oft den Gesamtorganismus, Herz und Blutgefäße schädigen. Entzündungsprozesse führen zu erhöhter Körpertemperatur, bei einem Übergang der Keime in die Blutbahnen kommt es zur Bakteriämie oder, bezogen auf die Giftstoffe, zur Septikämie. Der „Vorteil" einer bakterienbedingten Erkrankung im Gegensatz zur Virusinfektion liegt darin, dass Bakterien auf Agarnährböden leicht kultiviert (siehe Seite 68) und identifiziert sowie mit Hilfe von Chemotherapeutika geschwächt oder abgetötet werden können. Zu den Chemotherapeutika zählen auch die ursprünglich und vielfach heute noch aus Pilzkulturen gewonnenen Antibiotika.

Da der Einsatz dieser Medikamente aber wegen lebensmittelhygienischer Bedenken möglichst vermieden werden sollte, liegt der Schwerpunkt der Bekämpfung bakterieller Erkrankungen in der Unterbrechung der Übertragungskette durch Trennung der einzelnen Herden, Kontrolle beim Zukauf und Maßnahmen zur Verhinderung der Einschleppung der Erreger. In der Umgebung der Tiere lassen sich die meisten für das Geflügel gefährlichen Bakterien verhältnismäßig leicht durch die üblichen Desinfektionsmittel vernichten. Schwierigkeiten bereiten lediglich Sporen der Clostridien und das Geflügeltuberkulose-Bakterium. Bei den im Vogeldarm vorkommenden und notwendigen Darmbakterien ist es wichtig, dass die Mengenverhältnisse der einzelnen Bakterienarten zueinander nicht durch eine fehlerhafte oder einseitige Ernährung gestört werden.

Mykoplasmen

Mykoplasmen stellen beim Geflügel eine Bedrohung vor allem der Atemwege dar und sind in Geflügelherden nur schwer ausrottbar, obgleich die Überlebensdauer dieser Mikroorganismen – kleiner als Bakterien und ohne starre Zellwand – außerhalb des Tierkörpers sehr kurz ist und sie deshalb mit Desinfektionsmitteln schnell abgetötet werden können. Gleichzeitig auftretende Begleitinfektionen beeinflussen den Krankheitsverlauf. Mykoplasmen wachsen auf speziellen, serumhaltigen Nährböden und bilden typische Kolonien, die wie ein winziges Spiegelei aussehen (siehe Seite 83). Die Träger der Erreger lassen sich durch eine Blutuntersuchung ermitteln. Die Sanierung infizierter Bestände kann durch Impfung mit inaktivierten Impfstoffen (siehe Seite 59), Räumung des Bestandes sowie durch Vermeidung der Übertragung vom Elterntier auf die Küken erfolgen.

Viren

Viren können verlustreiche Seuchen auslösen, oft aber auch lediglich zu einem Legeleistungsabfall führen, ohne dass dabei irgendwelche Krankheitszeichen besonders auffallen. Die krankmachende Wirkung der Viren besteht hauptsächlich in der Schädigung oder Zerstörung der Wirtszellen, in denen sie vermehrt wurden. Insbesondere in den Atemwegen und im Darm kommt es dann häufig zu einer zusätzlichen Besiedlung der vorgeschädigten Schleimhäute mit Bakterien. Die Viren waren dann Wegbereiter für die Bakterien, bei denen es sich oft um die an sich harmlosen, den Darm bewohnenden *Escherichia-coli*-Keime handelt.

Virusinfektionen mit Erregern aus dem Umfeld der Hühner, oft verbunden mit Infektionen durch Mykoplasmen oder den stets vorhandenen *Escherichia-coli*-Bakterien, führen besonders bei Haltung der Tiere getrennt nach Altersgruppen zur akuten Erkrankung. Bei gemeinsamer Haltung von Jung- und Alttieren erfolgt dagegen die Durchseuchung meist noch unter dem Schutz der im Eidotter mitgegebenen mütterlichen Abwehrstoffe, der Antikörper, oder aber in der Zeit des widerstandsfähigen Jungtieralters. Zur Vorbeugung müssen deshalb zumindest die wegen der Bakterien- und Parasitengefahr abgetrennt gehaltenen Jungtiere im Küken- und Jungtieralter bestimmten Impfprogrammen zum Schutz vor Virusinfektionen unterworfen werden (siehe Seiten 58–60). Nebenstehend sind Leistungseinbrüche nach einigen Virusinfektionen von ungeschützten, nicht geimpften Legehennenherden aufgezeigt.

Eine Unterbrechung der Übertragungskette ist bei den Viren schwierig, weil sie auch auf dem Luftweg, an Staubpartikeln haftend, übertragen und oft von infizierten Tieren (Virusträgern) lange Zeit oder dauernd ausgeschieden werden.

Aus der weiteren Umgebung oder gar aus dem Ausland brechen nach Zukauf von Tieren gelegentlich Viren ein, die bei allen Altersgruppen eine Infektionskrankheit mit typisch seuchenhaftem Verlauf auslösen können. Von der Newcastle-Krankheit sind dann beispielsweise Auslaufhaltungen, vor allem, wenn sie an einem virusverbreitenden Wasserlauf liegen, besonders gefährdet. Bei reiner Stallhaltung gelingt die Abschirmung nach außen besser. Hier helfen jedenfalls auch im Legealter fortgeführte Impfungen.

Da Chemotherapeutika gegen Viren wirkungslos sind und lediglich bei den nachfolgenden bakteriellen Krankheiten nützen, liegt der Schwerpunkt bei der Bekämpfung der Viruskrankheiten in der vorbeugenden Impfung. Wie bei kaum einer anderen Tierart sind beim Geflügel Impfstoffe erprobt und verfügbar. Durch Blutuntersuchungen lässt sich der Grad der Immunität nachweisen, Termine für Wiederholungsimpfungen können entsprechend festgelegt werden.

Zur Ermittlung (Diagnose) der Viruskrankheiten dienen neben dem Zerlegungsbefund der Erregernachweis in Zellkulturen und Verfahren zur Bestimmung der im Serum betroffener Tiere vorhandenen Antikörper (Schutzstoffe). Auf zellfreien Nährböden lassen sich Viren nicht vermehren,

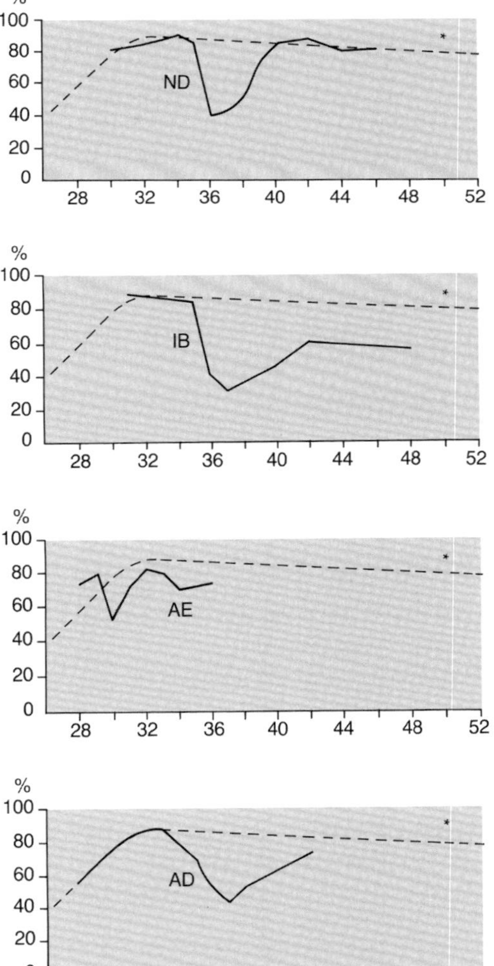

Legeleistungseinbrüche nach verschiedenen Virusinfektionen: ND = Newcastle-Krankheit, IB = Infektiöse Bronchitis, AE = Aviäre Encephalomyelitis, AD = Adenovirusinfektion (eigene Befunde).

da sie den Zellstoffwechsel der lebenden Zelle benötigen. Im gewöhnlichen Lichtmikroskop sind Viren nicht sichtbar. Wenn lösliche Viruseiweiße aber in einem Agarmedium mit den dazu passenden Antikörpern zusammentreffen, kommt es dort, wo gleiche Mengenverhältnisse vorliegen, zu einer Ausfällung (Agar-Gel-Präzipitationstest, Immundiffusionstest, siehe Seite 81).

Übersicht über die Krankheitserreger des Geflügels

Die häufigsten Parasiten

Unterbrechung der Übertragungskette durch Anwendung von Desinfektionsmitteln und Insektiziden möglich!

Außenparasiten	**durchschnittliche Entwicklungszeit bis zur Eiablage (Präpatenz)**
Spinnentiere (Arachnida, 4 Beinpaare)	
Rote Vogelmilbe (*Dermanyssus gallinae*)	7 Tage
Kalkbeinmilbe (*Knemidocoptes mutans*) Hauträudemilben, Luftsackmilben, Bindegewebsmilben, Federmilben, Futtermilben als Futterverderber	20–26 Tage
Insekten (Hexapoda, 3 Beinpaare)	
Federlinge (*Menopa gallinae* u.a.)	3–5 Wochen
Hühnerfloh (*Ceratophyllus gallinae, C. columbae*)	17–30 Tage
Lederzecke (*Argas reflexus, A. polomicus*)	3–6 Monate
Schildzecke (*Ixodes rhicinus*)	2–4 Jahre
Innenparasiten	**durchschnittliche Entwicklungszeit bis zur Eiablage (Präpatenz)**
Bandwürmer (Cestoden)	Zwitter, stets Zwischenwirt erforderlich
Weniggliedriger Bandwurm (*Davainea proglottina*)	Schnecke 20–25 Tage, Huhn 12 Tage
Vielgliedriger Bandwurm (*Raillietina cesticillus*)	Kornkäfer 26–31 Tage, Huhn 16–18 Tage
Dünner Bandwurm (*Hymenolepis*-Arten, vorwiegend Wassergeflügel)	Mistkäfer 1–4 Wochen, Geflügel 2–4 Wochen, Kleinkrebse 1–4 Wochen
Rund- oder Fadenwürmer (Nematoden)	
Spulwürmer (Askariden)	47–50 Tage
Pfriemenschwänze (Heterakiden)	27 Tage
Haarwürmer (Capillarien), teilweise Regenwurm als Überträger	etwa 21 Tage
Magenwürmer der Gänse (*Amidostomum anseris*)	14–22 Tage
Luftröhrenwürmer bei Fasanen und Wildvögeln (*Syngamus trachea*), Regenwurm als Überträger	18–20 Tage
Einzeller (Protozoen)	
Sarcomastigophora (geißeltragend)	
Histomonaden der schwarzkopfkranken Puten (*Histomonas meleagridis*)	(Regenwurm-Stapelwirt)
Trichomonaden der Tauben (*Trichomonas gallinae*)	(Übertragung mit Kropfmilch)
Hexamiten darmkranker Jungputen (*Hexamita meleagridis*)	

Übersicht über die Krankheitserreger des Geflügels (Fortsetzung)

Die häufigsten Parasiten

Innenparasiten (Fortsetzung)

Sporozoa (sporenbildend)

Kokzidien (Coccidia), Sporulation 48–72 Stunden		Entwicklungszeit bis zur Oocysten-Ausscheidung
Hühner:	Sitz im:	
Eimeria tenella	Blinddarm	6 Tage
Eimeria necatrix	Dünndarm	6 Tage
Eimeria acervulina	Dünndarm-Anfang	4 Tage
Eimeria brunetti	Dünndarm-Ende	5 Tage
Eimeria maxima	Dünndarm	5 Tage
Eimeria mivati	Dünndarm	4 Tage
Puten:		
Eimeria meleagrimitis, E. adenoeides	Dünndarm	5–6 Tage
Und weitere Arten		
Enten:		
Eimeria, verschieden Arten	Dünndarm (selten)	
Eimeria truncata	Nieren (selten)	15 Tage
Gänse:		
Eimeria anseris	Dünndarm (selten)	
und weitere Arten		
Eimeria truncata	Nieren (spezielle Gänsekokzidiose)	5–6 Tage

Pilze

Art	**Krankheitsbild**
Aspergillus fumigatus	Schimmelpilzkrankheit (Aspergillose)
Aspergillus flavus	Pilzgift (Aflatoxin, hitzestabil)
Aspergillus ochraceus und weitere Pilze	Pilzgifte (Ochratoxine im Getreide), Futtermittelvergiftungen

Bakterien

Krankheitsbekämpfung im Tier mit Antibiotika (Chemotherapeutika)
Bakterien sind mit Desinfektionsmitteln verhältnismäßig gut abzutöten sowie auf toten Stoffen (Agar, Blutagar usw.) vermehr- und identifizierbar

Erreger	**Auswirkungen und Krankheitsbild**
Pseudomona aeruginosa	Umweltkeim, Infektionen bei Küken, Brütereiprobleme, blaugrüne Eier beim Mensch: Wundinfektion
Bordetella avium	Putenschnupfen
Escherichia coli	Darmbakterien, bei Eindringen in den Tierkörper: Septikämien (Blutvergiftung), eitirig-fibrinöse Luftsackentzündung bei chronischer Erkrankung der Atemwege
Ornithobacterium rhinotracheale	Atemwegserkrankung
Proteus vulgaris	Fäulniskeime, Brütereiprobleme

Übersicht über die Krankheitserreger des Geflügels (Fortsetzung)

Bakterien (Fortsetzung)

Erreger	Auswirkungen und Krankheitsbild
Salmonella-Arten	a) Erreger der verschiedenen Paratyphoidkrankheiten von Hühnern, Puten und Wassergeflügel, Absterben der Brut, Kükenruhr b) als Lebensmittelvergifter hitzelabiles Endotoxin als Darmgift, führt zu Brechdurchfall (6 bis 40 Std. nach Aufnahme)
Yersinia pseudotuberculosis	Pseudotuberkulose, Puten, kleine Nager, Mensch
Pasteurella multocida	Geflügelcholera, Wundinfektion beim Menschen (nach Katzenbiss)
Hamophilus gallinarum	Geflügelschnupfen
Staphylococcus aureus	a) als Erreger von Wund- (Nabel-)Infektionen beim Geflügel, Brütereiprobleme b) als Lebensmittelvergifter durch Verunreinigung der Produkte mit Wundeiter des Menschen, führt zu Brechdurchfall (2 bis 4 Std. nach Aufnahme)
Listeria monocytogenes	Listeriose bei Hühnern und Puten, Krankheit meist nicht in Erscheinung tretend, u.U. zentralnervöse Schädigung bei Tier und Mensch, Umweltkeim, Schadnager
Erysipelothrix rhusiopathiae	Rotlauf bei Puten, Legehennen, Enten (wie beim Schwein), Wundinfektionen beim Menschen, Umweltkeim, Schadnager
Mycobacterium avium subsp. *avium*	Geflügeltuberkulose, Mensch erkrankt bei Immunschwäche
Campylobacter = Heliobacter jejuni (Spirillen, Ordnung Spirochäten)	Darmbakteriose: Hühner, Puten; Krankheit nicht in Erscheinung tretend, Bakterien sterben im Brutapparat ab Mensch: Magen-Darm-Erkrankung
Clostridium perfringens	Darmbrand bei Mastgeflügel nach Störung der üblichen Darmflora, Bakterienwachstum in Abwesenheit von Sauerstoff Mensch: Gasbrand als Wundinfektion
Clostridium botulinum	Giftstoffbildner in Abwesenheit von Sauerstoff, Umweltkeim a) Botulismus bei Mastgeflügel und Enten (Typ C) b) Lebensmittelvergiftung beim Menschen durch die Typen A, B, E und F 12 Stunden bis 8 Tage nach Giftstoffaufnahme
Chlamydophila psittaci/C. abortus (kleinste Bakterien)	Ornithose bei Puten und Enten (Papageienkrankheit bei Psittaciden); Mensch gefährdet bei Geflügelschlachtung

Mykoplasmen

Mykoplasmen sind Mikroorganismen, kleiner als Bakterien, ohne starre Zellwand, durch Desinfektion und Isolierung der Bestände leicht bekämpfbar, eine Unterbrechung der Bruteiübertragung ist jedoch schwierig.

Erreger	Auswirkung und Krankheitsbild
Mycoplasma gallium	Krankheit nicht in Erscheinung tretend
Mycoplasma gallisepticum	Erkrankung der Atemwege von Hühnern und Puten, zusammen mit *Escherichia coli* zur chronischen Erkrankung der Atemwege führend (CRD), Unteraugenhöhlenentzündung (Sinusitis) der Puten
Mycoplasma melegridis	Knochendeformation, Gelenkschwellung
Mycoplasma synoviae	Sehnenscheiden- und Gelenk- sowie Atemwegsentzündung beim Geflügel

Übersicht über die Krankheitserreger des Geflügels (Fortsetzung)

Viren

Meist ist eine Krankheitsvorbeuge durch Impfungen möglich, die Wirkung der Desinfektionsmittel auf **unbehüllte** und **behüllte** Viren ist unterschiedlich (siehe DVG-Liste Seiten 158 und 159).
Viren sind nur in lebenden Zellen vermehrbar, im Lichtmikroskop nicht sichtbar und enthalten im Gegensatz zu Pflanzen- und Tierzellen nur eine Nukleinsäure.

Erreger	Auswirkung und Krankheitsbild
Unbehüllte Viren mit Ribonukleinsäure (RNA)	
Entenhepatitisvirus	Krankheit der Entenküken, Elterntierimpfung nach Genehmigung
Aviäres **E**ncephalomyelitisvirus	Gehirn-Rückenmarks-Entzündung bei Hühnerküken, Zitterkrankheit, AE, Elterntierimpfung
Aviäre REO-Viren (**R**espiratory **E**nterie **O**rphan Virus)	a) Atemwegs- und Gelenkerkrankung bei Junghühnern, „Runting and Stunting“ b) Infektiöse Myokarditis der Gänseküken (Gössel)
Virus der Gumboro-Krankheit	**I**nfektiöse **B**ursa **D**isease (IBD), Krankheit der Hühnerküken, Elterntierimpfung
Unbehüllte Viren mit Desoxyribonukleinsäure (DNA)	
Parvovirus der Gänse	Derzsysche Krankheit der Gänseküken (früher Gänsepest) und Moschusenten, Elterntierimpfung
Aviäre Adenoviren	Weit verbreitete Begleitviren, Leistungsabfall und schalenlose Eier bei Legehennen (Egg Drop Syndrom, EDS, blutige (hämorrhagische)) Darmentzündung bei Puten
Circoviren	Infektiöse Anämie der Küken (CAA), weltweit verbreitet bei Hühnerherden, vorübergehende Anämie mit Schädigung des Immunsystems bei Küken
Behüllte Viren mit Ribonukleinsäure (RNA)	
Aviäre Leukoseviren	Leukose, Sarkome, Osteoporose bei Hühnern, Lymphoproliferative Krankheit bei Puten
Coronaviren Virus der infektiösen Bronchitis Putenenteritisvirus	 **I**nfektiöse **B**ronchitis (IB) bei Jungtieren und Leistungsabfall bei Legehennen, Impfprogramme üblich Darmentzündung bei Puten (selten)
Orthomyxoviren Influenza-A-Virus:	 Klassische Geflügelpest, Influenza-A-Virusinfektion der Puten, Enten und Gänse; (Anzeigepflicht, Impfverbot)
Paramyxoviren Paramyxovirus-1: Paramyxovirus-3: Pneumovirus:	 Newcastle-Krankheit (**N**ewcastle **D**isease (ND)) = atypische Geflügelpest (Anzeigepflicht, Impfpflicht für alle Hühner und Puten); Wisconsinvirus-Infektion, Erkrankung der Atemwege und Legeleistungsabfall bei Puten Nasen-Luftröhren-Entzündung bei Puten, **T**urkey-**Rh**ino**t**racheitis (TRT)

Übersicht über die Krankheitserreger des Geflügels (Fortsetzung)

Viren (Fortsetzung)	
Erreger	**Auswirkung und Krankheitsbild**
Behüllte Viren mit Desoxyribonukleinsäure (DNA)	
Hepadnavirus	**H**epatitis-**B**-**V**irus-Infektion der Enten (HBV), kein Krankheitsausbruch
Herpesviren Virus der **I**nfektiösen **L**aryngo**t**racheitis (ILT)	Ansteckende Kehlkopf-Luftröhrenentzündung der Hühner
Entenpestvirus	Krankheit bei Enten aller Altersstufen, Impfung nach Genehmigung
Virus der Marekschen Krankheit (**M**arek's **D**isease)	Mareksche Krankheit (MD) der Hühner, Impfung üblich
Avipoxviren	Geflügelpocken (Hühner, Puten und Wassergeflügel selten), Impfung möglich

Zoonosen

Immer wieder taucht die Frage auf, ob Krankheitserreger des Geflügels auch auf den Menschen übertragen werden können. Infektionskrankheiten, die wechselseitig vom Tier zum Menschen oder vom Menschen zum Tier übertragbar sind, werden **Zoonosen** genannt.

Die meisten Krankheitserreger des Geflügels haben sich so stark an den Wirtsorganismus angepasst, dass sie sich im Menschen nicht vermehren können. Von größerem Interesse ist jedoch der bei anderen Nutztieren ebenso vorkommende Salmonellenbefall. Durch gründliches Erhitzen der Geflügelprodukte – 10 Minuten lang auf 70 °C Kerntemperatur – kann die Gefahr aber gebannt werden; Salmonellen und ihre Giftstoffe gehen dabei zugrunde.

Ein Überwechseln weiterer Krankheitserreger auf den Menschen wird nur selten beobachtet. Darmparasiten des Geflügels gehen nicht auf den Menschen über. Für das Verständnis bestimmter Geflügelkrankheiten ist aber der Vergleich mit Erkrankungen des Menschen, die von ähnlichen oder verwandten Mikroorganismen ausgelöst werden, hilfreich (siehe Tabelle Seite 35).

Beurteilung von Schlachtgeflügel

Die rechtlichen Vorschriften zur Geflügelfleischhygiene sind im neuen EU-Hygienepaket für alle Länder in Europa einheitlich geregelt.

Grundlage für die Schlachtung von Geflügel sind die Vorschriften der VO 853/2004 (Anhang III, Abschnitt II: Fleisch von Geflügel und Hasentieren) und VO 854/2004 (Anhang I Frischfleisch, Abschnitt IV Spezielle Vorschriften, Kapitel V Geflügel).

Die zuständige Behörde kann für die Vermarktung **„kleiner Mengen"** von Geflügel eine Ausnahmegenehmigung für die umfangreichen Zulassungsanforderungen erteilen, z.B. an die zeitliche Trennung von Arbeitsvorgängen, wenn sichergestellt ist, dass frisches Fleisch nicht kontaminiert werden kann und der Raum und die Einrichtungen vor den einzelnen Arbeitsvorgängen gründlich gereinigt und desinfiziert werden sowie der Raum sorgfältig gelüftet wird, ohne dass andere Betriebsbereiche nachteilig beeinflusst werden. Im Rahmen der Ausnahmegenehmigung muss sichergestellt werden, dass die Anforderungen an die Personalhygiene nicht durch die Ausnahmesituation beeinträchtigt werden.

Zoonosen und vergleichbare Krankheiten bei Geflügel und Mensch

Geflügel		Mensch
Parasiten		
Rote Vogelmilbe	(+)	Milben an Kleidung und Körper
Hühnerfloh	(+)	Einzelne Flohstiche
Bakterien		
Pseudomonas-Keime	+	Wundinfektion
Salmonellen	+	Salmonellose, Lebensmittelvergiftung
Pseudotuberkulose (Yersinien bei Puten)	+ o	Pseudotuberkulose Pest des Menschen
Geflügelcholera (Pasteurellen)	+	Wundinfektion, *keine* Cholera des Menschen
Listerienbefall (selten)	(+)	Listeriose, orale Infektion
Rotlauf	+	Rotlauf nach Hautinfektion
Geflügeltuberkulose	(+)	Vogeltuberkulose bei Immunschwäche
Campylobacter-Keime im Darm	+	Magen-Darmerkrankung
Closteridienkeime im Darm	+	Wundinfektion (Gasbrand)
Botulismus Typ C (Mast- und Wassergeflügel)	o	Botulismus Typ A, B, E und F
Ornithose/Psittakose	+	Ornithose/Psittakose
Mykoplasmen		
Mykoplasma-Infektion der Atemwege	o	Eaton-Pneumonie (atypische Pneumonie)
Virusinfektionen		
Aviäre Encephalomyelitis (AE)	o	Poliomyelitis
Leukose	o	Leukämie
Infektiöse Bronchitis	o	Coronavirusinfektion der Atemwege
Klassische Geflügelpest, Puten-, Enteninfluenza A	(+)	Influenza-A-Virusgrippe
Parainfluenza 2	+	Parainfluenza 2
Newcastle-Krankheit	+	Örtliche Bindehaut- und Lymphknoteninfektion
Infektiöse Laryngotracheitis (ILT)	o	Herpes, Mund- und Genitalbereich
Marekscher Krankheit	o	Burkitt-Lymphom/Mononukleose
Geflügelpocken	o	Pocken des Menschen
Sonstiges		
Stallstaub	+	Allergien, Farmerlunge (Fibrosierung der Lungen)

+ vom Geflügel übertragbar, (+) selten vorkommende Übertragungen
o vergleichbare Krankheiten, nicht wechselseitig übertragbar

Zusammengefasste Darstellung der praktischen Beurteilung von Vorkommnissen beim Schlachtgeflügel und bei der Schlachtung

Schlachttieruntersuchung im Erzeugerbetrieb

Nach Abschnitt IV: Spezifische Vorschriften; Kapitel V: Geflügel der VO (EG) Nr 854/2004
Schlachttieruntersuchung im Herkunftsbetrieb durch amtlichen Tierarzt oder zugelassener Tierarzt

Die Untersuchung im Herkunftsbetrieb umfasst:

- Kontrolle von Betriebsbüchern oder anderen Aufzeichnungen im Betrieb und der Informationen zur Lebensmittelkette (gegebenenfalls Prüfung der Ergebnisse von Untersuchungen auf Salmonellen nach der Geflügel-Salmonellen-Verordung)

Mit der Untersuchung des Schlachtgeflügels soll festgestellt werden, ob

- das Geflügel an einer auf Mensch oder Tier übertragbaren Krankheit leidet,
- das Geflügel allgemeine Verhaltensstörungen oder Krankheitsanzeichen zeigt, die das Fleisch genussuntauglich machen,
- das Geflügel Anzeichen aufweist, dass festgelegte Höchstwerte für chemische Rückstände überschritten werden,
- oder Rückstände verbotener Stoffe enthalten.

Ergeben sich Zweifel an der Gesundheit des Geflügels oder an der Verzehrbarkeit des Fleisches, sind weitergehende Prüfungen und gegebenenfalls Untersuchungen durchzuführen.

Eine **Gesundheitsbescheinigung darf z. B. nicht ausgestellt** werden bei folgenden Befunden:

- Zeigt das Geflügel klinische Symptome einer Krankheit, so dürfen die Tiere nicht für den menschlichen Verzehr geschlachtet werden.
- Rückständen oder anderen Stoffen, die in das Geflügelfleisch übergehen und geeignet sind, die menschliche Gesundheit zu schädigen oder das Geflügelfleisch sonst gesundheitlich bedenklich machen.
- Verstöße gegen die vorgeschriebene Wartezeit.
- Verbotene Stoffe an das Geflügel verabreicht werden.
- Vorkommnisse, dass das Geflügelfleisch nicht als tauglich oder tauglich nach Brauchbarmachung beurteilt werden wird, oder sonstige tierseuchenrechtliche Gründe.

Die Schlachttieruntersuchung im Schlachthof umfasst:

- Überprüfung der Identität der Tiere.
- Prüfung, ob Bestimmungen über das Wohlbefinden der Tiere eingehalten wurden und keinerlei Anzeichen eines Zustandes vorhanden sind, der sich nachteilig auf die Gesundheit von Mensch und Tier auswirken könnte.

Werden die Tiere nicht innerhalb von drei Tagen nach Ausstellung der Gesundheitsbescheinigung geschlachtet, so

- muss die Partie erneut untersucht und eine neue Gesundheitsbescheinigung ausgestellt werden, sofern die Partie noch im Herkunftsbetrieb ist,
- die Schlachtung kann genehmigt werden, vorausgesetzt, die Partie wird erneut untersucht, sofern sich die Partie bereits auf dem Weg in den oder im Schlachthof befindet und der Grund für die Verzögerung geprüft wurde.
- Wurde keine Schlachtteruntersuchung im Herkunftsbetrieb durchgeführt, so hat der amtliche Tierarzt die Partie im Schlachthof zu untersuchen.

Zusammengefasste Darstellung der praktischen Beurteilung von Vorkommnissen beim Schlachtgeflügel und bei der Schlachtung (Fortsetzung)

Geflügelfleischuntersuchung in der Schlachterei

Nach Abschnitt V Geflügel:

Beurteilung des Geflügelfleisches

Fleisch ist für genussuntauglich zu erklären, wenn
- keine Schlachttieruntersuchung durchgeführt wurde.
- die Nebenprodukte der Schlachtung nicht einer Fleischuntersuchung unterzogen wurden.
- Fleisch von verendeten Tieren oder von Tieren vor dem Erreichen eines Alters von sieben Tagen vorliegt.
- Fleischabschnitte von der Stichstelle vorliegen.
- eine Tierseuche der OIE-Liste A oder gegebenenfalls der OIE-Liste B vorliegt.
- eine Allgemeinerkrankung wie generalisierte Septikämie, Pyämie, Toxämie oder Virämie vorliegt.
- mikrobiologischen Kriterien zur Feststellung, ob Lebensmittel in Verkehr gebracht werden dürfen, nicht entspricht.
- ausgebreiteter Parasitenbefall vorliegt.
- Rückstände oder Verunreinigungen oberhalb der festgelegten Grenzwerte vorliegen.
- es Rückstände verbotener Stoffe aufweist, oder von Tieren stammt, die mit verbotenen Stoffen behandelt wurden.
- es unzulässigerweise mit Dekontaminierungsmittel behandelt wurde.
- es unzulässigerweise mit ioniserenden oder UV-Strahlen behandelt wurde.
- es Fremdkörper enthält (mit Ausnahme von für die Zwecke der Jagd verwendetem Material).
- es eine radioaktive Strahlung aufweist, die die zulässigen Höchstwerte übersteigt.
- Fleisch mit pathophysiologischen Veränderungen, Anomalien der Konsistenz vorliegt.
- unzureichende Ausblutung (ausser bei frei lebendem Wild) oder organoleptischen Anomalien, insbesondere ausgeprägtem Geschlechtsgeruch, vorliegt.
- es von abgemagerten Tieren stammt.
- es unzulässiges spezifiziertes Risikomaterial enthält.
- es Verunreinigungen, Verschmutzung durch Fäkalien oder sonstige Kontramination aufweist.
- es sich um Blut handelt, das aufgrund des Gesundheitsstatus eines Tieres, von dem es gewonnen wurde, oder aufgrund einer Kontaminierung während des Schlachtvorgangs, ein Risiko für die Gesundheit von Mensch und Tier darstellen kann.
- es laut Urteil des amtlichen Tierarztes nach Prüfung aller zweckdienlichen Informtionen ein Risiko für die Gesundheit von Mensch und Tier darstellen kann oder aus anderen Gründen genussuntauglich ist.

Nicht geeignet zum Verzehr sind:
- Luftröhre
- Speiseröhre
- Kropf
- Vom Tierkörper getrennte Lunge
- Darm und Drüsenmagen
- Geschlechtsorgane, Eifollikel, Dotterkugeln, unvollständig ausgebildete Eier
- Vor der Untersuchung vom Tierkörper abgetrennte Köpfe und Füße

Überlebensfähigkeit der Krankheitserreger und Desinfektion

Natürliches Zugrundegehen der Erreger

Im Rahmen der allgemeinen Gesundheitspflege interessiert, wie lange Krankheitserreger auch ohne Desinfektionsmaßnahmen am Leben bleiben (Tenazität) und was bei der Anwendung von Desinfektionsmitteln zu beachten ist, damit es tatsächlich zur Zerstörung der Vermehrungsfähigkeit der Erreger kommt.

Die folgende Tabelle zeigt einige Beispiele des natürlichen Zugrundegehens von Krankheitskeimen. Aus dem langdauernden Überleben ergibt sich die Notwendigkeit der Anwendung von Desinfektionsmitteln sowie zum Wechsel der Schuhe und Oberkleidung vor Betreten eines Stalles.

Zeitdauer bis zum natürlichen Zugrundegehen der Erreger

Erreger	Überlebensdauer
Äußere Parasiten	
Federlinge	1–2 Wochen ohne Wirtstier
Vogelmilben	5 Monate ohne Nahrung (Überwintern im Stall)
Hühnerfloh	Puppe im Kokon mehrere Monate
Darmparasiten	
Wurmeier	Wochen (Invasionslarve in Wärme), Monate (Eier im Trockenen, Kälte), u.U. Überleben im Zwischenwirt
Kokzidien	Tage in feuchter Wärme (Sporogonie, 1–3 Tage), etwa 1 Jahr in trockener Kälte (Oocysten), Überleben nicht im Brutschrank!
Histomonaden	bis 11 Jahre im Regenwurm
Bakterien	
Pasteurellen	Tage bis Monate (in Feuchtigkeit)
Escherichia coli	1–6 Wochen
Campylobacter (Heliobacter) jejuni	Im Trockenen nur kurze Zeit!
Salmonellen	Feuchter Kot 2–3 Wochen Alte Einstreu 3 Monate Trockene Streu, Heu 11 Monate! Hitze: 70°C, 10 Minuten!
Tuberkulosebakterien	Monate, im schattigen Auslauf 3 Jahre
Mykoplasmen	
Mycoplasma spp.	Tage (in Wärme) bis Wochen (kühlere Temperaturen)
Viren	
	Gefriertemperaturen konservieren! 65 °C 30 Min. inaktivieren
Infektiöse Bronchitis (IB)	Tage (in Wärme) bis Wochen (kühlere Temperaturen)
Newcastle-Krankheit (ND)	4–11 Tage (in Wärme) bis 30 Tage (kühlere Temperaturen), im Käfig 1–3 Wochen

Zeitdauer bis zum natürlichen Zugrundegehen der Erreger (Fortsetzung)	
Erreger	**Überlebensdauer**
Viren (Fortsetzung)	
Aviäre Encephalomyelitis (AE)	Monate
Gumboro-Krankheit	Monate
Aviäre Adenoviren, Infektiöse Laryngotracheitis (ansteckende Kehlkopf-Luftröhren-Entzündung)	Monate
Marekische Krankheit	16 Wochen im Staub

Desinfektion

Über die Wirksamkeit der verschiedenen handelsüblichen Desinfektionsmittel informieren unter Hinweis auf die wirksamen Einzelsubstanzen die Desinfektionsmittellisten der Deutschen Veterinärmedizinischen Gesellschaft (DVG). Es gibt eine Liste für die Tierhaltung (DVG-Liste Tierhaltung) und eine Liste für den Lebensmittelbereich. Diese Listen werden laufend auf den neuesten Stand gebracht.

In der Tabelle auf Seite 157 sind einige Wirkstoffgruppen herausgegriffen, die üblicherweise zu Desinfektionsmaßnahmen in geräumten und zunächst gründlich gereinigten **Geflügelställen** herangezogen werden. Aus der DVG-Liste Tierhaltung (www.dvg.de) ist ersichtlich, welche Substanzen erfolgreich gegen Erreger bakterieller Infektionskrankheiten (mit Ausnahme von Bakteriensporen und Tuberkulosebakterien), welche gegen Tuberkulosebakterien oder Pilze, gegen unbehüllte oder behüllte Viren sowie gegen Dauerformen von Innenparasiten einsetzbar sind. Die Gebrauchslösungen sollen in einer Menge von 0,4 Liter je Quadratmeter Fläche angewendet werden und bei Zimmertemperatur während der jeweils angegebenen Zeitdauer Kontakt zum Erreger haben.

Gerade die notwendige Einwirkungszeit wird bei der Anwendung der Präparate häufig missachtet. Das kurze Auftreten auf eine sogenannte Desinfektionsmatte vor Betreten eines Stalles ist, wie die Liste zeigt, in der Regel wirkungslos, da wohl niemand eine oder zwei Stunden auf der Matte stehen bleiben wird! Sicherer ist da zumindest bei der Bodenhaltung von Geflügel schon der **Schuhwechsel** und das Benutzen einer **Überkleidung** beim Betreten des Stalles oder Auslaufes, was auch für Handwerker und Besucher gelten muss. Werden vor einer Neubelegung des Stalles Desinfektionsmittel gekauft, so ist auf die Kennzeichnung der wesentlichen Inhaltsstoffe zu achten. Diese sind nämlich gemäß einer Empfehlung der EG-Kommission auf der Packung anzugeben. Nicht nur auf den Behältnissen des Landhandels, sondern auch auf den Kleinpackungen einschlägiger Geschäfte lassen sich die in der DVG-Liste aufgeführten Wirkstoffe finden: Tenside, Wasserstoffperoxid, quartäre Ammoniumverbindungen, Aldehyde, Alkohole, Phenole. Vor allem bei aldehydhaltigen und den parasitenwirksamen Desinfektionsmitteln ist zum Schutz der eigenen Gesundheit Atem- und Händeschutz zu tragen. Aus

Eine gründliche Händereinigung und -desinfektion vor und nach dem Betreten eines Stalles verhindert die Verschleppung von Krankheitserregern.

der DVG-Liste Lebensmittelbereich, sind einige im **Lebensmittelbereich** gebräuchliche Wirkstoffe zu entnehmen.

Erregerübertragung

Nicht immer wird es gelingen, durch Desinfektionsmaßnahmen die Übertragung von Erregern zu verhindern. Die Einschleppung der Krankheitserreger in eine Herde und die Verbreitung von Tier zu Tier kann durch kranke Tiere selbst erfolgen, durch nicht sichtbar erkrankte, jedoch den Erreger beherbergende und ausscheidende Tiere, aber auch durch solche, an denen der Erreger nur äußerlich haften geblieben ist. Überdies ist immer, trotz aller Vorsichtsmaßnahmen, an die passive Übertragung durch den Menschen und die verschiedensten Gegenstände und Stoffe (horizontale Übertragung) zu denken, die mit Körperausscheidungen betroffener Tiere Kontakt hatten (siehe untenstehende Abbildung und Seite 41). Auch die Möglichkeit der Erregerübertragung vom Elterntier auf die Nachkommen über kontaminierte Bruteier (vertikale Übertragung) ist zu beachten.

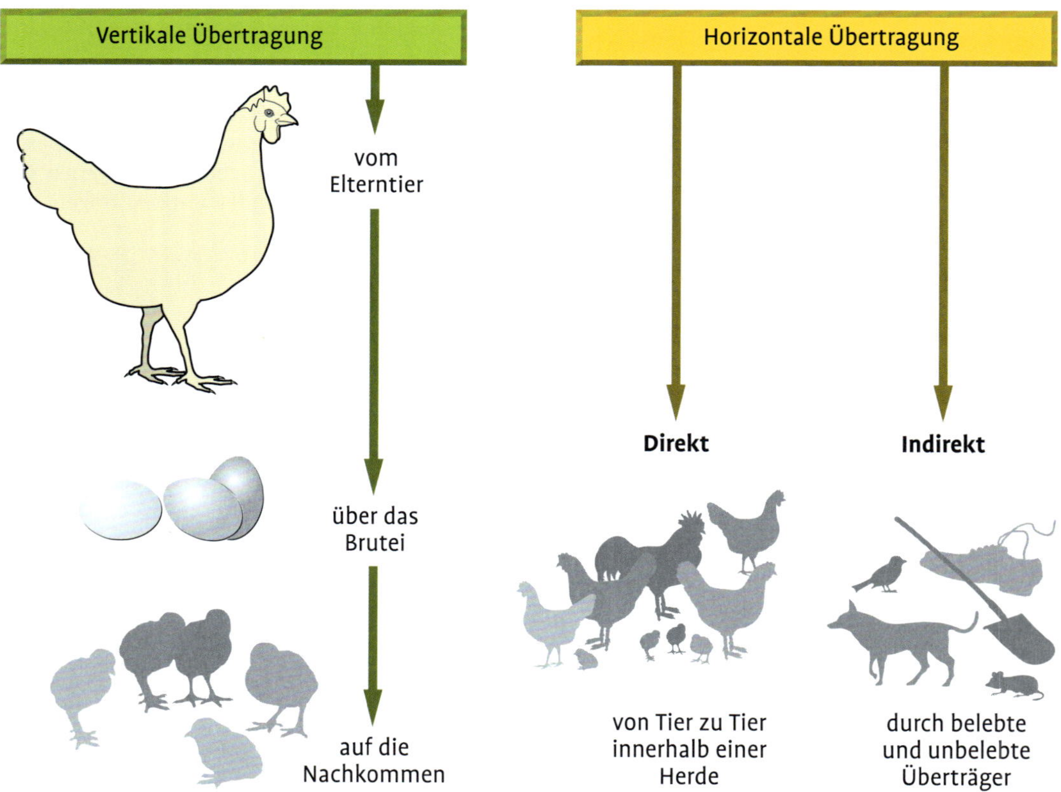

Verbreitungswege von Krankheitserregern.

Belebte Überträger

Tiere und Menschen, die Erreger von Geflügelkrankheiten an oder in sich tragen, und ausscheiden

- Zukauftiere
- Wildvögel und Zugvögel
- Mäuse, Ratten, Nutz- und Haustiere (Salmonellen, Pasteurellen, Influenza-A-Virus u.s.w.)
- Tierpfleger, Besucher
- Insekten, Milben

Unbelebte Überträger

Gegenstände und Stoffe, an denen Krankheitskeime möglicherweise haften

- Einstreu, Futterreste
- Stallstaub, auch in der Luft
- Trinkwasser
- Stall- und Transportgeräte
- Eierpackschachteln bei wiederholter Verwendung
- Schuhe

Möglichkeiten der Übertragung von Krankheitserregern.

Krankheitsvorbeugung

Eine vorbeugende Gesundheitspflege dient vier Zielen:

- zum Ersten trägt sie zum anhaltenden Wohlbefinden der Tiere bei und dient damit auch dem Tierschutz;
- zweitens führt sie zu befriedigenden Mast- und Legeleistungen;
- drittens hilft sie, gefährliche Mikroorganismen vom Menschen fernzuhalten, vor allem Salmonellen;
- viertens dient sie der Gewinnung qualitativ hochwertiger Lebensmittel unter Vermeidung von rückstandsbildenden Medikamenten.

Tierhaltung

Am erfolgreichsten ist die Haltung von nur einer Altersgruppe pro Stall.

Ein solches Vorgehen ist bei den Herden des Wirtschaftsgeflügels üblich, die regelmäßige Stalldesinfektion möglich.

In Kleinbeständen, meist in **Bodenhaltung**, wo ein laufender Eierertrag von Tieren unterschiedlichen Alters erwartet wird, bleibt der Stall oft jahrelang belegt. Richtig wäre, sofern genügend Raum zur Verfügung steht, das jährliche Umsetzen in einen freien Stallraum und bei Auslaufhaltung das Anlegen von Wechselausläufen. Dann wäre wenigstens einmal im Jahr eine Grundreinigung des Stalles mit anschließender Desinfektion und Insektizidversprühung möglich.

Das „Hühnermüdewerden" von Stall und Auslauf ist sonst jedenfalls unvermeidbar und führt schließlich zu gehäuftem Vorkommen hauptsächlich der in der Tabelle auf Seite 43 aufgeführten Krankheiten.

Vor allem bei Bodenhaltung ist deshalb das Tragen stalleigener Schutzkleidung und ein Schuhwechsel vor Betreten des Stalles oder Auslaufes unabdingbar sowie das Fernhalten anderer Haustiere zur Krankheitsvorbeugung erforderlich. Nützlich ist in der Bodenhaltung vor allem, dass sich geringe Fütterungsfehler oft von selbst wieder ausgleichen.

Bei der **Boxenhaltung** von Geflügel auf Drahtgeflechten, wo mit erregerbedingten Krankheiten kaum zu rechnen ist, sollte nach dem Kauf geimpfter Tiere zur Vorsorge in erster Linie auf eine vollwertige Ernährung, das gelegentliche Verabreichen von Quarzsand, auf dauernde Trinkwasserversorgung und auf eine zugfreie Stallbelüftung geachtet werden.

Beim **Eierverkauf** sind aufgrund von EG-Vermarktungsnormen auf Kleinpackungen mit Eiern der Güteklasse A über die Art der Hennenhaltung folgende Angaben möglich (siehe Seite 143):

- 0 für Eier aus ökologischer Erzeugung
- 1 für Eier aus Freilandhaltung
- 2 für Eier aus Bodenhaltung
- 3 für Eier aus Käfig- und Kleingruppenhaltung

Unberechtigte Angaben werden nach § 11 des Lebensmittel- und Futtermittelgesetzbuchs (LFBG) beanstandet (siehe Seite 148). Im Übrigen darf bei den Eiern der Klasse A, wie auch bei Eiern ohne solche Deklaration, die Luftkammerhöhe 6 mm nicht überschreiten. Die Beschaffenheit von Dotter und Eiklar muss derjenigen von frischen Eiern entsprechen.

Bei der **Wertung der verschiedenen Haltungsformen** tauchen schnell Zielkonflikte auf.

Wird die Lebensmittelhygiene und die körperliche Gesundheit der Tiere in den Vordergrund gestellt, so bietet die Boxenhaltung auf Drahtgeflechten uneingeschränkte Vorteile. Erregerbedingte Krankheiten können sich dort nach Einhaltung der Impfprogramme zum Schutz vor Virusinfektionen in der Regel nicht ausbreiten, die Verabreichung von rückstandsrelevanten Antibiotika oder Mitteln gegen den Parasitenbefall erübrigt sich.

Die gelegten Eier sind sauber und kühlen sich nach dem Abrollen auf dem Drahtgeflecht schnell ab. Die äußerste Schicht der Eischale, die Kutikula, kann schnell trocknen und somit das Eindringen von Keimen durch die Schalenporen weitgehend verhindern. Dass mit der guten Gesundheit trotz der Bewegungseinschränkung auch Wohlbefinden verbunden ist, zeigt bei Einhaltung bestimmter Forderungen die bei dieser Haltungsform üblicherweise hohe Legeleistung an.

Wesentliche Gesundheitsstörungen in Kleinbeständen bei Bodenhaltung

Gesundheitsstörung	Vorkommen bzw. Ursachen	Symptome
Vogelmilbenbefall	Bei feuchtwarmer Witterung	Nach dem nächtlichen Blutsaugen morgens plötzliche Todesfälle
Kokzidienbefall	Bei feuchtwarmer Witterung und feuchter Einstreu	Federsträuben, u.U. blutiger, dünnflüssiger Kot; **Dünndarmkokzidien** verursachen Blutpunkte oder kommaartige weiße Veränderungen oder Rötung des Darmes, **Blinddarmkokzidien** lösen blutige Blinddarmentzündung aus, *Eimeria brunetti* diphteroide Enddarmentzündung, Oocysten (oval oder rund) mikroskopisch im Darmabstrich oder nach Flotation in der Kotprobe sichtbar
Haarwurmbefall	Bei Junghühnern u.U. seuchenhafte Verluste *Capillaria caudinflata* im Auslauf, *C. obsignata* in der Stall- und Bodenhaltung	Abmagern, blasse Eidotter, Rückgang der Legetätigkeit, im geöffneten Dünndarm lassen sich die gerade noch sichtbaren fadenartigen Würmer mit der Schere hochziehen, zitronenförmige Eier mikroskopisch im Kot nachweisbar
Spulwurmbefall	In Auslauf- und Stallhaltung	Abmagern, Rückgang der Legetätigkeit mit Rückbildung des Kammes, im geöffneten Dünndarm Spulwürmer leicht zu erkennen, die großen, dickrandigen Eier mikroskopisch mit den Eiern der kleinen, im Blinddarm lebenden, weitgehend bedeutungslosen **Heterakiden** (Pfriemenschwänze) verwechselbar
Bandwurmbefall	Kurzgliedriger Bandwurm im Auslauf (Zwischenwirt: Schnecken) langgliedrige Bandwürmer (Zwischenwirte: Käfer und Insekten)	Einzelglieder nur im Dünndarmabstrich auf Objektträger nach Quetschen mit Deckglas sichtbar mit bloßem Auge bzw. Mikroskop deutlich als gegliederte Würmer erkennbar. Langgliedrige Bandwürmer zeigen sich schon beim Aufschneiden des Darms
Geflügeltuberkulose	In gemischtaltrigen Beständen, vorwiegend in der Auslaufhaltung	Abmagerung, Rückgang der Legetätigkeit mit Rückbildung des Kammes, plötzlicher Tod durch Ruptur der geschädigten Leber.
Muskelmagenverstopfung	Grobfaseriges Auslaufgras und Steinchenmangel im Muskelmagen	Abmagerung, keine weitere Futteraufnahme, Tod, blasse Eidotter
Darm- und Eileitererkrankungen, Salmonellenbefall	Fütterungsfehler, unsaubere Legenester, Kontakt mit Wildvögeln	Dünnflüssiger Kot, Schichteibildung (Fibrinmassen) im Eileiter, Salmonellen nur durch bakteriologische Untersuchung nachweisbar
Kannibalismus	In Boden- und Auslaufhaltungen bei Sonneneinstrahlungen und trockenem Klima	Zum Tod führt vor allem das Kloakenpicken und Ausziehen des Duodenums (Zwölffingerdarms)
Marieksche Krankheit und Leukose	Erreger allgemein verbreitet, versäumte Marek-Impfung am 1. Lebenstag, die unspezifisch auch die Leukose zurückdrängt	Erscheinungen der Hühnerlähmung bis zur etwa 32. Lebenswoche Leukotische Veränderungen der inneren Organe im 1. Legejahr

So sind die Tiere z. B. auf optimale Versorgung angewiesen. Jede Störung führt zu einer Beeinträchtigung mit Legeleistungsrückgang. Die derzeitige **Tierschutz-Nutztierhaltungs-Verordnung** (siehe Seite 143) enthält neben den Vorschriften über Beleuchtung, Stallklima, Wartung der Anlagen, Pflege der Tiere sowie Futter- und Wasserversorgung auch umfangreiche Anforderungen an die Haltungseinrichtungen. Durch die sechste Verordnung zur Änderung der Tierschutz-Nutztierhaltungs-Verordnung (143) ist die Haltung von Legehennen in Kleingruppen in Deutschland nicht mehr erlaubt.

Vorteile aus der Sicht des Tierschutzes, Nachteile im Hinblick auf die Lebensmittelhygiene bieten alle Formen mit **Bodenhaltung**, auch die **Volierenhaltung**. Die schwer zu beherrschenden erregerbedingten Krankheiten bringen hier Probleme. Gerade auch bei der **Auslaufhaltung** sind die Tiere Infektionsgefahren von allen Seiten, im Besonderen aber von den erregertragenden Wildvögeln, ausgesetzt (siehe Abb. Seite 41). Überdies werden sie von Greifvögeln bedroht.

Jede Gefährdung sollte jedoch, wiederum im Interesse des Tierschutzes, vermieden und Leiden durch Krankheit sollten behandelt werden. Die Verabreichung von Medikamenten birgt allerdings neue Schwierigkeiten in sich, vor allem wegen der Rückstandsprobleme. Wegen der Wiederaufnahme pharmakologisch wirksamer Stoffe aus der Einstreu ist meist die Einhaltung langer Wartezeiten bis zur Freigabe der Eier oder Schlachtprodukte erforderlich.

Außerdem lässt sich bei der Gewinnung der Eier in Legenestern trotz größter Sorgfalt eine gelegentliche Verschmutzung der Eischale mit Kot kaum vermeiden – ein weiteres lebensmittelhygienisches Problem vor allem im Hinblick auf die Möglichkeit der Kontamination mit *Salmonella*-Keimen, die in jüngster Zeit vermehrt Beachtung gefunden hat (siehe auch Seite 104 f.).

Fütterung

Zur allgemeinen Gesundheitsvorsorge gehört vor allem die an Alter und Leistung angepasste vollwertige Ernährung der Tiere. Beim Geflügel sind die Bedarfswerte sehr gut erforscht. Für den Tierhalter ist es aber schwierig, selbst ein optimales Futter zusammenzustellen. **Fertigfuttermischungen**, wie sie für die verschiedenen Altersstufen, für die Junggeflügelmast, für Legehennen und Truthühner als Allein- oder Ergänzungsfutter vom Handel angeboten werden, entsprechen im Eiweiß-, Fett-, Kohlenhydrat- und Rohfasergehalt den neuesten wissenschaftlichen Erkenntnissen. So gibt es neben Starterfutter für **Küken** Alleinfutter für Hühnerküken bis zur sechsten Lebenswoche mit etwa 18 % Rohprotein, für Junghennen bis zur 12. Woche mit ungefähr 16 % und ab der 13. Woche mit 13 % Rohprotein. Bei jeder Form der Bodenhaltung ist es von Vorteil, dass für die Aufzucht Fertigfutter mit Zusatz eines Kokzidiostatikums (Antikokzidiums) zur Verfügung steht oder die Herden gegen Kokzidien geimpft werden (siehe Seiten 56, 57 und 60) und damit oft zu spät kommende Behandlungen über das Trinkwasser vermieden werden können. Legehennenalleinfutter enthält etwa 16,5 % Rohprotein. Der Futterverbrauch der Legehennen liegt dann durchschnittlich bei 110 bis 120 g Futter je Henne und Tag. Bei Rassegeflügel oder ländlichen Hühnerbeständen mit einer Legeleistung unter 70 % genügt Alleinfutter mit 15 % Rohprotein.

Die Gehalte an Mineralsalzen, Spurenelementen und Vitaminen sind in den Fertigfuttermitteln auf den Bedarf primär gesunder Tiere eingestellt. Lediglich bei vorliegenden Erkrankungen besonders der Atemwege oder des Darmes, verbunden mit erhöhtem Bedarf oder mit Resorptionsstörungen von seiten des Darmes, sind zusätzliche Gaben erforderlich. Meistens empfiehlt sich dann die Verabreichung der fettlöslichen Vitamine A, D_3 und E. Eine ständig überhöhte Vitaminisierung der Fertigfuttermischungen würde diese unnötig verteuern. Als Zahnersatz sollten aber bei jeder Haltungsform und Fütterungsart zur Förderung der Muskelmagenarbeit **Quarz**- oder **Granitsteinchen**, 5 bis 10 g je Tier und Monat, zugefüttert werden und zwar im kleineren Durchmesser von 1 bis 2 mm bereits in der ersten Lebenswoche (siehe Seite 70).

Junghühner lassen sich, wenn eigenes Getreide – ausgenommen Roggen, der nicht gerne aufgenommen wird – zur Verfügung steht, ab der achten Lebenswoche allmählich auch auf eine kombinierte Fütterung mit Ergänzungsfutter für Junghennen und Getreidekörner umstellen. Ab der **Legereife** erhalten sie dann als Ergänzungsfutter etwa 60 bis 70 g Legemehl und 50 bis 60 g Körner. Die Körner können nachmittags in die Einstreu gegeben werden. Zur Förderung der Eischalenstabilität werden zusätzlich täglich noch 3 bis 5 g Muschelschalen je Henne angeboten. Bei abendlicher Verabreichung der Muschelschalen liegt während der Eischalenbildung am Vormittag noch ein hoher Kalziumspiegel im Darm vor. Zur Deckung des plötzlich hohen Bedarfs an Kalzium muss dann den Medullarknochen weniger Kalzium entzogen werden.

Der **Trinkwasserbedarf** liegt bei einer Umgebungstemperatur von 12 °C bis 16 °C bei etwa 250 ml je Legehenne (siehe auch Seite 58). Da der Bedarf bei höheren Temperaturen stark ansteigt und eine Arzneimittelgabe im Trinkwasser stets auf die mittlere Wasseraufnahme berechnet wird, darf bei heißen Temperaturen nach Verbrauch der berechneten Wassermenge zur Vermeidung einer Arzneimittelvergiftung nur noch medikamentenfreies Wasser gegeben werden. Wasservorratsbehälter und Schwimmkästen sind regelmäßig zu reinigen, um möglichst keimarmes Wasser anzubieten. Schon in einem Gramm frischen Futter sind üblicherweise bereits bis zu 1 Million Bakterien und etwa 10 000 Schimmelpilze und Hefen enthalten, die einem widerstandsfähigen Tier jedoch in der Regel zunächst nicht schaden. Erst eine feuchtwarme Futterlagerung kann zu einer starken Keimvermehrung, zur Futterverderbnis und zu Problemen führen, die durch den Bezug kleinerer Futtermengen vermeidbar sind. Die gründliche Vermischung der Salzsäure des Vormagens mit dem Nahrungsbrei im steinchenhaltigen Muskelmagen führt zu einer Reduktion des Keimgehaltes.

Den **Jungputen-Aufzuchtfuttermischungen** dürfen bei der üblichen Bodenhaltung die speziell für Puten zugelassenen Futterzusätze gegen die Kokzidiose zugefügt sein (siehe Seite 56) Zur Vorbeugung gegen die Histomoniasis dürfen bei Puten, die für die Herstellung von Lebensmitteln bestimmt sind, keine Futterzusatzstoffe eingemischt werden. Einzelne für Hühner zugelassene Kokzidiostatika (Antikokzidia) machen aber Puten krank, sie sollten deshalb bei Puten nicht verwendet werden.

Beim **Wassergeflügel** ist zu beachten, dass auch für dieses Geflügel manche für Hühner bestimmte Kokzidiostatika unverträglich und deshalb für Wassergeflügel nicht zugelassen sind. Wenn kein spezielles Futter zur Verfügung steht, darf nur auf zusatzfreies Hühner- oder Putenfutter ausgewichen werden. Geflügelfutterreste, die bestimmte Kokzidiosemittel enthalten, dürfen überdies nicht an Pferde verfüttert werden. Unachtsamkeiten haben schon zu Todesfällen geführt (siehe Seiten 56 und 57).

Krankheitszeichen

Anlass zur Einleitung tierärztlicher Untersuchungen geben hauptsächlich verminderte Futter- und Wasseraufnahme, Abnahme der Legetätigkeit, Formveränderungen und Weichschaligkeit der Eier, blasse Dotter, Atmungsgeräusche, Schnabelatmung, verklebte Nasenöffnungen, kotverschmutzte oder blutige Kloaken, dünnflüssiger oder farbveränderter Kot, Blau- oder Blasswerden der Kämme, Lähmungen oder Lahmheiten, Leichtwerden der Tiere sowie erhöhte Ausfälle. Bei der Haltung auf Drahtgeflechten liegen die unvermeidbaren natürlichen Abgänge heute monatlich meistens unter 0,5 %. Die Rechtsgrundlage der Beseitigung von toten Haustieren (Heimtieren) ist in der VO 1774/2002 geregelt. Die Zulässigkeit des Vergrabens bzw. Verbrennens von Haustieren ist in den Ausführungsgesetzen (AGTierNebG) einzelner Bundesländer geregelt. Bundeseinheitlich besteht gemäß der TierNebV die Regelung, dass das Verbrennen eines Haustieres in einer Verbrennungsanstalt zulässig ist. Das Vergraben einzelner Haustiere ist zulässig auf Tierfriedhöfen oder auf dem im Eigentum des Tierhalters befindlichen Grundstück, sofern dieses nicht in der Nähe eines Wasserschutzgebietes oder öffentlicher Wege und Plätze liegt. Der Tierkörper muss mindestens 50 cm tief eingegraben sein. Größere Mengen toter Tiere sind einer Tierkörperbeseitigungsanstalt zuzuführen oder dort zur Abholung anzumelden.

Eine Übersicht über die am lebenden Tier leicht erkennbaren Krankheitszustände bietet die Tabelle auf Seite 46. Leitsymptome, d. h. teils am lebenden, hauptsächlich aber beim geschlachteten Tier erkennbare Befunde gehen aus der Tabelle auf den Seiten 46–51 hervor. Zur sicheren Diagnosestellung empfiehlt es sich jedoch stets, die gerade beim Geflügel gut mögliche Überbringung (siehe Seite 51) an eine tierärztliche Untersuchungsstelle wahrzunehmen. Ein genauer Bericht über die im Stall beobachteten Vorkommnisse erleichtert eine gezielte und damit schnelle Untersuchung. Das Anlegen von Bakterienkulturen führt zu einer auf den vorgefundenen Krankheitskeim ausgerichteten Behandlungsmöglichkeit. Aus den virologischen Befunden kann vor allem für spätere Aufzuchten oder Zukäufe ein Vorbeuge- und Impfprogramm abgeleitet werden.

Am lebenden Tier leicht erkennbare krankhafte Veränderungen	
Ernährungszustand	Guter Zustand bei akuter, schnell verlaufender Krankheit; Magerkeit bei chronischer, langsam ablaufender Erkrankung; Kontrolle durch Abtasten der Brustmuskulatur; Herausragen des Brustbeins bei Magerkeit
Körperhaltung	Verdrehungen des Kopfes bei Newcastle-Krankheit; Lähmungen der Gliedmaßen bei Marekscher Krankheit; Schwächezustand bei chronischer Erkrankung z.B. durch Parasitenbefall, Leukose, Tuberkulose
Federkleid	Außenparasiten, kahle Stellen bei Federpicken und Kannibalismus; außergewöhnliche Mauser beachten
Pupillen	Verzerrt bei Marekscher Krankheit
Schnabelatmung	Bei Entzündungen der Atemwege und bei heißem Klima zur Wärmeabgabe, notwendig zum Ausgleich der Körpertemperatur
Nasenöffnungen	Feuchte Öffnungen bei Erkrankungen der Atemwege; bei Nasendeckelgriff tritt Schleim, bei anhaltender Erkrankung mit widerlichem Geruch, aus!
Unteraugenhöhlen	Aufgetrieben bei Geflügelschnupfen oder Sinusitis bei Puten
Rachenraum	Fibrinauflagerungen bei Pocken-Diphterie; kleine Fibrinstippchen mit Schleimhautdefekten bei bösartig verlaufender Newcastle-Krankheit; Verhornung der Schleimdrüsenausgänge bei Vitamin-A-Mangel
Kamm	Violett bei akuten, fieberhaften Krankheiten oder Kreislaufstörungen sowie bei Herz- und Nierenerkrankungen; blass bei chronischer, langdauernder Erkrankung wie Parasitenbefall, Tuberkulose, Leukose; Auflagerungen bei Pocken
Kloakenbereich	Federn mit Kotteilen beschmutzt bei Darmkatarrh; durch Entzündungsprodukte verklebt bei Eileiterentzündung; auch Beschaffenheit des abgesetzten Kotes beachten; Blutbeimengungen bei starkem Kokzidienbefall
Ständer	Lähmungen bei Marekscher Krankheit, Abwinkelungen im Sprunggelenk durch Abrutschen der Achillessehne bei Perosis der Jungtiere; Verkrustungen bei Kalkbeinmilbenbefall alter Hühner; Ballengeschwülste nach Verletzungen und Eindringen von Bakterien
Schambeine	Verengung des Abstandes beim Aufhören der Legetätigkeit

Spezielle Krankheitszeichen (Leitsymptome), die am lebenden oder geschlachteten Geflügel auffallen

	Symptome	Ursachen
Allgemeine Benommenheit	Trauern, verminderte Futteraufnahme, Federnsträuben	Bei schweren Tieren: Beginn einer akuten bakterien- oder virusbedingten Krankheit oder einer Kokzidiose; Bei leichten Tieren: Endstadium einer chronischen Krankheit (z.B. Tuberkulose, Leukose, Parasitenbefall)
Bewegungsstörungen	Lähmungen	Mareksche Krankheit, Osteomalazie, Verdrehen des Kopfes (Sterngucker) = langsam verlaufende Newcastle-Krankheit
	Abknicken der Beine und Rutschen auf dem Fersengelenk	Perosis (Abrutschen der Achillessehne vom Fersengelenk)

Spezielle Krankheitszeichen (Leitsymptome), die am lebenden oder geschlachteten Geflügel auffallen (Fortsetzung)

	Symptome	Ursachen
Haut und Gefieder	Blasse Kämme, plötzliche Todesfälle	Vogelmilben (4 Beinpaare)
	Eigelege vor allem im Bereich der Kloake	Eier von Federlingen (3 Beinpaare)
	In Legenestern suchen	Flöhe (3 Beinpaare, Sprungbeine nach Tauchen im Wasserglas deutlich sichtbar)
	„Räude" im Bereich des Rückens	Hauträude-Milben (nur im Mikroskop sichtbar)
	„Kalkbeine"	Kalkbeinmilben (nur nach Vorbehandlung im Mikroskop sichtbar)
	Federfressen, federlose, teils blutige Stellen auf dem Rücken und im Bereich der Kloake	Trockenes warmes Stallklima, wird zur Untugend
	Kannibalismus, Enddarm durch die Kloake nach außen gezogen	Unruhe beim Eierlegen, Untugend bei fortdauerndem Federpicken
Muskulatur	Farbe der Brustmuskeln blass-ockerfarben	Stoffwechselstörungen
	Blutungen blass	Hämorrhagisches Syndrom, Gumboro-Krankheit, Blutverlust infolge roter Vogelmilben, innere Verblutung bei Leberverfettung oder Tuberkulose
	Dunkel-blaurot	Tod im Fieber
Kopf		
Kamm	Dunkel-blauviolett	Akute Infektionskrankheit oder Intoxikation, enzootischer Herztod
	Blass	chronische Erkrankung, Leukose, Tuberkulose
	Borken auf Kamm	Pocken
Augen	Hornhauttrübung	NH_3-haltiges Stallklima
	Pupillenverzerrung	Marekscher Krankheit
Augenlider	Verklebung	Geflügelschnupfen, Vitamin-A-Mangel
Nasenöffnungen	Ausfluss (insbesondere nach Druck auf Nasendeckel)	Geflügelschnupfen, Mykoplasmose, verschiedene Virusinfektionen des Geflügels
Unteraugenhöhle	Schwellung	Mykoplasmose, insbesondere der Puten (Sinusitis)
Atemwege		
Rachen, oberer und unterer Kehlkopf (Stimmkopf)	Schnabelatmung, oft verbunden mit klagenden Lauten bei Entzündung im unteren Kehlkopf (Syrinx)	Mykoplasmose, verschiedene Virusinfektionen, chronische Erkrankung der Atmungsorgane, ohne Infektion bei überhöhtem Stallklima zur Regulierung der Körpertemperatur
	Diphteroide Entzündungsherde	Newcastle-Krankheit
	Fibrinauflagerungen	Pocken-Diphterie
	Verhornte Drüsenausgänge	Vitamin-A-Mangel
Luftröhre und Lungen	Entzündung	Mykoplasmen und Virusinfektionen

Spezielle Krankheitszeichen (Leitsymptome), die am lebenden oder geschlachteten Geflügel auffallen (Fortsetzung)

	Symptome	Ursachen
Atemwege (Forts.) Lungen	Eitrige Entzündung	*E. coli*-Infektion bei CRD (chronische Erkrankung der Atmungsorgane)
	Hirsekorngroße Knötchen in den Lungen bei Küken	*S. pullorum*-Infektion (weiße Kükenruhr)
Luftsäcke	Käsige Fibrineinlagerungen	chronische Erkrankung der Atemwege (CRD)
Nahrungsweg Kropf	Lähmung	Bei Marekscher Krankheit, Gasbildung durch verdorbenes Futter
	Verstopfung	Rückstau bei Magenverstopfung wegen Steinchenmangels
Drüsenmagen	Entzündung und Blutungen	Blutige Entzündung der Drüsengänge bei Newcastle-Krankheit, Vergiftungen, Nierengicht und hämorrhagisches Syndrom, Erosionen am Übergang zum Muskelmagen beim Stress-Syndrom
	Geschwulstartige Umfangsvermehrung	Akute Mareksche Krankheit mit Lymphozyten-Wucherungen
Muskelmagen	Schlaffe Muskulatur und Verstopfung, Muskelrückbildung mit Magenerweiterung	Sandmangel (vorwiegend bei Boden- und Auslaufhaltung nach Aufnahme von Einstreu oder langfaserigen Pflanzen)
	Erosionen mit Defekten der Keratinoidschicht	Stress-Syndrom, Ernährungsstörungen, Magenwurmbefall bei Junggänsen
Dünndarm, äußerlich	Äußerlich sichtbare derbe Knoten	Tuberkulose
	Saftige Geschwulstbildungen	Myelose (Wucherungen der weißen Blutkörperchen)
	Kommaförmige Streifen im Duodenum	*Eimeria-acervulina*-Kokzidiose
	Grau-weiße Punkte im Duodenum	*E. mivati*-Kokzidiose
	Blutungspunkte im ganzen Dünndarm	*E. necatrix*-Kokzidiose
	Ödematöser, geröteter Darm	*E. maxima*-Kokzidiose
	Deutlich gefüllte Blutgefäße	Darmentzündung, Kreislauflähmung
	Zahlreiche derbe Knoten im gesamten Darmbereich und in den serösen Häuten	Bösartiges Geschwulstleiden, oft von der Bauchspeicheldrüse ausgehend (Adenokarzinom)
Dünndarm eröffnet	Blutungen, schleimiger oder dünnflüssiger Darminhalt	Verschiedenartiger Kokzidienbefall, Darmentzündung durch Störung der Darmflora, Salmonelleninfektion, Hämorrhagische Enteritis (Puten)
	Schleimiger Darminhalt im vorderen Darmteil, Gallenstauung	Befall mit kleinen, kaum sichtbaren Bandwürmern bei Auslaufhaltung, Haarwurmbefall (mit bloßem Auge kaum sichtbar, Schleim mit Schere hochziehen!)
	Bis etwa 10 cm lange Fadenwürmer	Spulwurmbefall
	Lange gegliederte Würmer	Bandwurmbefall

Spezielle Krankheitszeichen (Leitsymptome), die am lebenden oder geschlachteten Geflügel auffallen (Fortsetzung)

	Symptome	Ursachen
Dünndarm eröffnet	Schmirgelpapierartiges Aussehen der Schleimhaut, namentlich in den Darmendteilen	Nekrotisierende Darmentzündung (Enteritis durch fehlerhafte Darmflora, vermehrt *Clostridium perfringens*)
	Fingernagelgroße diphteroide Entzündungsherde	Akute verlaufende Newcastle-Krankheit
Blinddärme	Blutig-roter Inhalt	Blinddarm-Kokzidiose durch *E. tenella* (rote Kükenruhr)
	Chronische Entzündung mit käsigen Fibrinauflagerungen	Abheilende Blinddarmkokzidiose, ansteckende Leber-Blinddarm-Entzündung (Blackhead bei Puten)
Enddarm	Käsige, stinkende Fibrinauflagerungen (kruppöse Entzündung)	*E. brunetti*-Kokzidiose
Kloake	Blutig infiltrierte Verletzungen, blutig infiltrierter Zwölffingerdarm nach außen gezogen	Kannibalismus
	Verklebte und verschmutzte Federn im Bereich der Kloake	Anhaltende Darmentzündung, bei Hennen gegebenenfalls Eileiterentzündung
Bursa Fabricii	Umfangvermehrung u.U. fibrinöser oder blutiger Inhalt bei Küken oder Junghühnern	Ansteckende Bursakrankheit, **I**nfectious **B**ursal **D**isease (IBD), Gumboro-Krankheit
Legeorgane Eierstock	Blutfülle	Akute Infektionskrankheiten, Intoxikationen mit Kreislauflähmung
	Gelbe Follikel in Rückbildung degenerierte Follikel	Akute Virusinfektion Bakterielle Infektionen (S. *pullorum*-Infektion = Hühnertyphus)
	Entartung der Follikel zur Geschwulstbildung	Eierstocktumoren, Marekscher Krankheit
Eileiter	Fibrin-(Eiter-)Ansammlungen und Schalenmassen im Eileiter	Eileiterentzündung, Schichteibildung im Eileiter, Eileiter-Bauchfellentzündung
	Zyste (bis hühnereigroß) im Bereich der Kloake mit wässriger oder fibrinöser Füllung	Zystös entarteter rudimentärer rechter Eileiter, meist keine Gesundheitsstörung
Herz und Kreislauf Herzbeutel	Käsig-fibrinöse Einlagerungen zwischen Herzbeutel und Herzmuskel	*E. coli*-Infektion bei CRD, *S. pullorum*-Infektion bei Althühnern (Hühnertyphus), *Pasteurella*-Infektion (Geflügelcholera)
	Kreideartige Einlagerungen von harnsauren Salzen	Eingeweidegicht

Spezielle Krankheitszeichen (Leitsymptome), die am lebenden oder geschlachteten Geflügel auffallen (Fortsetzung)

	Symptome	Ursachen
Herz und Kreislauf		
Herzbeutel	Blutungspunkte und verwachsene Blutungen	Akute Virusinfektion (Newcastle-Krankheit), bakterienbedingte Erkrankungen (*E. coli*-Septikämien, Geflügelcholera)
Herzmuskel	Knötchenartige, weißliche Zelleinlagerungen	*S. pullorum*-Infektion bei Küken
	Mehr diffuse Einlagerungen	Mareksche Krankheit
	Ockerfarbene Muskulatur infolge von Fetteinlagerungen	Herzmuskeldegeneration (nach Infektionskrankheiten, Intoxikationen oder Stoffwechselstörungen)
	Kugelherzbildung, ockerfarbene Herzmuskulatur	Enzootischer Herztod
Blutgefäße	Starke Blutfülle namentlich in Leber, Eierstock	Kreislauflähmung
Milz	Trocken-käsige Knötchen	Tuberkulose
	Weißlich-saftige, diffuse Umfangsvermehrung	Leukose, Mareksche Krankheit
Leber	Kreideartiger Belag	Eingeweidegicht (Ablagerung von Harnsäure und harnsauren Salzen)
	Weißlich-speckige Einlagerungen oder diffuse Umfangvermehrung der weiß-grauen Leber	Leukose oder Mareksche Krankheit (Wucherung der weißen Blutkörperchen)
	Trocken-käsige Knötchen (Nekroseherde), gelegentlich verbunden mit Leberruptur und innerer Verblutung	Tuberkulose
	Von Blutungen umsäumte, kreisförmig abgestorbene Bezirke in Putenleber	Ansteckende Leber-Blinddarmentzündung (Blackhead, Histomonadeninfektion)
	Ockerfarbene, brüchige Leber	Leberdegeneration (bei Infektionskrankheiten), Leberdystrophie, Vergiftungen
	Hellockerfarbene, brüchige Leber, oft mit Blutungsbezirken oder Leberruptur und innerer Verblutung	Fettlebersyndrom
Gallenblase	Starke Füllung	Bei Zwölffingerdarmentzündung (Abflussbehinderung), oft bei Haarwurmbefall
Nieren und Harnleiter	Harnkanälchen und Harnleiter mit weißen, harnsauren Salzen und Harnsäure gefüllt (gesunder Harnleiter dünn und unscheinbar)	Nierengicht, Gumboro-Krankheit, Wassermangel

Spezielle Krankheitszeichen (Leitsymptome), die am lebenden oder geschlachteten Geflügel auffallen (Fortsetzung)

	Symptome	Ursachen
Knochen und Gelenke	Biegsame Rippen und Knochen bei Küken	Rachitis
	Biegsame Rippen bei Legehennen und Auftreibungen der Rippengelenke	Osteomalazie
	Lähmungserscheinungen	Blutung im Wirbelkanal nach Bruch zwischen viertem und fünftem Brustwirbel
	Abrutschen der Achillessehne vom Sprunggelenk, abnorme Stellung des Laufknochens	Perosis
	Auftreibung namentlich der Gliedmaßenknochen	Osteopetrosis (Knochenleukose)
	Gelbkäsige, derbe Knötchen im Knochenmark	Tuberkulose
	Gelenkschwellungen	Verschiedene Infektionen der Gelenke

Begleitbericht zur tierärztlichen Untersuchung

Tierkörper, Tierkörperteile und entnommene Proben müssen so schnell wie möglich zur Untersuchung weitergeleitet werden. Die persönliche Übergabe gewährleistet, dass das Untersuchungsmaterial schnell und gezielt untersucht werden kann. Von der Beförderung mittels Postpaket oder mit Kurierdiensten sind lebende Tiere ausgeschlossen. Ein vollständig ausgefüllter Begleitbericht (siehe Seite 52) ist beizufügen.

Die Untersuchung von **Futterproben** erfolgt in der Regel in den Landwirtschaftllichen Untersuchungsanstalten und Universitäten. Zur Untersuchung ist eine Futterprobe von etwa 1 000 g nötig.

Im Europäischen Übereinkommen über die internationale Beförderung gefährlicher Stoffe auf der Straße (ADR) ist der Transport von ansteckungsgefährlichen Stoffen geregelt. Dies sind Stoffe, von **denen bekannt oder anzunehmen ist dass sie Krankheitserreger enthalten** was für veterinärmedizinisches Untersuchungsmaterial teilweise zutrifft. Es enthält Vorschriften insbesondere für die Klassifizierung, Verpackung, Kennzeichnung und Dokumention gefährlicher Güter, für den Umgang während der Beförderung und für die verwendeten Fahrzeuge.

Patientenproben zur Diagnostik (Ausscheidungsstoffe, Sekrete, Blut und Blutbestandteile, Gewebe, Abstriche von Gewebsflüssigkeiten, Körperteile), bei denen eine minimale Wahrscheinlichkeit besteht, dass sie Krankheitserreger enthalten, unterliegen nicht den Vorschriften des ADR, wenn die Probe in einer Verpackung befördert wird, die jegliches Freiwerden verhindert und die mit dem Aufdruck **FREIGESTELLTE VETERINÄRMEDIZINISCHE PROBE** gekennzeichnet ist.

Einzusendende Proben sind grundsätzlich dreifach zu verpacken, und zwar in

1. wasserdichtes Primärgefäss
2. wasserdichte Sekundärverpackung
3. ausreichend feste Aussenverpackung.

Bei flüssigen Proben muss sich zwischen Primär- und Sekundärgefäß eine aufsaugendes Material befinden, Röhrchen müssen gegen Bruch geschützt sein.

Vorbeugung bei Elterntieren und Brut

Ist das Muttertier von bestimmten Krankheitserregern befallen, so können diese dem Brutei und damit dem Küken weitergegeben werden. Vor der Bruteigewinnung ist deshalb eine Gesundheitsüberwachung der Elterntiere unerlässlich; sie wird häufig durch Geflügelgesundheitsdienste und Tierärzte, die sich auf die Betreuung von Geflügelbeständen spezialisiert haben, durchgeführt. Üblich ist die **Kontrolle der Impfprogramme** und hier im

Begleitbericht für die Einsendung von Geflügel zur tierärztlichen Untersuchung		
	Tierhalter	Tierarzt
Name, Vorname		
Anschrift		
Telefon		
Fax		
E-Mail		
Tierseuchenkassennummer		
Art des Untersuchungsmaterials		
Spezielle Untersuchungswünsche		
Entnahmedatum		
Tierart		
Alter		
Einstallungsdatum		
Vorbericht		
Klinische Symptome		
Verdachtsdiagnose		
Vorbehandlung		
Impfprogramm		
Datum:	Unterschrift:	

Besonderen, ob die vor dem Brutbeginn notwendige Impfung gegen die ansteckende Gehirn-Rückenmarks-Entzündung (Aviäre Encephalomyelitis) zu einer die Küken ausreichend schützenden Immunität geführt hat. Die Schutzstoffe werden dann dem Eidotter mitgegeben. Außerdem werden **Kotuntersuchungen** und wenigstens einmal **Bluntuntersuchungen** zum Nachweis einer etwa vorliegenden *Salmonella pullorum*- oder *Mycoplasma gallisepticum*-Infektion vorgenommen. Die Tabelle auf Seite 53 zeigt Krankheitserreger, die möglicherweise von der Mutterhenne über das Brutei dem Küken mitgegeben werden. Da die fettlöslichen Vitamine A, D_3 und E vom frischgeschlüpften Küken noch nicht resorbiert werden können, ist bei der Ernährung der Elterntiere zur Vitamin-Anreicherung im Eidotter auf ein besonders vollwertiges Futter zu achten.

Im Handel käufliche Zuchthennen-Alleinfutter enthalten in der Regel bis zu 18 000 IE Vitamin A je kg, während aufgrund von Fütterungsversuchen für die Junggeflügelmast beispielsweise 6000 bis 14 000 IE und für Legehennen 6 000 bis 12 000 IE Vitamin A ausreichen. Vom ebenfalls fettlöslichen Vitamin D_3 darf bei Zuchthennen wie bei Legehennen der Höchstgehalt von 3000 IE je kg Futter nicht überschritten werden. Vitamin E sollte im Zuchtfutter etwa verdoppelt werden (25 bis 35 mg je kg Futter).

Auch der Gehalt an den wasserlöslichen Vitaminen des Vitamin-B-Komplexes, wie Cholinchlorid, ist für Zuchttiere wesentlich zu erhöhen. Sofern die Verabreichung eines Alleinfuttermittels nicht gewünscht wird, ist neben den Getreidegaben unbedingt ein mit eiweißhaltigen Mehlen, Vitaminen, Mineralstoffen und Spurenelementen angereichertes Ergänzungsfuttermittel zuzufüttern.

Legenester sind täglich auf Sauberkeit zu überprüfen, um Verschmutzungen der Bruteier zu vermeiden. Da bei einer Elterntier-Bodenhaltung in 1 Liter Stallluft etwa 50 000 bis 160 000 Keime, darunter auch im Hühnerdarm vorkommende Bakterien, enthalten sind, lagern sich solche Keime auch auf den Schalen der Bruteier ab, und zwar bis zu etwa

100 000 je Ei. Beim Ausbrüten in Brutapparaten können sich diese Bakterien vermehren, schließlich auch ins Ei eindringen und zum Absterben der Embryonen oder zu erhöhter Frühsterblichkeit der Küken führen. Es war deshalb üblich, Bruteier unmittelbar nach dem Einsammeln wie auch nach dem Einlegen in den Brutapparat Formalindämpfen auszusetzen (je m³ Rauminhalt werden in einem offenen Gefäß 21 ml Formaldehyd 40%ig = Formalin zu 21 ml Wasser und 17 g Kaliumpermanganat gegeben, Luftumwälzung 30 min lang bei 22 °C und 70 % Luftfeuchtigkeit, dann Ableitung der Gase ins Freie; restliche Dämpfe können durch Aufstellen einer Schale mit Salmiakgeist in halber Formalinmenge gebunden werden). Zur Begasung mit Formalin ist eine Erlaubnis erforderlich. Wenn die Dämpfe in den Arbeitsraum eindringen können, ist ein Atemschutz zu tragen. Wegen möglicher gesundheitlicher Gefahren für den Menschen ist die Anwendung der Begasung mit Formaldehyd nur unter Einhaltung hoher Auflagen und Anforderungen bei der Durchführung erlaubt. Für die Raumdesinfektion mit Formaldehyd gelten die Technischen Regeln für Gefahrstoffe TRGS 522 vom Januar 2013 (siehe Seite 153). Für die Durchführung der Begasung sind eine Erlaubnis, ein Befähigungsschein und ein Sachkundenachweis erforderlich. Deshalb sollten alternative Verfahren zur Bruteier Desinfektion angewendet werden, z. B. durch Verdampfung von Peressigsäure.

In größeren Brutbetrieben, vor allem bei der Putenbrut, werden Eier auch im Sprüh- oder Tauchverfahren oberflächlich entkeimt, wobei dann die für den Menschen nicht unbedenkliche Formalinbegasung entfallen kann. Vor der nächsten Brut sind Geräte und Räumlichkeiten zuerst gründlich zu reinigen und dann anschließend zu desinfizieren. Hierzu wie auch zur Bruteidesinfektion in kleinem Umfang eigenen sich die für den Küchenbereich in Drogeriemärkten angebotenen ungiftigen Mittel auf der Basis von Tensiden oder quartären Ammoniumbasen (siehe Seiten 157, 158).

Der beste Bruterfolg lässt sich mit unversehrten, mittelgroßen, bei Temperaturen um 20 °C gelagerten Eiern erzielen. Bei längerer Aufbewahrung sind die Eier gelegentlich zu wenden und, wenn nicht wegen der Wasserverdunstung für höhere Luftfeuchtigkeit gesorgt wird, bei 10 °C bis 15 °C zu lagern. Im Brutschrank ist neben der Beachtung der entsprechenden Temperatur und Feuchtigkeit auch auf ausreichende Luftzufuhr zu achten, etwa 4 m³ Frischluft je Stunde für 1 000 Eier. Die im Ei wachsenden Embryonen atmen ja bereits über die der Eischale anliegende und als außerembryonale Lunge dienende Chorioallantoismembran.

Vertikal vom Elterntier auf das Küken übertragbare Krankheitserreger

Mögliche Keime im Ei-Inneren	Symptome
Salmonella gallinarum-pullorum ➛	Weiße Kükenruhr, Hühnertyphus
Salmonella enteritidis ➛	Paratyphoidkrankheit
Mycobacterium avium ➛	Geflügeltuberkulose
Staphylokokken ➛	Frühsterblichkeit der Küken
Mycoplasma gallisepticum ➛	Erkrankung der Atemwege
Leukoseviren ➛	Wucherung der weißen Blutkörperchen
Aviäres Encephalomyelitisvirus ➛	Gehirn-Rückenmarks-Entzündung der Küken
Weitere Viren u. Bakterien ➛	Absterben der Embryonen
Mögliche Keime auf der Eischale	**Symptome**
Salmonella Unterarten außer den obengenannten ➛	Absterben von Embryonen, Darmerkrankungen beim Küken
Escherichia coli ➛	Normaler Darmbewohner, krankmachend nach zusätzlichen Schädigungen
Fäulniskeime, Luftkeime, Pilzsporen ➛	Mangelhafte Bruteiqualität Embryosterblichkeit

Nicht bei der Brut vom Elterntier auf das Küken übertragbare Erreger:
Campylobacter-Keime, Kokzidien-Oozysten, Marek-Virus gehen während der Brutdauer zugrunde.

Brutbedingungen

Geflügelart	Temperatur Tag	Temperatur °C	Feuchtigkeit Tag	Feuchtigkeit % rel.	Wenden Tag	Wenden Häufigkeit täglich	Schieren Tag
Hühner: Vorbrut	1.–17.	37,8–38,0	1.–19.	55–60	1.–17.	mind. 8-mal	6. + 17.[1] bei Umlage
Schlupfbrut	17.–21.	37,0	20.–21.	80			
Puten: Vorbrut	1.–24.	37,5–37,8	1.–24.	55–60	1.–24.	mind. 3-mal	9.+ 24.[2] bei Umlage
Schlupfbrut	24.–28.	37,0	25.–28.	80			
Gänse	1.–16. 17.–27. 28.–30. ab 10.	37,5–37,8 37,3–37,4 36,5–37,0 2-mal tgl. kühlen	1.–28. 30. jeden 2.–3. Tag besprühen	60 80	2.–25.	mind. 5-mal 120°	10.+25.
Hausente: Vorbrut Schlupfbrut	1.–22. 22.–28. 7.–24.	37,8–38,0 37,0–37,5 2-mal tgl. kühlen	1.–22.	55–60	7.–24.	2-mal 180°	z.B. 7.+14.+22.
Moschusente: Vorbrut Schlupfbrut	1.–32. 32.–35. 9.–32.	37,8–38,0 37,0–37,5 1-mal tgl. kühlen			1.–32.	8-mal 180°	z.B. 7.+12.+33.

[1] Häufiger Verzicht auf 1. Schiertermin [2] Nur Stichprobe

Nach Vogt (1966) werden für die Nutzgeflügelarten folgende Bedingungen zur Brut empfohlen (siehe Tabelle Seite 54).

Wesentlichen Nutzen für die spätere Gesundheit bringt eine Impfung gegen die Mareksche Krankheit noch in der Brüterei vor Auslieferung der Küken (siehe Tabelle Seite 58 ff.).

Vorbeugung in der Aufzucht

Da die Aufzucht auf Bodeneinstreu vor allem von Parasiten bedroht ist, empfiehlt es sich, gelegentlich mikroskopische **Kotuntersuchungen** vorzunehmen. Besonders wichtig ist dies vor Beginn der Legeperiode, um eine notwendige medikamentöse Wurm- oder Kokzidienbekämpfung vorher einleiten zu können.

Bei Haltung mit Einstreu ist es ratsam handelsübliche Aufzuchtfutter zu geben, denen Zusatzstoffe zur Verhütung der Kokzidiose (**Kokzidiostatica**, Antikokzidia) (siehe Tabelle Seite 56 f.) zugesetzt sind. Für Junghennen- und Masthähnchen stehen auch Impfstoffe gegen Kokzidien zur Verfügung (siehe Seite 60).

In der Tabelle auf Seite 56 f. sind die für die einzelnen Kokzidiostatika zugelassenen Tierarten und festgelegten **Wartezeiten** abzulesen. Die vorgeschriebenen Absetzzeiten vor der Schlachtung oder Ei-Gewinnung sind genau einzuhalten.

Derzeit werden die Rechtsvorschriften der EU (EU-Verordnung Nr. 1831/2003) über die Zulassung von Zusatzstoffen in Futtermitteln überarbeitet. Dazu gehören auch die Kokzidiostatika (siehe Tabelle S. 56 f.), die gegen Infektionen mit Kokzidien zur Vermeidung des Ausbruchs einer Kokzidiose eingesetzt werden.

Eine Wiederaufnahme der in die Einstreu ausgeschiedenen Medikamentenreste lässt sich vermeiden, wenn die Junghühner vor Legebeginn auf frische Einstreu umgesetzt werden.

Zum Schutz vor verschiedenen Infektionskrankheiten lassen sich vorbeugende **Impfungen** mit lebenden, abgeschwächten bzw. inaktivierten Erregern durchführen. Die Impfstoffe dürfen jedoch ohne behördliche Ausnahmegenehmigung nur durch Tierärzte angewendet werden (Tierimpfstoff-Verordnung).

Das Geflügel verfügt über Organsysteme, die zur Erkennung, Beseitigung und Wiedererkennung körperfremder Substanzen dient. Es wird als Abwehr- bzw. Immunsystem des Geflügels bezeichnet. Zum Immunsystem beim Geflügel gehören die Bursa cloacalis (Fabricii), Thymus, Milz, Blinddarmtonsilien und Lymphozytenherde. Das Immunsystem entwickelt Abwehrmechanismen gegenüber körperfremden Substanzen, die als Immunität bezeichnet wird.

Die Immunität des Organismus wird durch verschiedene Abwehrmechanismen erreicht. **Resistenz** ist die angeborene Eigenschaft ohne vorherigen Antigenkontakt eine Unempfindlichkeit zu besitzen. Durch züchterische Maßnahmen kann diese angeborene Eigenschaft innerhalb einer Rasse verbreitet werden (z. B. Resistenz gegen Marek'sche Krankheit). Die **maternale Immunität** beim Geflügel kann über die Bruteier Antikörper auf die Küken übertragen, sodass diese in den ersten Lebenstagen körperfremde Substanzen abwehren können, bis die körpereigenen Abwehrmechanismen funktionsfähig sind. Besondere Bedeutung besitzt die maternale Immunität bei der Abwehr der Aviären Encephalomyelitis, Infektiöse Anämie der Küken, Gumborokrankheit u. a. Die **Immunisierung** kann als **aktive** und **passive Immunisierung** erfolgen. Die Applikation von Antikörpern (Hyperimmunseren) wird als **passive Immunisierung** bezeichnet. In der Wirtschaftsgeflügelhaltung ist die **aktive Immunisierung** durch Schutzimpfungen von großer Bedeutung und wird gegen die wichtigsten seuchenhygienisch relevanten Viren, Bakterien und Parasiten durchgeführt. Zur Verfügung stehen zugelassene **Lebendimpfstoffe und inaktivierte Impfstoffe. Lebendimpfstoffe** enthalten vermehrungsfähige, meist abgeschwächte Erreger, die sich im Tier vermehren, das Immunsystem stimulieren (Antikörperbildung) und auch ausgeschieden werden. **Inaktivierte Impfstoffe** enthalten abgetötete, nicht mehr vermehrungsfähige Erreger. Zur Verstärkung der Immunantwort beim Geflügel werden diesen Impfstoffen Adjuvantien (Öle, Alumniumhydroxid u. a.) zugesetzt.

Stallspezifische Impfstoffe erhalten in der Veterinärmedizin zunehmende Bedeutung. Sie werden zur Prophylaxe und Therapie insbesondere dann eingesetzt, wenn gegen bestimmte Krankheitserreger noch kein kommerzieller Impfstoff erhältlich ist.

Weiterhin bieten kommerzielle und stallspezifische Impfstoffe eine Möglichkeit Therapielücken die, durch zunehmende arzneimittelrechtlich Einschränkungen des Einsatzes von Chemotherapeutika, in der Tierhaltung entstehen, wieder zu schließen.

Stallspezifische (Bestandsspezifische) Impfstoffe werden aus Krankheitserregern hergestellt, die in einer Tiergruppe oder einem einzelnen Tier als krankheitsauslösende Ursache im Labor identifiziert wurden. Diese Impfstoffe dürfen nur in dem Bestand, aus dem die Erreger stammen, angewendet werden.

Impfstoffe können auf verschiedene Arten verabreicht werden. **Individualimpfungen** haben einen hohen Zeit- und Arbeitsaufwand, da sie jedem Tier einzeln verabreicht werden müssen. Hierzu gehören Impfungen mit der Injektionspritze, die Augentopfmethode, Durchstechen der Flügelspannhaut sowie Einreibung in die Federfollikel mit einem Pinsel.

Herdenimpfungen erlauben alle Tiere einer Herde in kurzer Zeit zu impfen. Impfstoffe können über das Trinkwasser, Sprayverfahren oder auch über Futter verabreicht werden.

Die sinnvolle Erstellung, erfolgreiche Durchführung und Kontrolle eines Impfprogramms für Geflügel erfordert hohen tiermedizinischen Sachverstand und ist Aufgabe des Tierarztes. In der Tierimpfstoff-Verorderung ist der Umgang mit Impfstoffen geregelt.

Ist die Impfung mit einem abgeschwächten aber noch vermehrungsfähigen Impfstamm über das Trinkwasser vorgesehen, so sind die Tränkanlagen zunächst mechanisch und mit frischem Wasser, ohne irgendwelche Zusätze, zu reinigen. Reste von Desinfektionsmitteln würden den Impfstamm schädigen. Längstens nach zwei Stunden sollte das impfstoffhaltige Trinkwasser von den Tieren aufgenommen sein.

Der für die verschiedenen Altersstufen bekannte tägliche Trinkwasserbedarf (siehe Tabelle Seite 58) muss daher auf die Wasseraufnahme innerhalb von zwei Stunden zurückgerechnet werden. In diese Wassermenge ist dann der auf die vorhandene Tierzahl ausgelegte Impfstamm einzurühren. Der Zusatz von Magermilchpulver (25 g je 10 Liter Wasser) stabilisiert die Impfstämme. Da alle Hühner- und Putenbestände nach der Geflügelpest-Verordnung ständig unter **Impfschutz gegen die Newcastle-Krankheit** gehalten werden müssen und alle Junghennenbestände mit mehr als 250 Junghennen nach der Geflügel-Salmonellen-Verordnung gegen **Salmonellen** geimpft sein müssen, sind für solche Bestände die tierärztlichen Anweisungen genau einzuhalten.

Wartezeiten nach Verfüttern von Zusatzstoffen zur Verhütung der Kokzidiose
(Nach Anlage 3 Teil 1, zur Futtermittel-VO und EU-Liste nach EG 1831/2003)

Chemische Bezeichnung (Handelsbezeichnung®)	Name des Zulassungs-inhabers	Tierart oder Tierkategorie	Höchstalter der Tiere	Zulassung bis	Mindestgehalt Höchstgehalt Gehalt an Zusatzstoffen (mg je kg) min.	max.	Warte-zeit (in Tagen)	Wirkstoffart	Wirkung auf
Decoquinat (Deccox 60 G®)	Zoetis Belgium SA	Masthühner	–	A)	20	40	0	synthetisch	Sporozoiten
Diclazuril[1)] 0,5 g/100g (Clinacox®)	Eli Lilly and Company ltd.	Kaninchen Masthühner Masttruthühner Junghennen Perlhühner	– – – 16 Wochen –	24.10.2018 23.12.2020 26.09.2021 02.08.2023 16.03.2021	1 1 1 1	1 1 1 1	1 0 0 0 0	synthetisch	Sporzoiten Trophozoiten I Schizonten I u. II
Diclazuril[1)] 0,5g/100g (Coxiril®)	Huvepharma NV Belgien	Masthühner Masttruthühner Mast-, Zuchtperlhühner Kaninchen	– – – –	04.02.2025 04.02.2025 04.02.2025 10.09.2025	0,8 0,8 0,8 1	1,2 1,2 1,2 1	0 0 0 2	synthetisch	Sporzoiten Trophozoiten I Schizonten I u. II
Halofuginon[2)] (Halofuginon®)	Huvepharma NV Belgien	Masthühner Masttruthühner	– 12 Wochen	A) A)	2 2	3 3	5 5	ionophor	Sporozoiten Schizonten I u. II
Lasalocid-A-Natrium: 15 g/100g[3)] (Avatec 150G®)	Zoetis Belgium SA	Masthühner Junghennen Truthühner Fasane, Perlhühner, Wachteln, Rebhühner, ausgenommen deren Legegeflügel	 16 Wochen 16 Wochen –	A) A) 26.10.2020 28.09.2021	75 75 75 75	125 125 125 125	3 3 5 5	ionophor	Sporozoiten Trophozoiten I Schizonten I u. II
Maduramycin-Ammonium-Alpha 10 g/kg[4)] (Cygro 10G®)	Zoetis Belgium SA	Masthühner Truthühner	– 16 Wochen	10.05.2021 A)	5 5	6 5	3 5	ionophor	Sporozoiten Trophozoiten
Monensin-Natrium[5)] (Elancoban G100® / Elancoban G200®)	Eli Lilly and Company ltd.	Masthühner Truthühner Junghennen	– 16 Wochen 16 Wochen	A) A) A)	100 60 100	125 100 125	1 1 1	ionophor	Sporozoiten Trophozoiten I Schizonten I u. II
Monensin-Natrium[5)] (Coxidin)	Huvepharma NV Belgien	Masthühner Truthühner Junghennen	– 16 Wochen 16 Wochen	10.06.2021 10.06.2021 09.03.2022	100 60 100	125 100 125	1 1 1	ionophor	Sporozoiten Trophozoiten I Schizonten I u. II

Narasin 100 g/kg[6)] (Monteban G100®)	Eli Lilly and Company ltd.	Masthühner	–	A)	60	70	0	ionophor	Sporozoiten Trophozoiten I
Narasin 80 g[6)] Nicarbazin 80 g/kg[7)] (Maxiban G160®)	Eli Lilly and Company ltd.	Masthühner	–	28.10.2020	40 Narasin 50 40 Nicarbazin 50		0	synthetisch ionophor	Schizonten I u. II
Nicarbazin 250 g/kg[7)] (Nicarbazin®)	Phibro Animal Health S.A. Belgien	Masthühner	–	28.10.2020	125 Nicarbazin 125		0	synthetisch	Schizonten I u. II
Robenidin-Hydrochlorid 66 g/kg[8)] (Robenz 66G®)	Zoetis Belgium SA	Masthühner Truthühner	– –	A)	30 30	36 36	5 5	synthetisch	Schizonten I u. II
Robenidin-Hydrochlorid 66 g/kg[8)] (Cycostat 66G®)	Zoetis Belgium SA	Mastkaninchen Zuchtkaninchen	– –	21.06.2021 21.06.2021	50 50	66 66	5 5	synthetisch	Schizonten I u. II
Salinomycin[9)] 120 mg/kg (Sacox 120®)	Huvepharma NV Belgien	Masthühner Junghennen	– 12 Wochen	A)	60 50	70 50	1 –	ionophor	Sporzoiten Merozoiten Schizonten I
Semduramycin[10)] (Aviax®)	Phibro Animal Health s.p.r.l.	Masthühner	–	A)	20	25	5	synthetisch	

A) Zulassungsverlängerung beantragt (Angaben zu Mindestgehalt und Höchstgehalt sowie die Wartezeiten sind vorläufige Angaben aus dem Antrag zur Zulassungsverlängerung); Produkte bei denen die Zulassung fristgerecht beantragt wurde, dürfen bis zu einer offiziellen Entscheidung der EU Behörden weiter verkauft werden (EG 1831/2033 Artikel 110 Absatz 6)

1) Diclazuril: Gefährlich für Equiden und Truthühner; gleichzeitige Verabreichung bestimmter Tierarzneimittel (z.B. Tiamulin) kann kontraindiziert sein; darf nicht mit anderen Kokzidiostatika vermischt werden.

2) Halofuginon: Nicht an Legehennen oder Zuchttiere in Produktion, junge Perlhühner, Enten, Wasservögel verabreichen.

3) Lasalocid-Natrium: „gefährlich für Equiden"; dieses Futtermittel enthält ein Ionophor; gleichzeitige Verabreichung bestimmter Arzneimittel kann kontraindiziert sein. Lasalocid-Natrium darf nicht mit anderen Kokzidiostatika gemischt werden.

4) Maduramycin: „gefährlich für Equiden"; gleichzeitige Verabreichung bestimmter Tierarzneimittel (z.B. Tiamulin) kann kontraindiziert sein.

5) Monensin-Natrium darf nicht mit anderen Kokzidiostatika vermischt werden; „gefährlich für Equiden, Truthühner und Kaninchen"; gleichzeitige Verabreichung von Tiamulin ist zu vermeiden und auf mögliche Nebenwirkungen bei gleichzeitiger Verwendung anderer Arzneimittel ist zu achten.

6) Narasin: „gefährlich für Equiden, Truthühner und Kaninchen"; gleichzeitige Verabreichung bestimmter Arzneimittel (z.B. Tiamulin) kann kontraindiziert sein. Die Zubereitung aus Narasin und Nicarbazin darf nicht mit anderen Kokzidiostatika gemischt werden.

7) Nicarbazin darf nicht mit anderen Kokzidiostatika außer mit Narasin gemischt werden; toxisch für Enten, Puten, Junggänse unter 20 Tagen, Flug- u. Pekingenten unter 28 Tagen, Einhufer. Bei Hühnern: Leistungsdepressionen, Dotterflecken u. Eiklarverflüssigung, Entfärbung brauner Eierschalen.

8) Robenidin: Nicht bei Legehühnern oder Legeputen anwenden (Anis- oder Vanillegeschmack der Eier); Robenidin darf nicht mit anderen Kokzidiostatika vermischt werden,

9) Salinomycin darf nicht angewendet werden bei Zuchttieren und Truthühnern; ist „gefährlich für Equiden"; gleichzeitige Verabreichung von Tiamulin kann kontraindiziert sein.

10) Semduramycin „gefährlich für Equidenarten, Truthühner und Kaninchen"; gleichzeitige Verabreichung bestimmter Arzneimittel kann kontraindiziert sein; gleichzeitige Verabreichung von Semduramycin und Tiamulin kann zu vorrübergehend verminderter Futter- und Wasseraufnahme führen.

Ungefährer täglicher Trinkwasserverbrauch für jeweils 100 Tiere (bei etwa 12 °C bis 15 °C Lufttemperatur)

Hühner		
1. Lebenswoche	= 1 Liter	= 1. Lebenswoche
2. bis 4. Lebenswoche	= 3 bis 5 Liter	= Zahl der Lebenswochen + 1
5. bis 12. Lebenswoche	= 7 bis 14 Liter	= Zahl der Lebenswochen + 2
ab 16. Lebenswoche	= 16 bis 20 Liter	= Zahl der Lebenswochen
Ab Legetätigkeit	= 25 Liter	
Broiler sind entsprechend dem Körpergewicht höher einzustufen!		
Puten		
1. bis 3. Lebenswoche	= 3 bis 9 Liter	= Zahl der Lebenswochen mal 3
4. bis 20. Lebenswoche	= 16 bis 80 Liter	= Zahl der Lebenswochen mal 4

Impfungen sind vor allem bei **Jungtierbeständen** unerlässlich, wenn diese in frisch gereinigten Ställen, getrennt von Alttierbeständen gehalten werden. Solch „hygienisch" gut gemeintes und im Hinblick auf das Fernhalten von Parasiten und Bakterien auch dringend ratsames Vorgehen bringt aber bei den Virusinfektionen wegen der Unterbrechung der natürlichen Übertragungskette auch Nachteile mit sich. Gerade beim Geflügel lassen sich diese aber hervorragend mit Hilfe der Impfungen ausgleichen. Auf Dauer gelingt das Fernhalten verschiedener Virusarten erfahrungsgemäß nicht. Die Tiere erkranken früher oder später, wenn sie nicht durch Impfstoffe, das heißt durch abgeschwächte oder inaktivierte Viren, zur Produktion der notwendigen Abwehrstoffe angeregt worden sind. So wird mit Hilfe verträglicher Impfstoffe kontrolliert nachgeholt, was anderenfalls die natürliche Infektkette – allerdings risikoreicher, weil unkontrolliert – zustande gebracht hätte. Einem Impfprogramm unterzogene Junghühner sind dann weit ins Legealter hinein vor Erkrankungen geschützt.

Impfprogramme

Impfkalender für Hühner

Schutzimpfung gegen	Impfalter[1)]	Bemerkung[2)]
Impfkalender für Junghennen		
Marekсsche Krankheit (**MD**)	1. Lt	Lebenimpfstoffe, Injektionsimpfung unerlässlich; bei hoher Marekgefahr ist eine 2. Impfung am 8.–9. Lt. empfehlenswert
Gumboro-Krankheit (**IBD**)	ca. 2.–4. Lw	Lebendimpfstoff und inaktivierte Impfstoffe, Trinkwasserimpfung; Impfung empfehlenswert; bei Seuchendurchbruch unerlässlich, evtl. 2. Impfung durchführen; Impfzeitpunkt ist dem Immunstatus der Elterntiere anzupassen
Newcastle-Krankheit (**ND**)	3., 8., 16. Lw	Lebend- und inaktivierte Impfstoffe, Trinkwasser- oder Sprayimpfung; ND-Impfung für alle Bestände gesetzlich vorgeschrieben. Oder nach zweimaliger Trinkwasserimpfung eine Injektionsimpfung mit inaktivierten ND-Impfstoffen am Ende der Aufzucht empfehlenswert
Infektiöse Bronchitis (**IB**)	3., 9., 15. Lw	Lebend- und inaktivierte Impfstoffe, Trinkwasserimpfung; Impfung empfehlenswert. Oder nach zweimaliger Trinkwasserimpfung eine Injektionsimpfung mit inaktivierten IB-Impfstoffen am Ende der Aufzucht empfehlenswert

Impfkalender für Hühner

Schutzimpfung gegen	Impfalter[1)]	Bemerkung[2)]
Impfkalender für Junghennen		
Salmonella spp.	Entsprechend Empfehlung der Impfstoffhersteller	Lebend- und inaktivierte Impfstoffe, Trinkwasserimpfung mit vermehrungsfähigen Errgern und/oder Injektionsimpfungen mit inaktivierten Erregern: Aufzuchtbetriebe ab 250 Junghennen sind gesetzlich verpflichtet, die Hühner des Bestandes gegen Salmonellen impfen zu lassen
Aviäre Enzephalomyelitis (**A**)	14. Lw	Trinkwasserimpfung
Zusätzliche Schutzimpfungen nach der Legereife		
Newcaste-Krankheit (**ND**) Infektiöse Bronchitis (**IB**)	Alle 8–12 Wo. Alle 8–12 Wo.	Trinkwasser- oder Sprayimpfung; ND- und IB-Impfung können als Einzel- oder Kombinationsimpfung nach der Legereife durchgeführt werden. ND-Impfung für alle Bestände gesetzlich vorgeschrieben
Zusätzliche Schutzimpfungen für Elterntiere		
Aviäre Enzephalomyelitis (**A**)	14. Lw	Trinkwasserimpfung; unerlässlich; Kontrolle des Impferfolgs: unerlässlich
Kükenanämie (**CAA**) Newcastle-Krankheit (**ND**) Infektiöse Bronchitis (**IB**) Gumboro-Krankheiten (**IBD**)	12.–16. Lw 16.–18. Lw	Injektions- oder Trinkwasserimpfung sehr empfehlenswert. Injektionsimpfung mit inaktivierten ND-, IB-, IBD-Impfstoffen am Ende der Elterntier-Aufzucht empfehlenswert
Impfkalender für Masthähnchen		
Mareksche Krankheit (**MK**)	Kurzmast: bis ca. 49. Lt Langmast: bis ca. 50. Lt	Injektionsimpfung nicht unbedingt erforderlich da Schlachtung i. d. R. vor Krankheitsausbruch. Injektionsimpfung unerlässlich
Gumboro-Krankheit (**IBD**)	ab ca. 7. Lt	Entsprechend der Empfehlung der Impfstoffhersteller bei Seuchendurchbruch unerlässlich, evtl. 2. Impfung durchführen; Impfzeitpunkt ist dem Immunstatus der Elterntiere anzupassen
Infektiöse Bronchitis (**IB**)	9. Lt	Trinkwasser- oder Sprayimpfung; Impfzeitpunkt und -intervall sind der jeweiligen Seuchenlage anzupassen
Newcastle-Krankheit (**ND**)	14. Lt	Trinkwasserimpfung; für alle Bestände gesetzlich vorgeschrieben Impfzeitpunkt und -intervall sind der jeweiligen Seuchenlage anzupassen
Weitere Impfmöglichkeiten für Hühner und Masthähnchen		
Aviäre Rhinotracheitis (**ART**)	ab 21. Lt	Trinkwasser, Spray und/oder Infektionsimpfung der Junghennen je nach Seuchenlage erforderlich
Infektiöse Laryngotracheitis (**ILT**)	12.–16. Lw	Augentropfmethode; bei Seuchenzug unerlässlich; bei Einstellung ungeimpfter Junghennen in geimpften Legehennenbetrieb sehr empfehlenswert
Egg-drop-Syndrom (**EDS**)	ca. 16. Lw	Injektionsimpfung der Junghennen je nach Seuchenlage erforderlich, ggf. Notimpfung der betroffenen Bestände
Maycoplasma gallisepticum (**MG**)	ca. 16. Lw	Injektionsimpfung der Junghennen vor der Einstallung in infizierte Legehennenbestände unbedingt erforderlich
Mycoplasma synoviae	ca. 16. Lw	Lebend- und inaktivierte Impfstoffe; Impfung erforderlichenfalls durchführen
Haemophilus paragallinarum (**Coryza**)	ca. 12., 16. Lw	Injektionsimpfung der Junghennen je nach Seuchenlage erforderlich
Ornithobacterium rhinotrachaeale (**ORT**)	ca. 12., 16. Lw	Injektionsimpfung der Junghennen je nach Seuchenlage erforderlich
Pasteurella multocida	ca. 12., 16. Lw	Injektionsimpfung erforderlichenfalls durchführen

Impfkalender für Hühner

Schutzimpfung gegen	Impfalter[1)]	Bemerkung[2)]
Impfkalender für Junghennen		
Geflügelpocken	8.–10. Lw	Flügelstichimpfung je nach Seuchenlage erforderlich
Reovirus (**REO**)	Entsprechend Empfehlungen der Impfstoff-hersteller	Trinkwasser und/oder Injektionsimpfung bei Masthähnchen-Elterntieren empfehlenswert
E. coli	6.–12. Lw 14.–18. Lw	Lebend- und inaktivierte Impfstoffe; Injektionsimpfung bei Masthähnchen-Elterntieren empfehlenswert
Kokzidien	1.–9. Lt	Verabreichung der Impf-Oocysten im Trinkwasser oder Futter; vor und nach der Impfung sollen keine Futtermittelzusatzstoffe zur Verhütung der Kokzidiose oder Arzneimittel mit antikokzidialer Wirkung verabreicht werden

Lt: Lebenstag, Lw: Lebenswoche, Wo: Woche

1) Die Impfprogramme und die Applikationsart der Impfstoffe werden vom Tierarzt erstellt, der jeweiligen Seuchenlage angepasst und entsprechend ausgewählt; verschiedene Impfstoffe sollten entweder am selben Tag oder in einem Abstand von wenigstens 5 Tagen verabreicht werden

2) Impfungen sind von einem Tierarzt durchzuführen, Impfungen durch den Tierhalter nur mit Genehmigung der zuständigen Behörde (i. d. R. Veterinäramt)

Impfkalender für Puten

Schutzimpfung gegen	Impfalter[1)]	Bemerkung[2)]
Impfkalender für Puten		
Turkey Rhinotracheitis (**TRT**)	1. Lt oder 1. Lw 3., 8., 14. Lw 16. (nur Hähne)	Spray-Impfung in der Brüterei Trinkwasser im Bestand Wiederholungen der Trinkwasserimpfung sind der jeweiligen Seuchenlage anzupassen
Newcastle-Krankheit (**ND**)	5., 7., 11. Lw 16. (nur Hähne)	Trinkwasserimpfung; ND-Impfung für alle Bestände gesetzlich vorgeschrieben
Blutige Darmentzündung (**HE**)	28. Lt	Trinkwasserimpfung; Impfung empfehlenswert
Zusätzliche Schutzimpfungen für Putenelterntiere		
Pasteurella multocida (**Cholera**)	7., 12., 26. Lw	Injektionsimpfung mit inaktiviertem Impfstoff, sehr empfehlenswert; kommerzieller Impfstoff derzeit nicht im Handel
Erysipelothrix rhusiopathiae (**Rotlauf**)	12., 16. Lw	Injektionsimpfung mit inaktiviertem Impfstoff; sehr empfehlenswert; kommerzieller Impfstoff für Geflügel derzeit nicht im Handel
Turkey Rhinotracheitis (**TRT**)	26. Lw	Injektionsimpfung mit inaktiviertem Impfstoff am Ende der Elterntier-Aufzucht; sehr empfehlenswert
Aviäre Enzephalomyelitis (**AE**)	23. Lw	Trinkwasserimpfung unerlässlich; Kontrolle des Impferfolgs mit AE-Empfänglichkeitstest

Lt: Lebenstag, Lw: Lebenswoche

1) Die Impfprogramme und die Applikationsart der Impfstoffe werden vom Tierarzt erstellt, der jeweiligen Seuchenlage angepasst und entsprechend ausgewählt; verschiedene Impfstoffe sollten entweder am selben Tag oder in einem Abstand von wenigstens 5 Tagen verabreicht werden

2) Impfungen sind von einem Tierarzt durchzuführen, Impfungen durch den Tierhalter nur mit Genehmigung der zuständigen Behörde (i.d.R. Veterinäramt)

Vorbeugung bei Zukauftieren und während der Legeperiode

Die wichtigste Vorbeugemaßnahme ist stets die Kontrolle der zugekauften Jungtiere noch während einer vom übrigen Bestand getrennten Haltung und Fütterung (**Quarantäne**). Dazu sollten **Kotproben** zur parasitologischen und bakteriologischen Untersuchung und, wenn vorhanden, auch tote Tiere zur Untersuchung an ein tierärztliches Institut gebracht werden (Begleitberichtmuster siehe Seite 50). Wird ein besonderer Befund erhoben, kann noch vor der Legereife eine spezifische tierärztliche Behandlung eingeleitet werden. War der Quarantänestall nach der Reinigung und vor der erneuten Belegung noch mit den gegen Parasiteneier wirksamen Präparaten desinfiziert und wegen der Roten Vogelmilbe mit Insektiziden ausgesprüht worden, so können bei entsprechenden Befunden möglicherweise, je nach Kaufvertrag, Regressansprüche an den Verkäufer gestellt werden.

Auch während der Stallbelegung ist es ratsam, bei unerklärbarem Legeleistungsabfall oder bei gehäuften Todesfällen kranke oder tote Tiere untersuchen zu lassen. Wird eine tierärztliche medikamentöse Behandlung erforderlich, so ist die vom Tierarzt mitgeteilte oder aus dem Beipackzettel zu entnehmende Wartezeit bis zur Schlachtung oder bis zum erneuten Verkauf von Eiern unbedingt einzuhalten. Impfungen – gegen die Newcastle-Krankheit vorgeschrieben und gegen die Infektiöse Bronchitis ratsam – sind nach Anweisung des Tierarztes durchzuführen.

Beispiele von Behandlungsmöglichkeiten und Wartezeiten

Geflügel dient vorwiegend der Lebensmittelproduktion, entweder zur Erzeugung von Schlachtprodukten oder als Legehenne zur lebenslangen Eierproduktion. Bei jedem therapeutischen Eingreifen muss deshalb an möglicherweise bedenkliche **Rückstände** im späteren Lebensmittel gedacht werden. Zahlreiche Medikamente sind mit einer **Wartezeit** belegt, die nach Abschluss der Therapie bis zur Verwertung der Produkte als Lebensmittel eingehalten werden muss. So ist stets abzuwägen, ob ein gezielt wirksames, aber mit Wartezeit belegtes Medikament tatsächlich eingesetzt werden soll oder ob es nicht besser wäre, mit Hilfe allgemeiner Kräftigungsmittel oder durch Verbesserung der Haltungsbedingungen auf die Selbstheilungstendenz der Tiere zu vertrauen. Besonders notwendig sind deshalb gerade beim Geflügel Vorkehrungen zur Krankheitsverhütung. Eine Übersicht über die gängigsten spezifischen Behandlungsmöglichkeiten mit Angaben zu den problematischen Wartezeiten gibt die folgende Tabelle.

Aufgrund des Arzneimittelgesetzes (AMG) dürfen apothekenpflichtige Arzneimittel vom Tierarzt nur für die von ihm behandelten Tiere und von der Apotheke nur nach Verschreibung abgegeben werden. Medikamente für Tiere, die der Gewinnung von Lebensmitteln dienen, müssen überdies für die betreffende Tierart zugelassen sein. **Hier ist stets auf die aktuellen Zulassungsbestimmungen zu achten.**

Auswahl von Arzneimittel und Wartezeiten beim Geflügel

Wirkstoff	Mögliche Anwendungsgebiete	Wartenzeit in Tagen		
Antibiotisch wirksame Stoffe		**Huhn**	**Eier**	**Pute**
Amoxicillin-Trihydrat	Zur Behandlung von Infektionen bei Hühner und Truthühner hervorgerufen durch Amoxicillin-empfindliche Keime	1	X	5
Ampicillin-Trihydrat	Infektionen des Atmungs-, Magen-Darm-Traktes, der Harn- und Geschlechtsorgane verursacht durch Ampicillin-empfindliche grampositive und/oder gramnegative Keime	6[1)]	X	28*
Apramycin-sulfat	Behandlung der Colibacillose. *Anwendung bei Geflügel nur nach Umwidmung (Kaskadenregelung)*	28*	X	28*
Bacitracin-Zink	Verringerung der klinischen Symptome und der Sterberate bei epizootischer Enterocolitis bei Kaninchen. *Anwendung bei Geflügel nur nach Umwidmung (Kaskadenregelung)*	28*	10	28*
Benzylpenicillin-Kalium	Zur Behandlung durch Clostridien hervorgerufenen Infektionen des Verdauungstraktes bei Junghennen, Broiler, Puten: Ulzerative und nektrotisierende Darmentzündung	1	X	1

Auswahl von Arzneimittel und Wartezeiten beim Geflügel

Wirkstoff	Mögliche Anwendungsgebiete	Wartenzeit in Tagen		
Antibiotisch wirksame Stoffe		**Huhn**	**Eier**	**Pute**
Bromhexin-hydrochlorid	Zur Behandlung von Erkrankungen der oberen Atemwege und der Lunge, die mit einer vermehrten Schleimbildung einhergehen. *Anwendung bei Geflügel nur nach Umwidmung (Kaskadenregelung)*	28*	7	28*
Colistinsulfat	Zur Behandlung von Darminfektionen mit gramnegativen colisitin-empfindlichen Bakterien. *Anwendung bei Geflügel nur nach Umwidmung (Kaskadenregelung)*	2	0	28*
Difloxacin-hydrochlorid	Bei Hühnern und Puten für die Behandlung von chronischen Infektionen des Respirationstraktes, die durch empfindliche Stämme von Escherichia coli und Mycoplasma gallisepticum verursacht werden, bei Puten auch zur Behandlung von Infektionen mit Pasteurella multiocida angezeigt.	1	X	1
Enrofloxacin	Behandlung von Infektionskrankheiten bei Huhn und Pute, die von den folgenden gegenüber Enrofloxacin empfindlichen Bakterien hervorgerufen werden, bei Hühnern und Puten durch Mycoplasma gallisepticum, Mycoplasma synoviae, Pasteurella multocida sowie bei Hühner durch Avibacterium paragallinarum.	7	X	13
Erythromycin-thiocyanat	Behandlung von bakteriellen Infektionskrankheiten des Atmungsapparates bei Hühner und Puten, die durch Erythromycin-empfindliche grampositive Erreger und Mycoplasmen hervorgerufen werden und einer oralen Behandlung zugänglich sind.	3	0	3
Florfenicol	Therapeutische Behandlung und Metaphylaxe in Tiergruppen, die klinische Anzeichen von Atemwegserkrankungen zeigen, die durch Florfenicol-empfindliche Stämme von Actinobacillus pleuropneumoniae und Pasteurella multocida verursacht werden. *Anwendung bei Geflügel nur nach Umwidmung (Kaskadenregelung)*	28*	X	28*
Lincomycin-hydrochlorid	Zur Behandlung von folgenden durch lincomycinempfindliche Erreger hervorgerufenen Infektionskrankheiten bei *Schweinen*: Dysenterie, Mykoplasmenpneumonie. *Anwendung bei Geflügel nur nach Umwidmung (Kaskadenregelung)*	28*	X	28*
Lincomycin-hydrochlorid-Spectinomycin	Zur Therapie folgender durch Lincomycin- und Spectinomycin-empfindliche Erreger hervorgerufenen Erkrankungen bei Masthähnchen, Junghennen und Puten: Metaphylaxe und Therapie von Atemwegserkrankungen hervorgerufen durch Mycoplasmen sowie Begleitflora.	8	X	8
Neomycinsulfat	Behandlung von Infektionen des Darmes mit neomycinempfindlichen Keimen (E. coli, Campylobacter, Salmonellen) bei Kälbern, Schweinen, Hühnern, Broilern und Puten.	7	0	7
Spectinomycin	Für Rinder, Schweine und Pferde bei Infektionen mit Spectinomycin-empfindlichen Keimen. *Anwendung bei Geflügel nur nach Umwidmung (Kaskadenregelung)*	28*	X	28*
Sulfaclozin-Na	Behandlung von Kokzidiosen und Salmonella gallinarum	16	X	21
Sulfadimethoxin	Für Hühner und Brieftauben, zur Behandlung von folgenden durch Sulfadimethoxin-empfindliche Erreger hervorgerufene Krankheiten im frühen Stadium der Infektion: Infektionen des Magen-Darm-Traktes, besonders bei Coli-Infektionen, Salmonellosen und Kokzidiosen. *Anwendung bei Pute nur nach Umwidmung (Kaskadenregelung)*	14	X	28*
Sulfadimidin	Für Hühner, Tauben, zur Behandlung von folgenden durch Sulfadimidin-empfindliche Erreger hervorgerufenen Erkrankungen im frühen Stadium der Infektion: Bakterielle Sekundärerkrankungen bei Virusinfektionen, Infektionen des Atmungstraktes, Infektionen des Magen-Darm-Traktes, Infektionen der Geschlechtsorgane, Kokiziosen. *Anwendung bei Pute nur nach Umwidmung (Kaskadenregelung)*	14	X	28*

Auswahl von Arzneimittel und Wartezeiten beim Geflügel

Wirkstoff	Mögliche Anwendungsgebiete	Wartenzeit in Tagen		
Antibiotisch wirksame Stoffe		**Huhn**	**Eier**	**Pute**
Sulfaquinoxalin	Zur Behandlung von folgenden durch Sulfaquinoxalin-empfindliche Erreger hervorgerufene Krankheiten im frühen Stadium der Infektion bei Broiler, Puten: Kokzidiosen, Enteritiden verursacht durch E. coli oder Salmonellen, Luftröhrenentzündung, Ansteckender Schnupfen, Geflügelcholera.	14	X	14
Sulfonamid-Trimetoprim Kombination	Behandlung von Infektionen der Atemwege, des Magen-Darm-Traktes, der Harn- und Geschlechtsorgane, der Haut- und Gelenkinfektionen, der Augen und Ohren. *Anwendung bei Geflügel nur nach Umwidmung (Kaskadenregelung)*	28*	X	28*
Tetrazykline: – Chlortetracyclin	Therapie von infektiösen Erkrankungen des Magen-Darm-Kanales, der Atmungsorgane und des Urogenitaltraktes bei Kälbern und Schweinen, verursacht durch chlortetracyclin-empfindliche Krankheitserreger. *Anwendung bei Geflügel nur nach Umwidmung (Kaskadenregelung)*	28*	X	28*
Tetrazykline: – Doxycyclin	Hühner (Broiler) und Puten: Zur Therapie und Metaphylaxe chronischer Atemwegserkrankungen (CRD) hervorgerufen durch Doxycyclin-empfindliche *Mycoplasma gallisepticum*. Schweine (Mastschweine): Zur Therapie und Metaphylaxe von klinischen Atemwegsinfektionen beim Schwein, die durch Doxycyclin-empfindliche *Pasteurella multocida*-Stämme hervorgerufen werden.	6	X	9
Tetrazykline: – Oxytetracyclin	Therapie von Infektionskrankheiten (ausgenommen systemische Salmonellen- und *E-coli*-Infektionen) der Atmungsorgane und des Verdauungstraktes, die von Oxytetracyclin-empfindlichen Erregern bei Hühnern, Puten und Enten hervorgerufen werden.	14	6	7
Tetrazykline: – Tetracyclin-HCL	Infektionen des Respirations- und Verdauungstraktes und Harnwegsinfekte bei Kälbern und Schweinen, die durch Tetracyclin-empfindliche Erreger verursacht werden. *Anwendung bei Geflügel nur nach Umwidmung (Kaskadenregelung)*	28*	X	28*
Tiamulin	Therapie und Metaphylaxe bei Huhn und Pute von Infektionskrankheiten, die durch Tiamulin-empfindliche Erreger hervorgerufen sind: Mykoplasmenpneumonie sowie infektiöse Sinusitis und infektiöse Synovitis.	3	0	4
Tilmicosin	Zur Therapie und Metaphylaxe bei Hühner- und Putenpopulationen von Atemwegserkrankungen verursacht durch *Mycoplasma gallisepticum* und *M. synoviae*.	12	X	19
Tylosintartrat	Huhn: Zur Behandlung der chronischen Atemwegserkrankung (CRD) hervorgerufen durch Mycoplasma gallisepticum und Mycoplasma synoviae. Zur metaphylaktischen Behandlung der nekrotisierenden Enteritis (NE), hervorgerufen durch Clostridium perfringens. Pute: Zur Behandlung der infektiösen Sinusitis, hervorgerufen durch Mycoplasma ssp.	1	0	5
Tylosin-phosphat	Behandlung von Infektionen hervorgerufen durch Tylosin-empfindliche Erreger. Bei Hühnerküken 1.–3. Woche Mycoplasma gallisepticum. *Anwendung bei Pute nur nach Umwidmung (Kaskadenregelung)*	5	X	28*
Tylvalosin-tartrat	Hühner: Behandlung und Vorbeugung von Atemwegserkrankungen im Zusammenhang mit *Mycoplasma gallisepticum* bei Hühnern. Als unterstützende Maßnahme im Rahmen der Präventionsstrategie, um klinische Symptome und Sterblichkeit bei respiratorischen Erkrankungen in solchen Herden zu reduzieren, bei denen eine in ovum Infektion mit *Mycoplasma gallisepticum* aufgrund des Vorkommens der Erkrankung in der Elterntiergeneration wahrscheinlich ist. Dabei sind im Rahmen der Präventionsstrategie auch entsprechende Anstrengungen zu unternehmen, die Infektion in der Elterntiergeneration zu eliminieren. Puten: Behandlung von Atemwegserkrankungen im Zusammenhang mit Tylvalosin-empfindlichen Stämmen von *Ornithobacterium rhinotracheale* bei Puten	2	X	2

Auswahl von Arzneimittel und Wartezeiten beim Geflügel

Wirkstoff	Mögliche Anwendungsgebiete	Wartenzeit in Tagen		
Kokzidienbefall		**Huhn**	**Eier**	**Pute**
Sulfaclozin Na	Behandlung von Kokzidiosen und *Salmonella gallinarum*	16	X	21
Sulfadimidin-Na	Behandlung von Kokzidiosen und Sulfonamid-empfindlichen Bakterien	14	X	28*
Sulfaquinoxalin Na	Prophylaxe und Therapie von Kokzidiosen bei Hühnern, Truthühnern, Tauben, Fasanen, Gänsen und zur Therapie von bakteriellen Infektionen mit Sulfonamid-empfindlichen Erregern des Darmes (Coli- und Salmonellenenteritiden)	14	X	14
Amprolium	Hühner (Broiler, Junghennen, Legehennen, Zuchthennen) und Puten: Behandlung von intestinaler Kokzidiose, die durch Amprolium-empfindliche Erreger *Eimeria* spp. hervorgerufen wird.	0	0	0
Toltrazuril	Zur Behandlung von Kokzidiosen bei Huhn und Pute, verursacht durch Infektionen mit verschiedenen Arten von Eimeria: Huhn: E. acervulina, E. brunetti, E. maxima, E. necatrix, E. tenella, E. mitis. Pute: E. adenoides und E. meleagrimitis.	21	X	18
Wurmbefall				
Fenbendazol	Zur Behandlung der folgenden gastro-intestinalen Nematoden bei Hühnern: *Ascaridia galli* (L5 und adulte Stadien), *Heterakis gallinarum* (L5 und adulte Stadien). *Anwendung bei Pute nur nach Umwidmung (Kaskadenregelung)*	6	0	28*
Flubendazol	Hühner: Behandlung von Erkrankungen durch Wurmbefall (Helminthosis) hervorgerufen durch: Ascarida galli (adulte Stadien), Heterakis gallinarum (adulte Stadien), Capillaria spp. (adulte Stadien). *Anwendung bei Pute nur nach Umwidmung (Kaskadenregelung)*	4	0	28*
Levamisol	Befall mit Magen-Darm- und Lungenwürmern bei Rindern, Schafen, Schweinen, Hühnern, Trut- und Perlhühnern, Gänsen, Enten, Fasanen und Tauben. Das Wirkungsspektrum umfasst bei Geflügel die folgenden Wurmarten: Adulte Stadien von Capillaria spp., Ascaridia spp., Heterakis spp., Amidostomum anseris. Unterschiediche, zum Teil nicht ausreichende Wirksamkeit gegenüber Larvenstadien.	14	X	14
Piperazincitrat	Huhn Brieftaube, Pferd und Schwein: Befall mit Magen-Darm-Würmern Huhn: Larvale und adulte Ascaridia galli, variable Wirkung gegen adulte Heterakis galli Brieftaube: Adulte Ascaridia columbae *Anwendung bei Pute nur nach Umwidmung (Kaskadenregelung)*	2	5	28*
Ektoparasitizide				
Fluralaner Exzolt®	Zur Behandlung eines Befalls mir der roten Vogelmilbe (*Dermanyssus gallinae*) bei Junghennen, Elterntieren und Legehennen.	14	0	*
Organo-phosphate	Phoxim: Anwendung im belegten Stall in Deutschland nur im Therapienotstand möglich (siehe S. 90). Anwendung bei Pute nur nach Umwidmung (Kaskadenregelung).	25	12 Std.	28
Piperonylbutoxid	Zur Verstärkung der Wirkung von Pyrethrinen und Pyrethroiden anwenden. *Anwendung nur im leeren Stall*			
Pyrethrum-Extrakt	Derzeit in Deutschland nicht erhältlich			
Pyrethroide	Cypermethrin, Deltamethrin: *Anwendung nur im leeren Stall*			

* Anwendung nur nach Umwidmung (Kaskadenregelung) nach dem Arzneimittelgesetz möglich.
X Nicht anwenden bei Tieren, deren Eier für den menschlichen Verzehr vorgesehen sind.
[1] Broiler, Masthähnchen

Beim Einsatz von Arzneimitteln sind immer die Angaben auf dem Beipackzettel und die aktuellen arzneimittelrechtlichen Vorschriften nach dem Arzneimittelgesetz zu beachten!

Bakterienbedingte und andere Küken- und Junggeflügelkrankheiten

Persistierender Dottersack

(Verzögerte Dottersackrückbildung)

Leitsymptome
- → **Erhöhte Frühverluste**
- → **Lebensschwache Küken**
- → **Verklebter Kloakenausgang**

Allgemeines: Verschiedene Ursachen können Frühverluste auslösen: Vitaminmangel der Elterntiere, verzögerter Schlupf infolge fehlerhafter Bruttemperaturen oder ungenügender Luftfeuchtigkeit und unzureichender Frischluftzufuhr im Brutapparat. Außerdem kommen schwächende Einwirkungen beim Transport oder mangelhafte Stallvorbereitung vor dem Einsetzen der Küken in Frage.

Symptome: Die Küken sterben an Lebensschwäche und zeigen äußerlich einen verklebten, verkrusteten Kloakenausgang. Ein gut kirschgroßer Dottersack mit eingedicktem Inhalt fällt häufig bei Frühverlusten während der ersten Lebenswoche auf. Die Leber ist hell-ockerfarben, in den Nieren liegen meist gipsig-weiße Ablagerungen von Harnsäure und harnsauren Salzen. Ein Rückgang der Verluste ist häufig in der 2. Lebenswoche zu verzeichnen.

Behandlung: Eine Behandlung ist nicht erfolgversprechend. Betroffene Küken sind sobald wie möglich auszumerzen, bereits verendete Küken sind mindestens zweimal täglich zu entfernen.

Vorbeugende Maßnahmen: Ausreichende Vitamingaben an die Elterntiere, Maßnahmen zur Bruthygiene (siehe Seiten 51–55), Transport der Küken in klimatisierten Transportfahrzeugen und eine gute Stallvorbereitung vor der Kükeneinstallung können Frühverluste durch verzögerte Dottersackrückbildung vermeiden.

Werden Küken zugekauft, sollten diese möglichst schon in der Brüterei gegen die Mareksche Krankheit geimpft werden, zusätzlich ist Vorsorge zu treffen, dass die Küken in einen gereinigten, desinfizierten und bereits am Tag vor dem Einsetzen der Tiere beheizten Aufzuchtstall eingesetzt werden. Küken benötigen in ihrem Aufenthaltsbereich in der ersten Woche eine Temperatur von 32 °C, die dann je Woche um 2 °C bis zu etwa 20 °C in der 5. bis 8. Woche gesenkt werden kann.

Obwohl Küken in den ersten Lebenstagen noch von den Nährstoffvorräten des Dottersackes zehren können, wirkt sich eine rasche Versorgung mit Futter und Wasser günstig auf die Entwicklung der Tiere aus.

Der persistierende Dottersack führt zu Frühverlusten.

Bakterienbedingte Frühinfektionen

(Bakteriämien, Septikämien, Sepsis, Vorhandensein von Bakterien in der Blutbahn)

Leitsymptome
→ **Erhöhte Frühverluste**
→ **Lebensschwache Küken**
→ **Trockene, schwarz bis rötlich veränderte Nabelregion**

Allgemeines: Bakterien bedrohen Küken aus Naturund Kunstbrut. Je größer die Nachzucht ist, desto leichter breiten sich die Keime in der gesamten Herde aus. Die Krankheitserreger können bereits von den Muttertieren mitgegeben worden sein (siehe Seite 53), oder stammen bei mangelhafter Aufzuchthygiene aus der Umgebung. Gefahr droht vor allem von gleichzeitig in einer Herde gehaltenen Alttieren. Haltungsbedingte Einwirkungen wie Zugluft oder nicht optimale Stalltemperaturen fördern die Anfälligkeit und die Vermehrung der Erreger im Tier. Von den speziellen Krankheitserregern sind die nach dem amerikanischen Bakteriologen Daniel E. Salmon benannten **Salmonellen** besonders gefürchtet. **Mykoplasmen** führen meist erst im Zusammenspiel mit Virusinfektionen und dem Darmbakterium *Escherichia coli* zu Erkrankungen der Atemwege und des Darmes. Hauptsächlich nach der Infektion eines verzögert abheilenden Nabels kommt es durch die allgegenwärtigen **Coli-Keime** wie auch durch **Staphylokokken** und **Pseudomonaden** zur Bakteriämie und so zur Ausbreitung der Bakterien in der Blutbahn und zum Tod.

Symptome: Betroffene Küken haben einen aufgeblähten Bauch und einen feuchten bis schorfigen Nabel. Häufig geht von den Küken ein übelriechender Geruch aus, der als „diagnostischer Hinweis" dienen kann. In der geöffneten Bauchhöhle befindet sich der vergrößerte Dottersack, reichlich gefüllt mit einer trüben bis flockigen, gelb bis bräunlich verfärbten, viskösen Flüssigkeit.

Diagnose: Zur genauen Diagnose ist eine bakteriologische Untersuchung erforderlich. Nach dem Ausstrich verdächtiger Proben auf speziellen Milchzucker- und pH-indikatorhaltigen Agarnährböden lassen sich Kulturen der eiweißverzehrenden Salmonellen und der sich lieber von Milchzucker ernährenden *Escherichia-coli*-Keime an der **Alkali-** oder **Milchsäurebildung** schon grob erkennen.

Behandlung: Vitamingabe und antibiotische Behandlung nach Erstellung eines Resistenztests.

Vorbeugende Maßnahmen: Ausreichendes Vorheizen des Aufzuchtraums vor der Kükeneinstallung, Überprüfung der Elterntierhaltung sowie der Bruthygiene und der Brutbedingungen sind wichtige Voraussetzungen zur Vermeidung der Übertragung dieser Krankheitserreger.

Eine kotverschmutzte Kloake weist auf eine Darmerkrankung hin.

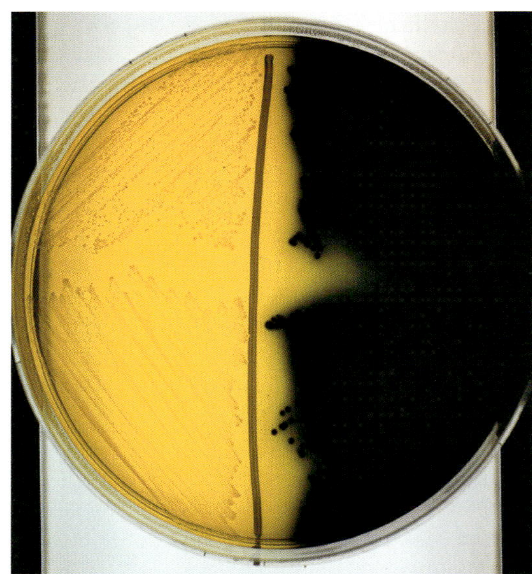

Wasserblau-Metachromgelb-Indikator ist ursprünglich grün. Links: Eine durch die Eiweißverdauung der Salmonella*-Keime ausgelöste Alkalibildung führt zu einer Gelbfärbung. Rechts: Durch den Abbau von Kohlenhydraten, der Lieblingsspeise der* E.-coli*-Bakterien, kommt es zur Säurebildung, der Nährboden färbt sich tiefblau.*

Salmonellose

(Paratyphus, *Salmonella enteritidis, Salmonella typhimurium*)

Leitsymptome

- **Küken: Durchfall, Todesfälle meist in der 1. bis 3. Lebenswoche**
- **Erwachsene Tiere: Symptomlose Ausscheider und Träger, Herzbeutelentzündung, degenerierte Eifollikel**

Antibiogramm. Die Zacken des auf dem mit Bakterien belegten Nährboden aufgebrachten Papiersterns sind mit unterschiedlichen Antibiotika getränkt.

Allgemeines: Neuerdings sind – neben *Salmonella gallinarum-pullorum* (siehe Weiße Kükenruhr, Seite 68) weitere Salmonellentypen in den Vordergrund gerückt, vor allem die schon im Jahre 1888 entdeckte *Salmonella enteritidis*, die nach Vermehrung in unsachgemäß zubereiteten und gelagerten Lebensmitteln beim Menschen Brechdurchfall auslösen kann, sowie als weiterer bedeutender Erreger einer Zoonose, *Salmonella typhimurium* (siehe Seite 104 ff.).

Symptome: Die Krankheitszeichen bei Küken sind ähnlich wie bei *Salmonella gallinarum-pullorum*-Infektion. Erwachsene Tiere sind häufig symptomlose Träger und Ausscheider der Erreger. Teilweise sind Herzbeutelentzündung und degenerierte Eifollikel festzustellen (siehe Seite 105).

Behandlung: Treten nur vereinzelt Erkrankungen auf oder liegt lediglich Salmonellenbefall ohne auffallende Krankheitserscheinungen vor, kann zunächst abgewartet werden, ob die Salmonellen von den Tieren selbst wieder zurückgedrängt werden. Bei gehäuft auftretenden Erkrankungen hilft aber nur eine antibiotische Behandlung nach tierärztlicher Anweisung, am besten nach Testung der Bakterien im Antibiogramm zum Nachweis des wirksamsten Präparates.

Die chemotherapeutische Behandlung führt zwar zur Minderung der klinischen Symptome und der Verluste, jedoch gleichzeitig zur Verlängerung der Ausscheidungsdauer und zur Entstehung von L-Formen.

Vorbeugende Maßnahmen:

- Impfung entsprechend der Hühner-Salmonellen-VO.
- Vitamin- und Mineralsalzgaben erhöhen die Widerstandskraft der Küken.
- Die Verabreichung von Quarzsand bereits an Küken fördert die keimtötende Wirkung der vom Drüsenmagen produzierten Salzsäure (siehe Seite 70).
- Zur Vermeidung von Zoonosen ist die wichtigste Maßnahme die Sanierung der Bestände.

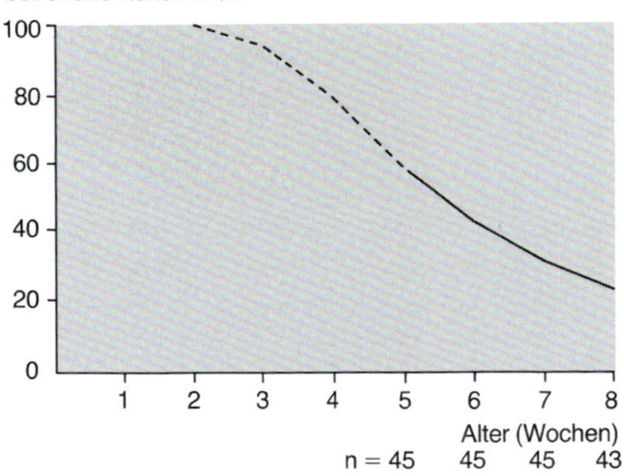

Das Diagramm zeigt den Verlauf einer Salmonelleninfektion in der Junggeflügelmast. n = Zahl der untersuchten Küken.

Weiße Kükenruhr

(*Salmonella gallinarum-pullorum*-Infektion)

Leitsymptome
- **Dünnflüssiger, weißer Kotabsatz**
- **Todesfälle 1–50 %, in der 1. bis 3. Lebenswoche**

Allgemeines: Die Weiße Kükenruhr hat nach Einführung der Kunstbrut infolge der Erregerübertragung im Brutapparat zunächst zu hohen Verlusten geführt. Mit Hilfe der daraufhin gegründeten Geflügelgesundheitsdienste wurden infizierte Zuchttiere des Wirtschaftsgeflügels nahezu ausgemerzt. In Ländern mit entwickelter Geflügelzucht konnte die Infektion weitgehend zurückgedrängt werden. Jedoch bedrohen erregertragende Wildvögel vor allem noch die kleinen Rassehühnerhaltungen und die Freilandhaltungen.

Symptome: Die *Salmonella*-Infektion führt bei Küken zu dünnflüssigem, mit Harnsäure durchsetztem weißlichem Kot, was der Krankheit den Namen gegeben hat. Die Küken drängen sich zusammen, die Futteraufnahme ist reduziert und äußern konstantes Piepsen. Treten Gewebsnekrosen in den Lungen auf, zeigt sich Atemnot. Da der Erreger im Kot ausgeschieden wird, gelangt er durch Aufpicken schnell in den Magen-Darm-Kanal weiterer Küken, schon im Brutapparat aber auch über brut- oder kotstaubhaltige Luft in die Atemwege. Überleben die Küken, so ist damit zu rechnen, dass eine mehr oder weniger große Anzahl der Tiere Bakterienträger und Dauerausscheider bleibt.

Diagnose: Bei erkrankten Küken wird die Diagnose durch die bakteriologische Untersuchung von Kot oder Organen gestellt. Bakterienträger können durch eine Blutuntersuchung (Frischblutschnellagglutination oder Serumuntersuchung) ermittelt werden (siehe Seite 106).

Vorbeugende Maßnahmen: Ausmerzung der mit Hilfe der Blutuntersuchung als infiziert erkannten Jungtiere oder Legehennen.

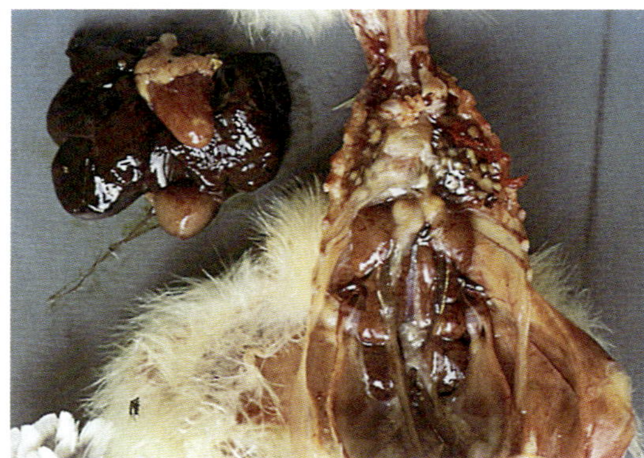

Weiße Kükenruhr beim geöffneten Küken. Die Nekroseherde in den Lungen und die Milzschwellung (unter der links liegenden Leber) sind deutlich zu sehen.

Rachitis der Küken

(Knochenweiche)

Leitsymptome
- → Verbiegung der Knochen
- → Weicher Schnabel
- → Verdickung der langen Röhrenknochen
- → Bewegungsstörungen

Allgemeines: Unter Rachitis versteht man die unzureichende oder verzögerte Einlagerung von phosphorsaurem Kalk in die jugendlichen Knochen sowie die unzureichende Versorgung mit Kalzium, Phosphor und Vitamin D. Bei Vögeln erfolgt die Kalkeinlagerung zur Festigung der Knochen, sogar der Rippen des Brustkorbs, sehr frühzeitig.
Symptome: Sind die Rippen oder die langen Röhrenknochen beim gehbehinderten Küken noch sehr weich und biegsam, so liegt Rachitis vor. Auch der Schnabel und die Kopfknochen sind biegsam. Häufig sind die Enden der langen Röhrenknochen (Wachstumszonen) in ihrem Umfang verdickt. Der Brustkorb ist abgeflacht und das Brustbein verformt. Ein auffallendes Zeichen ist die Vergrößerung der Rippenköpfchen am geöffneten Tierkörper.
Behandlung: Bei unzureichender Verknöcherung sind den Küken Mineralsalzgemische hauptsächlich mit Kalziumphosphat- und Vitamin-D_3-Zusätzen anzubieten.
Vorbeugung: Die Futterration sollte dem Alter und den Erfordernissen der Herde angepasst und in einem ausgewogenen Verhältnis Kalzium, Phosphor und Vitamin D_3 enthalten. Dabei ist insbesondere zu beachten, dass Geflügel Vitamin D_3 benötigt. Auf genügende Vitaminzufuhr ist schon bei den Elterntieren zu achten, denn in den ersten 14 Lebenstagen ist die Resorption der im Starterfutter angebotenen Vitamine noch unbefriedigend.

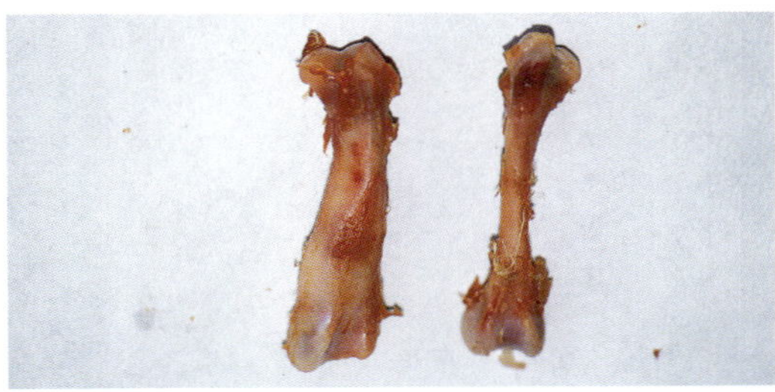

Verdickung der langen Röhrenknochen bei Rachitis der Küken.

Perosis der Junghühner

Leitsymptome
- → Abgleiten der Zehenbeugesehne vom Sprunggelenk
- → Abspreizen der betroffenen Extremität unterhalb des Sprunggelenks
- → Bewegungsstörungen

Allgemeines: Als Perosis wird das Abgleiten der Zehenbeugesehne vom deformierten Sprunggelenk, dem Fersenhöcker, bezeichnet. Das Leiden wird bei Hühner- und Putenküken ab der dritten Lebenswoche beobachtet und kann erbbedingt sein. Auch eine Mangelernährung, insbesondere ein Mangel an Mangan, aber auch an Biotin, Folsäure, Niacin oder Pyridoxin, kann die Entwicklung der Wachstumszone im Knochen beeinträchtigen und ein Abgleiten der Sehne vom Rollhöcker verursachen.

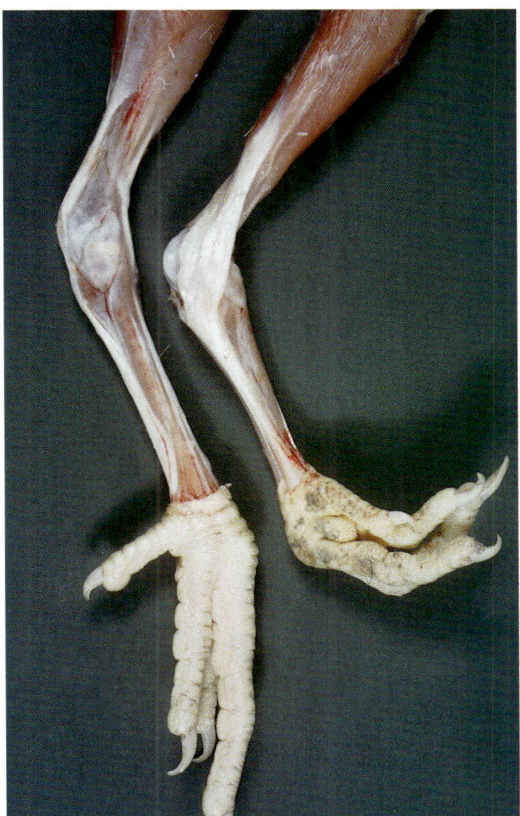

Linker Ständer: physiologischer Sehnenverlauf. Rechter Ständer: freigelegte Sehne eines Perosis-Kükens (abgerutscht vom Fersengelenk).

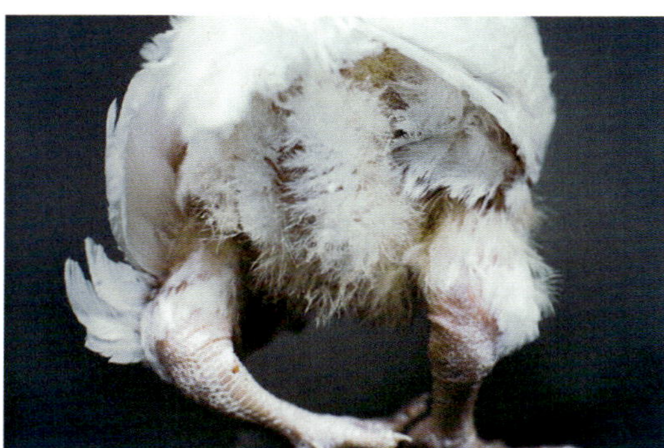

Ein an Perosis (= Abrutschen der Achillessehne vom Sprunggelenk) erkranktes Küken.

Symptome: Erkrankte Tiere rutschen auf dem Fersenhöcker, das Sprunggelenk infiziert und entzündet sich.

Behandlung und vorbeugende Maßnahmen: Die ausgeprägte Stellungsanomalie kann therapeutisch nicht beeinflusst werden. Futtertrog und Trinkwasser werden nur noch mit Mühe oder gar nicht mehr erreicht. Die Küken würden verhungern, wenn sie nicht, was schon aus Gründen des Tierschutzes erforderlich ist, bald getötet werden. Vorbeugend kann versucht werden, durch Mineralsalz- und Vitamin-D_3-Gaben eine frühzeitige Festigung der Gelenkknochen zu erreichen.

Quarzsandmangel und Magenverstopfung

Leitsymptome
- → **Verdauungsstörung**
- → **Verhungern der Tiere**

Allgemeines: Bei Aufzucht auf Stroheinstreu oder bei Haltung von Junghühnern in ungepflegten Ausläufen kommt es bei gleichzeitig fehlendem Quarzsandangebot zu unzureichender Zermahlung der Futterbestandteile im Muskelmagen, oft sogar zur Entstehung verfilzter Pflanzenfaserknäuel und damit zur Verstopfung des Magenausgangs.

Wenn nur Futtermehle verabreicht werden, kann sich Steinchenmangel im Muskelmagen bei hohem Keimgehalt des Futters nachteilig auswirken. Die von den Vormagendrüsen produzierte Salzsäure übt dann ihre Funktion zur Keimabtötung und zur Einleitung der Eiweißverdauung nur ungenügend aus. Eine gründliche Durchmischung der Nahrungsbestandteile mit der Salzsäure bleibt aus. Gefährlich wird es, wenn aufgenommene Krankheitskeime, wie die säureempfindlichen Salmonellen, ohne Kontakt mit der Salzsäure den Muskelmagen passieren. In den ersten Lebenswochen aufgenommene Salmonellen setzen sich dann in den Blinddärmen fest. So entstehen Salmonellenträger und -ausscheider.

Symptome: Zunächst treten Verdauungsstörungen im ganzen Darmbereich auf, und letztlich verhungern die Tiere trotz Futterangebot.

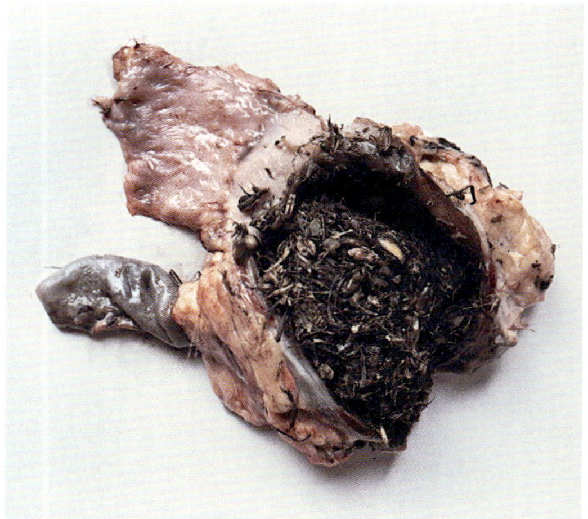

Muskelmagenverstopfung infolge Steinchenmangels kann leider oft beobachtet werden.

Behandlung: In den Lagerhäusern der landwirtschaftlichen Genossenschaften werden verschiedene Quarzsandgrößen für Küken und ältere Tiere angeboten. Kalkgrit wird durch die Salzsäure aufgelöst und hilft nicht.
Vorbeugung: Weichholzspäne als Einstreu führen seltener zur Muskelmagenverstopfung als Stroheinstreu.

Links Quarz- bzw. Granitgrit für Küken, rechts für ältere Tiere.

Herztod und Lungenödem bei Jungmastgeflügel

Leitsymptome
→ **Plötzliche Todesfälle**

Allgemeines: Ab der zweiten Mastwoche mit Höhepunkt in der vierten Woche können in der Junggeflügelmast plötzliche Todesfälle, und zwar gerade bei sonst gesunden, kräftig entwickelten Tieren beobachtet werden.

Wenn das Vorkommnis auch weitgehend anlagebedingt ist, scheint das gehäufte Auftreten doch vorwiegend nach intensiver Fütterung und Sauerstoffmangel im unzureichend mit Frischluft versorgten Maststall aufzutreten. Deshalb darf die Beheizung aus Spargründen nicht allein mit einer Luftumwälzung ohne Zufuhr von Außenluft betrieben werden. Der Sauerstoffgehalt der Luft kann sonst von 21 % bis zu etwa 17 % abfallen.
Symptome: Infolge ungenügender Leistung des linken Herzens kommt es zum Lungenödem, zur Blutstauung und zum Flüssigkeitsaustritt in den Lungen.
Behandlung: Zur Verringerung der Herzbelastung sollte Mastgeflügel nicht zu kalorienreich ernährt werden. Durch Verabreichung eines Vitamin-E-Präparates kann eine Regulierung des Stoffwechsels und damit eine Verminderung des Herzmuskelschadens versucht werden.
Wichtig: Zu den Todesfällen infolge einer Anreicherung des schweren Kohlendioxids innerhalb der Kükenringe siehe Seite 118.

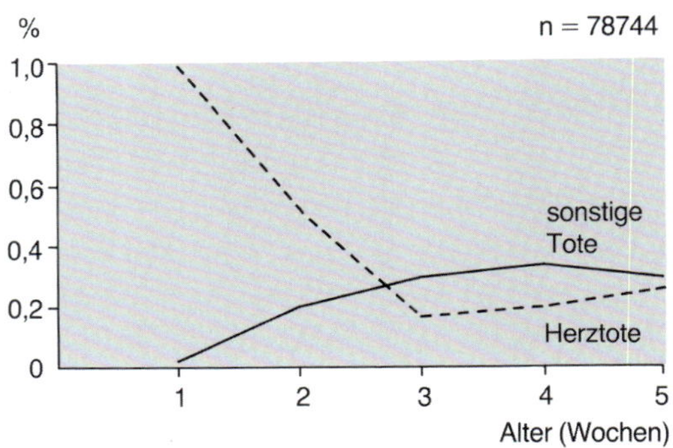

Durchschnittliche Verluste in der Junggeflügelmast:
— Herztote,
---- sonstige Frühverluste
(n = 78 744 Tiere).

Brustblasen bei Mastgeflügel

Leitsymptome
→ **Gestörtes Allgemeinbefinden**
→ **Umfangsvermehrung am Brustbeinkamm**

Allgemeines und Symptome: Bei überwiegend sitzenden, schweren Hühnermastküken oder in der Putenmast fallen nach der Schlachtung immer wieder Tiere mit eitrig entzündetem oder mit seröser Flüssigkeit gefülltem Schleimbeutel unter dem Brustbein auf. Der Schlachtwert der Tiere ist gemindert, da die veränderten Teile entfernt werden müssen. Die Entzündungsprozesse werden durch Verletzungen und anschließende Infektionen beim Sitzen auf verhärteter Einstreu oder scharfkantigen, unsauberen Sitzstangen ausgelöst.
Vorbeugende Maßnahmen: Ausreichender Bewegungsspielraum auf weicher und gut gepflegter Einstreu beugt dem Auftreten dieser Erkrankung vor.

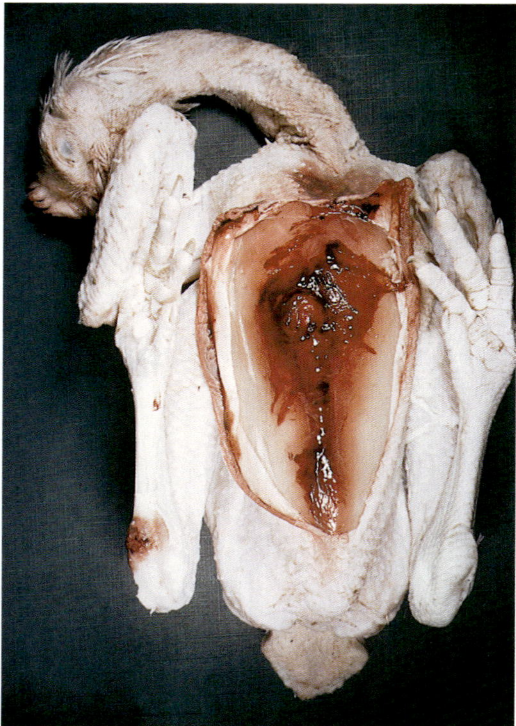

Typische Brustblase (Schleimbeutelentzündung) beim Mastgeflügel.

Darmerkrankungen, dünnflüssiger Kot

Allgemeines: Unspezifische Darmerkrankungen treten immer wieder nach einer Futterumstellung oder nach dem Umsetzen in einen anderen Stall auf. Jede Futterlieferung weist je nach Herkunft der einzelnen Futterbestandteile einen unterschiedlichen Keimgehalt auf. Üblicherweise werden in 1 g Futter etwa 1 Million Bakterien und 10 000 Pilzkeime gefunden. Es handelt sich dabei – sofern keine Salmonellen oder *Escherichia coli*-Bakterien darunter sind – meist um harmlose Keime. Der Wechsel von der Bakterienflora der einen Futterlieferung auf die Flora der nächsten oder das längere Lagern von Fertigfuttermischungen, besonders in feuchter Umgebung, kann aber doch zu einer mehr oder weniger lang anhaltenden **Verdauungsstörung** und zu **dünnflüssigem Kot**, bei Legehennen zu einem Legeleistungsabfall führen. Das Gleichgewicht der normalerweise im Darm lebenden und nützlichen, teils Kohlenhydrate, teils Eiweißsubstanzen verzehrenden Keime wird gestört (siehe Seite 66).
Behandlung und vorbeugende Maßnahmen: Zur Ausheilung jeder Darmerkrankung genügt meistens bereits die Umstellung auf eine neue Futterlieferung. Futter aus der nächsten Futtercharge bringt wieder eine andersartig zusammengesetzte Bakterien- und Pilzflora mit, was sich in der Regel schon günstig auf die gestörte Darmflora auswirkt. Wurde seit längerer Zeit kein Quarzsand angeboten oder sind im Auslauf bereits alle Steinchen aufgepickt, so hilft oft eine Quarzsandgabe die Muskelmagenarbeit zu verbessern und damit die Verdauung zu fördern.

Nur bei schweren Erkrankungen durch spezifische Erreger sollte an eine antibiotische Behandlung oder eine Darmparasitenbekämpfung nach tierärztlicher Anweisung gedacht werden. Dabei sind wegen etwa verbleibender Rückstände die vorgeschriebenen Wartezeiten bis zur Wiederverwendung der Eier oder Schlachtkörper unbedingt einzuhalten. Eine Kotuntersuchung mit Antibiogramm im Labor (siehe auch Seite 67) lohnt sich, weil dann das geeignetste Präparat ausgewählt werden kann und deshalb nur kurzfristig eingesetzt werden muss. Da bei geschädigter Darmschleimhaut eine gestörte Resorption vorliegt, ist der Vitamin- und Mineralhaushalt bei ausklingender Erkrankung wieder aufzufüllen. Die blassen Eidotter verschwinden dann schnell, mit steigender Legeleistung wird wieder die gewohnte gelbe Farbe erreicht.

Neu geliefertes Futter sollte möglichst trocken und nicht länger als 14 Tage gelagert werden. Tränkanlagen sind frei von Verunreinigungen zu halten, sodass ständig frisches und sauberes Trinkwasser zur Verfügung steht. Frisch gedroschene Getreidekörner sollten nicht sofort verfüttert werden.

Nekrotisierende Darmentzündung

Leitsymptome
- → **Bewegungsstörungen**
- → **Struppiges Federkleid**
- → **Eingezogener Kopf**
- → **Plötzliche Todesfälle**

Allgemeines: Auch die in jedem Geflügeldarm stets vorkommenden anaerob, d. h. unter Abwesenheit von Luftsauerstoff, wachsenden Clostridien (*Clostridium perfringens*) können sich plötzlich im Übermaß vermehren und andere Bakterien verdrängen.
Symptome: Es zeigt sich eine nekrotisierende Darmentzündung mit Fibrinbelägen auf der Darmschleimhaut, auch **Darmbrand** genannt. Gelangen diese im Hühnerdarm lebenden Clostridien in offene Wunden beim Menschen, so können sie dort, wenn die Wunde unter Luftabschluss steht, zum **Gasbrand** führen.
Behandlung: Antibiotische Behandlung mit Penicillin-Präparaten nach Erstellung eines Resistenztests.

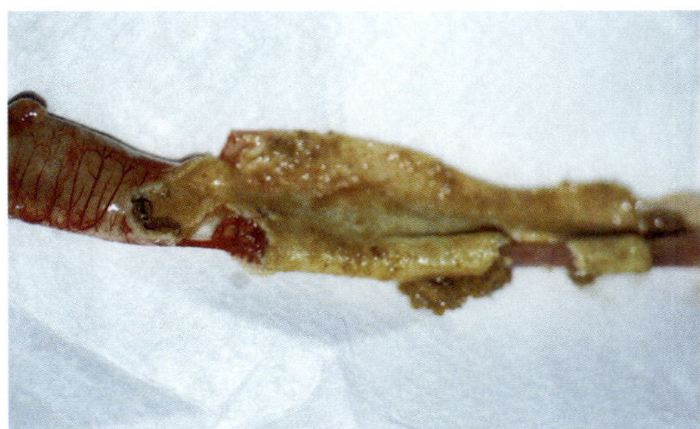

Fibrinbeläge auf der Darmschleimhaut.

Botulismus

Leitsymptome
- → **Muskellähmungen**
- → **Dünnflüssiger Kot**

Allgemeines: *Clostridium botulinum*, beim Geflügel meist Typ C, löst bei Geflügel nach Aufnahme von befallenem, feuchtwarmem Futter oder betroffener Einstreu und bei Enten durch Gründeln in warmen, stehenden und sauerstoffarmen Gewässern durch das **Botulismus-Toxin** eine Vergiftung mit Muskellähmungen und dünnflüssigem Kot aus. Erkrankungen des Menschen beruhen in der Regel auf der Annahme von Botulismus-Toxin der Typen A, B, E und F.
Symptome: Das Botulismus-Toxin verursacht bei Geflügel Muskellähmung und dünnflüssigen Kot.
Behandlung: Eine Behandlung ist nicht zu empfehlen, da bei Absterben der Erreger im Tierkörper zusätzlich Toxin freigesetzt wird.
Bekämpfung: Zum Schutz vor weiterer Ausbreitung sind betroffene Tierkadaver, gegebenenfalls die ganze betroffene Tiergruppe schnellstmöglich zu beseitigen.

Campylobacter jejuni

Die bei Menschen und vielen Tieren, auch beim Geflügel, weit verbreiteten *Campylobacter jejuni*-Keime – sehr dünne, gekrümmte Darmbakterien – verursachen beim Geflügel wässrig-mukösen Durchfall, Störung des Allgemeinbefindens und Legeleistungsabfall.

Beim Mensch ist *Campylobacter jejuni* eine Lebensmittelinfektion, die durch rohes Geflügelfleisch und Milch übertragen wird. Eine vertikale Übertragung über das Brutei erfolgt nicht. In der Humanmedizin werden diese Keime *Helicobacter jejuni* genannt.

Federpicken, Kannibalismus

Leitsymptome
→ **Gefiederschäden**
→ **Blutungen an angepickten Stellen**
→ **Blutige Schnabelspitzen**

Allgemeines: Federpicken ist eine häufig zu beobachtende Verhaltensweise, die in allen Haltungsarten auftritt. Vor allem bei trockenem und warmem Stallklima und in Ställen, die durch intensive Sonneneinstrahlung aufgeheizt werden, neigt das Geflügel dazu, sich selbst und andere anzupicken. Als Ursache von Federpicken und Kannibalismus ist ein Komplex von zahlreichen Risikofaktoren anzusehen, dazu gehören neben anderen Faktoren genetische Veranlagung, Nährstoffmangel, Futterstruktur, Licht und zu trockenes Klima. Zum Auslösen von Kannibalismus tragen in der Regel mehrere Faktoren bei.

Symptome: Angepickt werden am häufigsten die Schwanzfedern, Flügelspitzen und der Rücken sowie Kopf, Hals und Kloakengegend. Schließlich wird das Picken zur Gewohnheit und zur Untugend. Häufig sind Verletzungen, die beim Federpicken gesetzt werden, der Beginn von Kannibalismus. Kommt es zu Blutungen, wird vor allem im Bereich der Kloake bis zum Kannibalismus weitergepickt (siehe Seite 115).

Bepickte Tiere zeigen Blutungen an der äußeren Haut, Picker weisen einen blutverschmierten Schnabel auf.

Behandlung und vorbeugende Maßnahmen: Ein Abgewöhnen dieser Untugend ist außerordentlich schwierig. Tierarzt oder Apotheke bieten bittere Sprühlösungen an. Auch ein Abdunkeln des Stalles oder Rotlicht kann versucht werden; wenigstens 60 % relative Luftfeuchtigkeit ist anzustreben. Beim Zehenpicken sind reichlich Hobelspäne einzustreuen, sodass die Zehen in der Einstreu untertauchen. Vitamin- und mineralsalzreiche Ernährung ist erforderlich. Ein Kürzen des Oberschnabels verhindert das Federpicken.

Nach dem Tierschutzgesetz ist das Kürzen des Schnabels bei Küken für die Legehennen-, Puten- und Entenhaltung erlaubt, wenn glaubhaft dargelegt werden kann, dass der Eingriff unterlässlich ist. Zur Durchführung des Schnabelkürzens ist die Erlaubnis der zuständigen Behörde (i. d. R. Veterinäramt) erforderlich (siehe Seite 142). Die Erlaubnis wird jedoch nur erteilt, wenn glaubhaft dargelegt werden kann, dass dieser Eingriff im Hinblick auf die vorgesehene Nutzung zum Schutz der Tiere unerlässlich ist.

Kahle und entzündete Hautstellen auf dem Rücken sind eine Folge des Federpickens.

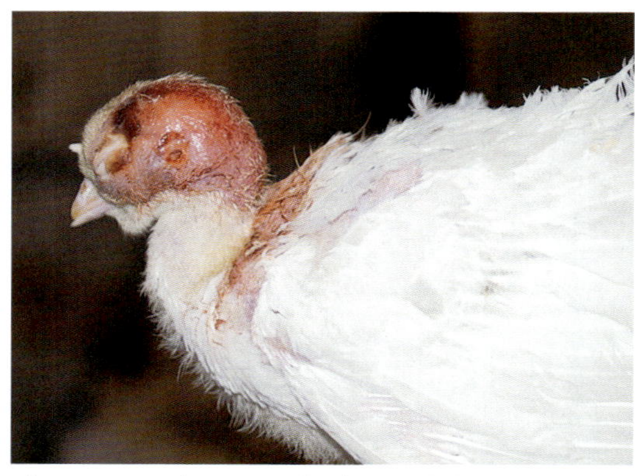

Blutige Hautverletzungen durch Kannibalismus.

Schimmelpilzerkrankung

(Aspergillose)

Leitsymptome
- → **Bei Küken erhöhte Frühverluste**
- → **Störung des Allgemeinbefindens**
- → **Schnabelatmung**
- → **Atemstörung**
- → **Zentralnervöse Störungen bei Befall des Gehirns**
- → **Ophthalmitis und Hornhautentzündung bei Augenform**

Allgemeines: Der anatomische Körperbau des Geflügels mit den an die Lungen anschließenden Luftsäcken bietet sich für die Ansiedlung von Schimmelpilzen geradezu an. Aus feucht gewordener, verschimmelter Einstreu oder aus überständigem, feucht gelagertem Futter werden die Pilzsporen eingeatmet und siedeln sich in Lungen und Luftsäcken an. Eine Behandlung der ausgeprägten, eitrig-abszedierenden und nekrotischen Veränderungen ist nicht möglich. Zur Vorbeugung hilft die allgemeine Stall- und Fütterungshygiene. Bei entsprechenden Vorkommnissen sind Einstreu und Futter zu wechseln (siehe Seite 72).

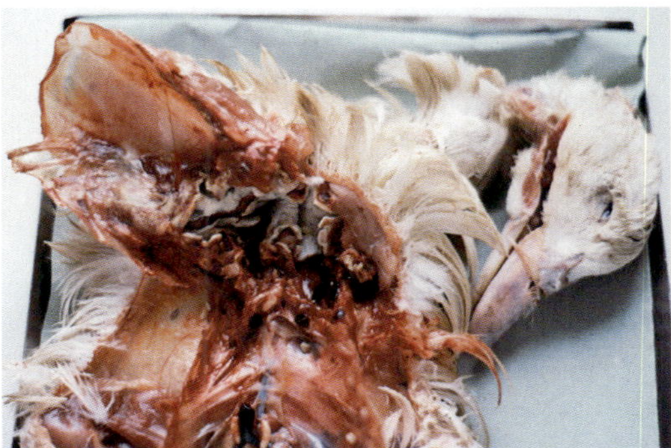

Schimmelpilze haben sich auf den Luftsäcken einer Ente angesiedelt.

Virus- und mykoplasmenbedingte Krankheiten der Küken und Junghühner

Infektiöse Anämie der Küken

(Chicken Anaemia Agent, CAA)

Leitsymptome
- → Blutarmut (Anämie)

Allgemeines: Obwohl seit dem Jahr 1989 bekannt ist, dass eine gehäuft ungefähr zwischen dem 8. bis 25. Lebenstag der Küken auftretende Anämie durch ein weltweit verbreitetes Virus verursacht wird, hält sich immer noch die 1979 festgelegte Bezeichnung CAA für den zunächst nicht definierbaren Erreger, der heute den Circoviren (siehe Seite 33) zugeordnet wird. Die Tiere überstehen die Krankheit in der Regel, die Herde erholt sich bis etwa zum 28. Lebenstag, bleibt jedoch im Wachstum unausgeglichen. Eine schon früh eintretende Altersresistenz schützt vor einer Infektion in höherem Alter.

Symptome: Im akuten Krankheitsablauf kommt es zu Schädigungen von Thymus, Bursa Fabricii und Knochenmark, was zum Hauptproblem, einer ausgeprägten Immunsuppression, führt. Die Küken werden anfällig für andere Infektionen und weisen eine schlechte Gewichtszunahme auf. Als einziges hinweisendes Anzeichen im Zusammenhang mit einer CAA-Infektion ist die Anämie und die auffallende Blässe des Tierköpers zu werten.

Behandlung und vorbeugende Maßnahmen: Eine spezifische Therapie ist nicht möglich. Um die Übertragung des Erregers von gerade durchseuchenden, scheinbar gesunden Elterntieren auf die Küken zu unterbinden, ist die Impfung der Elterntieraufzuchtherden dringend ratsam (siehe Seite 59).

Ansteckende Gehirn-Rückenmarks-Entzündung

(Aviäre Encephalomyelitis, AE, Zitterkrankheit)

Leitsymptome
- → Zittern von Kopf und Hals
- → Schüttelkrämpfe
- → Lähmungserscheinungen
- → Rudern mit den Beinen in Seitenlage
- → Unsicherer Gang

Allgemeines: Hier handelt es sich um eine typische Jungtier-Virusinfektion, die nur bei solchen Küken, vor allem zwischen der 1. und 3. Lebenswoche, zum Durchbruch kommt, die keine Schutzstoffe vom Muttertier mitbekommen haben, weil schon bei den Elterntieren die Infektkette infolge einer isolierten Jungtieraufzucht abgerissen ist. Eine Infektion von voll empfänglichen Hühnern in höherem Alter führt lediglich zu einem vorübergehenden Legeleistungsabfall (siehe Seite 29). Die Krankheit ist überhaupt erst nach Einführung der isolierten Aufzucht der Elterntiere bekannt geworden.

Der Erreger, das weit verbreitete, kleine unbehüllte, widerstandsfähige Virus der Aviären Encephalomyelitis, gehört zur Familie der Darmviren, wie beispielsweise auch das Virus der Kinderläh-

AE-erkrankte Küken mit gestörter Motorik.

mung (Poliomyelitis). Die Übertragung der sehr widerstandsfähigen Viren erfolgt über Kotstaub und führt primär zu einer Darminfektion. Bei Abwehrschwäche wandert das Virus auf dem Blutweg weiter und es kommt zur nicht-eitrigen Gehirnentzündung mit unheilbarer Schädigung der Nervenzellen.

Symptome: Gestörte Motorik der Küken, sie liegen auf der Seite und zittern, was auch zur Bezeichnung „Zitterkrankheit" geführt hat.

Diagnose: Durch histologische und virologische Laboruntersuchungen kann die Diagnose bestätigt werden.

Behandlung und vorbeugende Maßnahmen: Eine spezifische Therapie ist nicht möglich. Lediglich die Impfung der Elterntiere spätestens drei Wochen vor dem Sammeln der Bruteier schützt die Küken sicher vor einer Erkrankung (siehe Seite 59). Auch bei der Kinderlähmung hat die zunehmende Hygiene eine Impfung gegen die „Zivilisationskrankheit" Poliomyelitis erforderlich gemacht.

Gumboro-Krankheit

(Infectious Bursal Disease, ansteckende Bursaerkrankung, IBD)

Leitsymptome
- → **Dünnflüssiger Kot**
- → **Gesträubtes Federkleid**
- → **Picken an der eigenen Kloake**

Allgemeines: Auch das kleine, unbehüllte Virus der IBD ist allgemein verbreitet und überlebt monatelang in einem leeren, ungenügend desinfizierten Stall. Ab der dritten Lebenswoche bis ins Junghühneralter können bei empfänglichen Tieren Erkrankungen beobachtet werden. Die Bezeichnung **Gumboro** wurde von dem Namen einer kleinen Stadt auf der Delmarva-Halbinsel der USA, südlich von New Jersey, abgeleitet, wo die Krankheit bei Masthühnern zuerst beobachtet wurde.

Symptome: Ältere Hühner zeigen wie bei der AE keine auffallenden Krankheitserscheinungen. Bei den Jungtieren wird drei bis vier Tage nach der Infektion Durchfall mit starkem Wasserverlust beobachtet. Bei der Zerlegung fallen die Harnsäureablagerungen in den Nieren und die stark vergrößerte, über der Kloake liegende Bursa Fabricii auf. Die Ausfälle können bis zu etwa 20 % ansteigen. Gefürchtet bei den überlebenden Tieren ist die Schädigung der Bursa Fabricii. In diesem lymphatischen Organ erfolgt die Umwandlung der Lymphozyten – der kleinen runden weißen Blutkörper-

Gumboro-Krankheit. Die geschwächten Junghühner fallen durch ihr gesträubtes Gefieder auf.

chen – zu Plasmazellen (B-Lymphozyten: B von Bursa fabricii). Von Krankheitserregern stimuliert, stoßen diese Zellen Schutzsoffe, die sogenannten Antikörper, ins Blut ab. Die IBD kann daher zu einer Immunschwäche und damit zu einer späteren Anfälligkeit für die verschiedensten Infektionskrankheiten führen.

Behandlung und vorbeugende Maßnahmen: Eine spezifische Therapie ist nicht möglich. Jedenfalls sollte, wie bei der aviären Encephalomyelitis, auf die **Impfung** der Elterntiere nicht verzichtet werden (siehe Seite 59). Ist in einem Jungtierbestand einmal die Gumboro-Krankheit aufgetreten, bleibt keine andere Wahl als die nachfolgend eingestallten Küken (siehe Seiten 58 und 59) regelmäßig zu impfen. Da das Krankheitsbild der Kokzidiose ähnelt, ist eine Labordiagnose ratsam. Mit der Erkrankung infolge eines Befalls des Darmes mit den einzelligen, zu den Parasiten zählenden Kokzidien muss bei der Bodenhaltung im Anschluss an die Gumboro-Durchseuchung gerechnet werden. Die Tiere sind in ihrer Abwehr geschwächt, und die im Futtermittel etwa enthaltenen Zusätze gegen die Kokzidien (Kokzidiostatika) bleiben ohne Wirkung, weil die Futteraufnahme einige Tage lang nahezu ausbleibt. Mehrere parasitologische Kotuntersuchungen sind also erforderlich, um notfalls noch eine gegen die Parasiten gerichtete Trinkwasserbehandlung einzuleiten.

Bei dem gegen Umwelteinflüsse außerordentlich widerstandsfähigen Virus muss auch nach Reinigungs- und Desinfektionsmaßnahmen mit einem Überleben des Erregers im Stallbereich gerechnet werden. Die Stalldesinfektion ist nach der „DVG-Liste Tierhaltung" auszurichten, und zwar entsprechend den Angaben für unbehüllte Viren gegebenen Hinweisen (www.dvg.de).

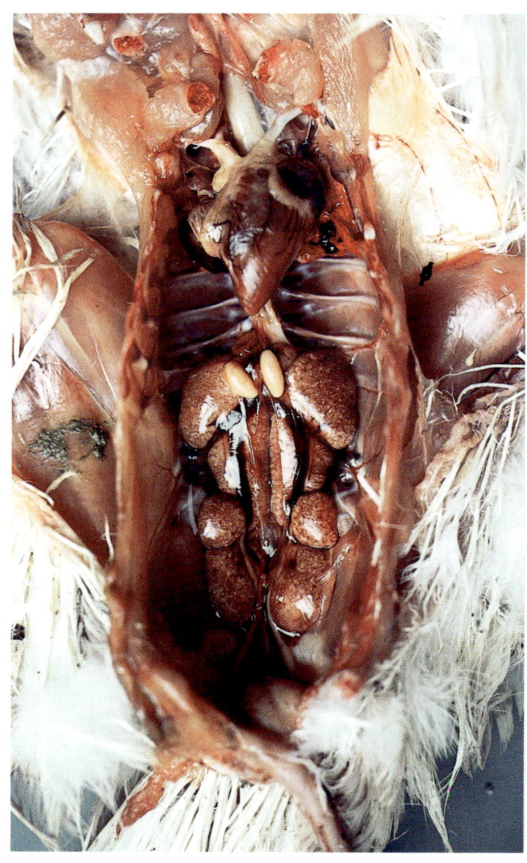

Harnsäureablagerungen in den Nieren (rechts und links der Wirbelsäule anliegend, zwischen den Kopfenden der Nieren die noch unterentwickelten Hoden) bei einem an der Gumboro-Krankheit gestorbenen Hähnchen.

Mareksche Krankheit

(Marek's Disease, MD, Neurolymphomatose, Hühnerlähmung)

Allgemeines: Schon im Jahre 1907 wurde das Krankheitsbild der Hühnerlähmung von dem ungarischen Tierarzt Marek beschrieben. Das die Krankheit auslösende behüllte **Hühnerherpesvirus** überlebt im Stallstaub über vier Monate lang und ist deshalb überall anzutreffen, wo es Hühner gibt. In den Stallstaub gelangt das Virus über abgeschuppte Hautteile, da es sich vor allem im Bereich der Federkiele vermehrt. Somit kommen Küken oder Junghühner erfahrungsgemäß irgendwann in Kontakt mit dem Virus, obwohl sie es nicht über das Brutei mitbekommen haben. Auch Schutzstoffe der Muttertiere können auf Dauer nicht schützen, sodass hier die Vorbeugungsmaßnahmen (Impfungen) stets erst bei den Küken eingeleitet werden können.

Symptome:

Akute Verlaufsform: Bei hoher Anfälligkeit kommt es auch zur Wucherung der Lymphozyten in bestimmten inneren Organen, vor allem zu Geschwulstbildungen im noch nicht ausgereiften Eierstock und im Drüsenmagen (**akute Mareksche Krankheit**, viszerale Form der Marekschen Krankheit). Außerdem wird von der Infektion die Thymusdrüse (Bries) betroffen. Weil die Funktionsfähigkeit des Thymus aber für die Ausbildung der an die T-Lymphozyten gebundenen Immunität erforderlich ist, begünstigt die Infektion mit dem Virus der MD, ähnlich wie die Infektion mit dem Gumboro-Virus, ganz erheblich die allgemeine Infektionsanfälligkeit.

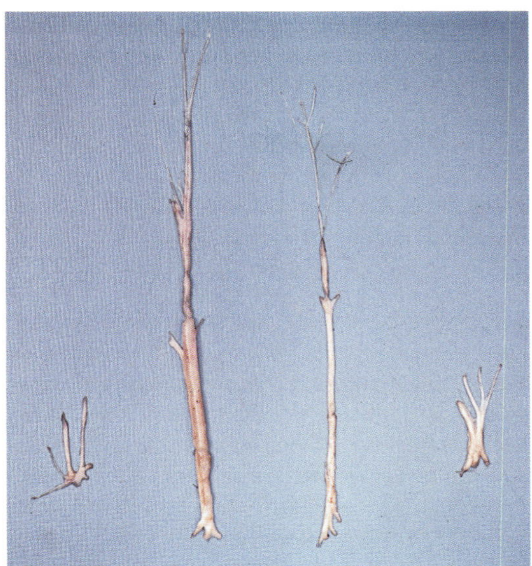

Von der Marekschen Krankheit betroffene Nerven, zwei Achselgeflechte und zwei Hüftnerven (Ischiadikus-Nerven), jeweils einmal befallen (sichtbar verdickt) und einmal ohne sichtbare Veränderungen.

Chronische (klassische) Verlaufsform: Das Virus führt zu einer Anhäufung der kleinen weißen Blut-

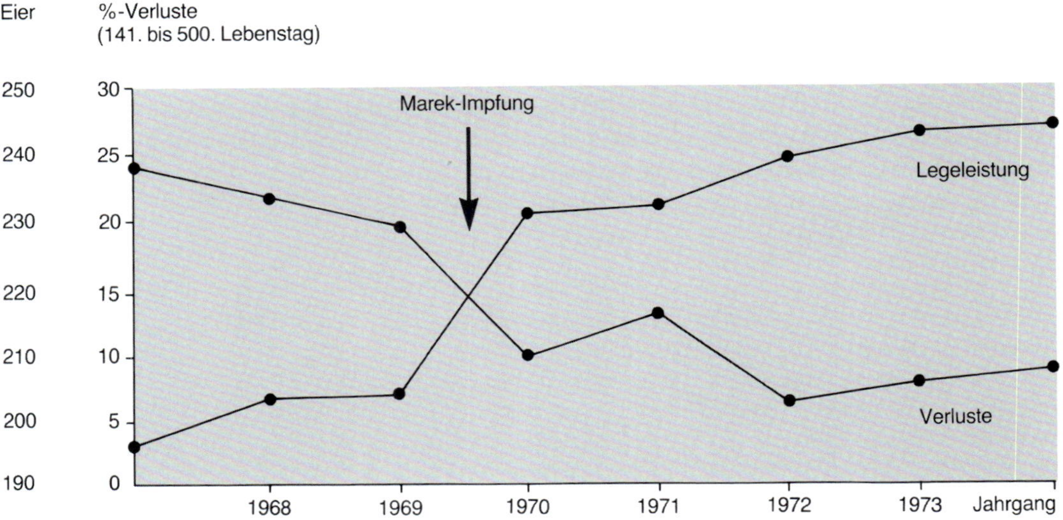

Nach Einführung der Impfung gegen die Mareksche Krankheit kam es zu einem deutlichen Rückgang der Verluste (Befunde vom staatlichen Prüfhof St. Johann).

körperchen (Lymphozyten) zwischen den Nervenfasern, was zu Lähmungserscheinungen der Bein- und Flügelmuskulatur führt.

Okuläre Form: Am lebenden Tier ist gelegentlich auch eine Pupillenverzerrung infolge einer Schädigung der Augennerven zu sehen.

Hautform: Diese Verlaufsform der Marekschen Krankheit beginnt meist mit Federausfall. Bei Vergrößerung und Rötung der Federfollikel liegt die sogenannte Hautform der Marekschen Krankheit vor, diese Form tritt überwiegend bei Masthühnerrassen auf.

Behandlung und vorbeugende Maßnahmen: Eine spezifische Therapie ist nicht möglich. Verluste treten hauptsächlich ab der achten Lebenswoche bis zur Legereife auf. Bevor ein Impfstoff zur Verfügung stand, wurden in Aufzuchtanlagen bis zu 30 % Todesfälle beobachtet (siehe Abbildung Seite 79).

Da die Viruskrankheit nicht heilbar ist, bleibt zur Vorbeugung nur die Injektionsimpfung der Eintagsküken mit tiefgekühlten oder im gefrorenen Zustand getrockneten Putenherpes- oder abgeschwächten Hühnermarek-Viren (siehe Seiten 58 und 59). Bei Mastküken erübrigt sich die Impfung, sofern sie nicht erst nach der etwa sechsten Lebenswoche geschlachtet werden. Bis zu dieser Zeit beeinflusst die Infektion nur selten die Entwicklung der Tiere.

Beim **Zukauf** der üblicherweise bereits in der Brüterei geimpften Küken ist aber zu beachten, dass sich die Tiere nicht schon innerhalb der ersten Lebenswoche, vor Ausbildung einer Immunität, infizieren. Es müssen also Stall, Luftschächte, Nebenräume und Geräte gründlichst gereinigt und desinfiziert sein, vor allem Bereiche mit Staubresten dürfen nicht übrig bleiben. In der Zeit vor Verfügbarkeit des Impfstoffes wurde in Betrieben mit Bodenhaltung allerdings versucht, die Küken sofort auf Altstreu oder in Kontakt mit älteren Tieren zu bringen. Diesem Vorgehen lag der Gedanke zugrunde, die Infektion wenigstens noch unter einem gewissen Schutz durch Antikörper der Mutterhenne oder in Gegenwart möglicherweise antagonistisch wirkender Viren ablaufen zu lassen. Eine gewisse Reduktion der Verluste wurde erzielt, wenn dabei auch die Gefahr der Frühinfektion mit Parasiten, hauptsächlich mit Kokzidien, in Kauf genommen werden musste.

Mareksche Krankheit bei einem Junghuhn: Flügel und Beckengliedmaßen sind gelähmt.

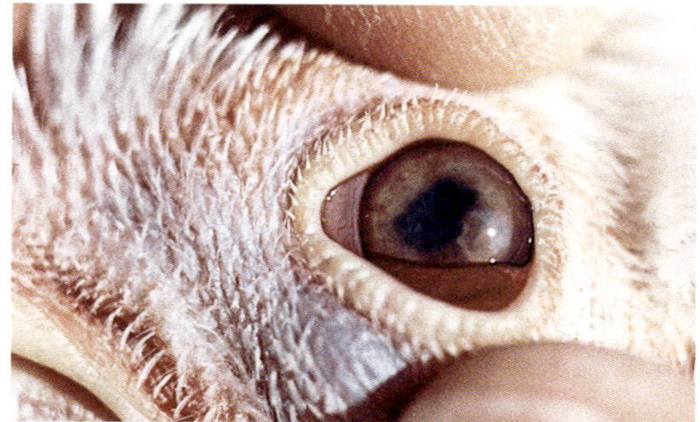
Typische Pupillenverzerrung bei der Marekschen Krankheit.

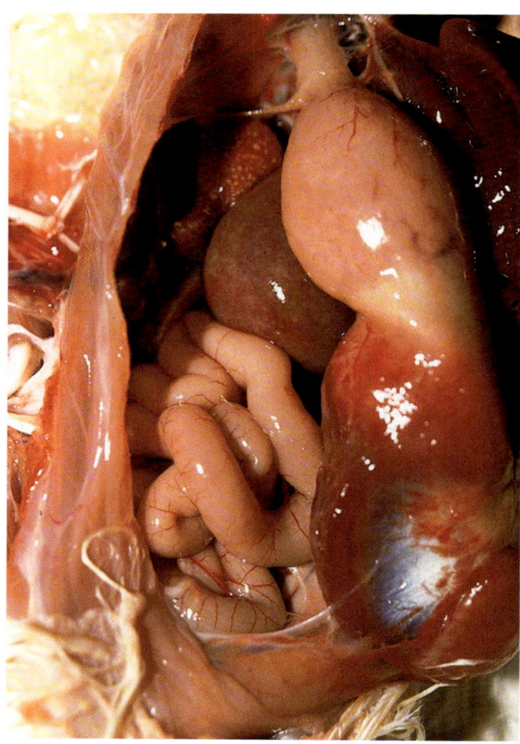
Geschwulstbildung in der Drüsenmagenwand.

Infektiöse Bronchitis des Huhnes (IB)

Leitsymptome

- → **Küken und Junghennen:** Niesen, Kopfschütteln, Schnabelatmung, Atemgeräusche
- → **Legehennen:** Legeleistungsabfall

Allgemeines: Als virologische Untersuchungen möglich waren, wurde bekannt, dass das Virus der Infektiösen Bronchitis weltweit verbreitet und ein Freihalten der Bestände vom Virus kaum möglich ist. Obwohl der Erreger als behülltes Virus in der Umwelt in kurzer Zeit zugrunde geht, wird er über staubhaltige Luft oder über zugekaufte Tiere doch sehr leicht von Stall zu Stall getragen.

Symptome: Trotz häufig vorkommender Infektionen kommt es nicht regelmäßig zum erkennbaren Krankheitsdurchbruch. Am anfälligsten sind Küken und Junghühner, bei denen das Virus tatsächlich die namensgebende Bronchitis auslösen kann, verbunden mit hörbarem Niesen und gleichzeitigem Kopfschütteln sowie mit Schnabelatmung und klagenden, singenden Atemgeräuschen. Der klagende Ton wird vom erkrankten Stimmkopf am unteren Ende der Luftröhre ausgelöst (siehe Abbildung Seite 8). Bei offenem Schnabel sind am oben liegen-

Die Schnabelatmung ist ein typisches Symptom bei Erkrankungen der Atemwege.

Eischalenschäden sind eines der ersten Anzeichen für Infektiöse Bronchitis der Legehennen.

Der Embryo in der Mitte ist aufgrund einer Infektion mit dem Virus der Infektiösen Bronchitis zwergwüchsig.

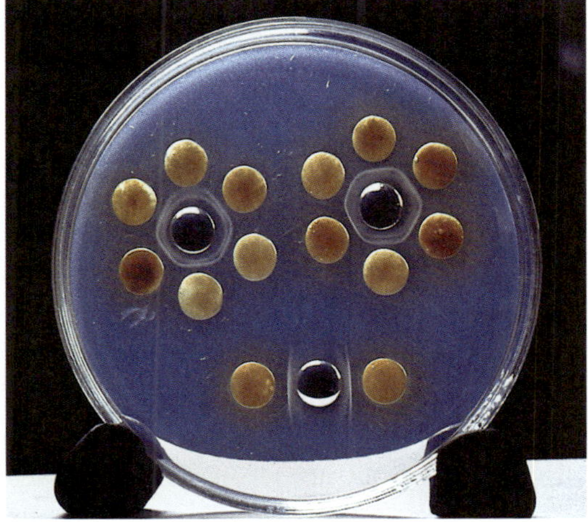

Bei der Präzipitation im Agargel entstehen beim Zusammentreffen von Bronchitis-Virusantigen aus infiziertem Gewebe (äußere Kreise) mit Schutzstoffen (Antikörper) aus dem Serum durchseuchter Tiere weiße Präzipitationsstreifen zwischen dem innen eingebrachten Serum und dem äußeren virushaltigen Gewebe.

den Kehlkopf keine krankhaften Veränderungen zu erkennen.

Bei älteren Tieren bewirkt die Infektion mit dem Bronchitisvirus oft nur eine verminderte Vitalität mit vorübergehend geringerer Futteraufnahme oder, bei Legehennen, einen Legeleistungsabfall. Zu Beginn des Infektionsablaufes treten dünnschalige und deformierte Eier auf. Ursache sind entzündliche Prozesse im Eileiter, die zu einer pH-Verschiebung in den sauren Bereich und damit zu einer Störung der Kalkschalenbildung führen.

Behandlung und vorbeugende Maßnahmen: Eine antibiotische Behandlung hat keinen Einfluss auf den Ablauf der reinen Virusinfektion, sollte aber dann erwogen werden, wenn einzelne Tiere infolge bakterieller Zusatzinfektionen bereits von der chronischen Erkrankung der Atemwege (CRD) betroffen sind (siehe Abbildung rechts).

Die Labordiagnose „Infektiöse Bronchitis" verwirrt oft den Tierbesitzer, weil er keine Atemwegserkrankung erkennen kann. Probleme tauchen vor allem auf, wenn die Erstinfektion wegen isolierter Aufzucht der Küken und Junghühner erst im Legealter erfolgt. Eine Frühinfektion noch unter mütterlichem Schutz, wie sie in althergebrachten, gemischtaltrigen Kleinbeständen vorkommt, bleibt bei isolierter Haltung der Jungtiere in der Regel aus. Hier zeigen sich ganz deutlich die Nachteile einer „hygienischen" Haltungsform, auf die aber wegen der Parasitenvorbeuge doch nicht verzichtet werden sollte. Besser ist es, diesen Mangel mit Hilfe der Impfung zu kompensieren, was einer kontrollierten Durchseuchung gleichkommt; sie ist bei der isolierten Aufzucht unerlässlich.

Da der Impfschutz jedoch nur wenige Monate lang voll ausreicht, sollten die Impfungen mindestens in vierteljährlichen Abständen wiederholt werden (siehe Seite 59). Während der Durchseuchung einer nicht geimpften Legeherde ist die Legeleistung über eine Zeitspanne von etwa drei Wochen vermindert (siehe Abbildung Seite 29), bei einzelnen stark betroffenen Hennen bleibt sie auf Dauer aus. Solche Hennen mit meist noch schönem Kamm und gutem Allgemeinzustand sollten als unnötige Fresser aus der Herde entfernt werden.

Chronische Erkrankung der Atemwege

(Chronic Respiratory Disease, CRD)

Leitsymptome
- → **Schnabelatmung**
- → **Entzündete Lidbindehäute**

Allgemeines: Von einer chronischen Erkrankung der Atemwege wird gesprochen, wenn sich **Mykoplasmen** und hauptsächlich *Escherichia-coli*-Keime auf den vom Bronchitisvirus oder auch von anderen Hühnerviren (Adeno- und REO-Viren) geschädigten Schleimhäuten angesiedelt haben.

Symptome: Die Folge ist eine eitrige Lungen- und Luftsackentzündung. Die Tiere zeigen Schnabelatmung und entzündete Lidbindehäute, bei der Zerlegung fallen die eitrig-fibrinösen, gelbkäsigen Massen in den Luftsäcken auf. Ammoniakhaltige Stallluft fördert die Erkrankung der Atemwege.

Therapie: Bei gehäuftem Vorkommen lässt sich eine Chemotherapie nach tierärztlicher Anweisung kaum vermeiden. Bei Junghühnern, bei denen

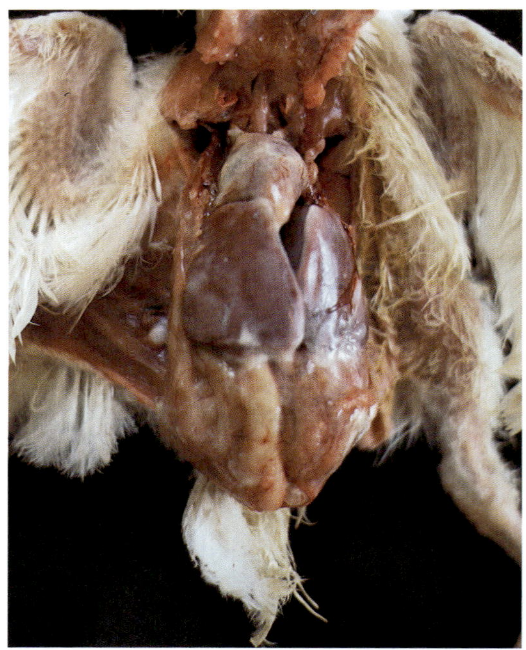

Chronische Erkrankung der Atemwege (CRD). Typisch sind die Fibrineinlagerungen im Herzbeutel (Perikarditis) und Auflagerungen auf der Leber (Perihepatitis) sowie die Fibrinmassen in den tieferliegenden entzündeten Luftsäcken.

zunächst die Schlachtung wegfällt und der Legebeginn noch in der Ferne liegt, ist die Einhaltung einer Wartezeit nach Beendigung der Behandlung unproblematisch. Eine Laboruntersuchung mit Antibiogramm zur Ermittlung des wirksamsten Präparates hilft Geld und Zeit sparen (siehe Seite 67).

Vorbeugende Maßnahmen: Vor einer Neubelegung des verseuchten Stalles lassen sich die Mykoplasmen und die *E.-coli*-Keime sowie die in Frage kommenden Viren mit den üblichen Desinfektionsmitteln (siehe Seiten 155–160) leicht abtöten. Das Bronchitisvirus überlebt bei warmer Witterung auch ein etwa zwei Wochen langes Leerstehenlassen des Stalles nicht. Zu beachten ist aber, dass alle Viren in gefrorenem Zustand monate- oder sogar jahrelang überleben.

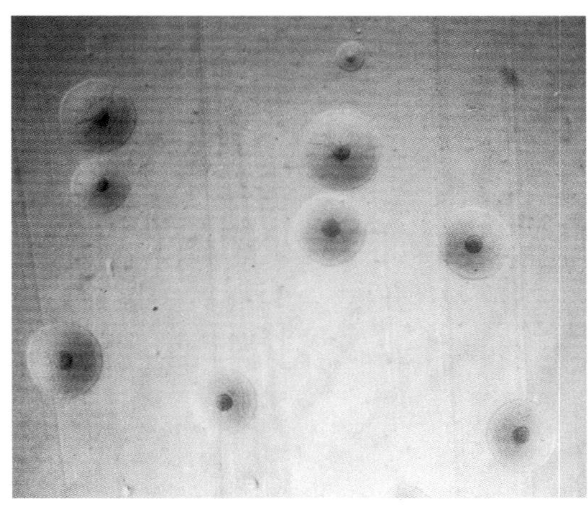

Auf speziellen Nährböden wachsende Mykoplasmenkolonien in typischer „Spiegelei-Form".

Parasitenbedingte Erkrankungen, vorwiegend im Jungtieralter

Jungtiere werden wie bei allen Tierarten bevorzugt von Parasiten befallen. Eine Unterscheidung wird getroffen zwischen **Außenparasiten** (Ektoparasiten) und **Innenparasiten** (Endoparasiten). Kein Innenparasit des Geflügels ist auf den Menschen übertragbar. In erster Linie sind es die **Darmparasiten**, gegen die Vorsorge getroffen werden muss. Je geringer bei der Erstaufnahme die Zahl der Parasiteneier ist, desto eher reicht die Zeit, damit sich gegen die Parasiten eine gewisse Immunität aufbaut. Bei älteren Tieren reicht die Abwehrkraft dann oft ohnedies aus, eine stärkere Ausbreitung der Parasiten zu verhindern. Die allgemeinen Maßnahmen der Haltungshygiene – Desinfektion, stalleigene Überkleidung, Desinfektion von Schuhen, Händen und Geräten, Trennung der verschiedenen Altersgruppen, Vorkehrungen beim Zukauf und die parasitologische Untersuchung von Kotproben – tragen im Besonderen zur Verhütung der parasitenbedingten Erkrankungen bei. Die Anwendung von Medikamenten, die gegen Darmparasiten wirksam sind, erübrigt sich in der Regel bei der Geflügelhaltung auf Drahtgeflechten, da die Wiederaufnahme der Parasiteneier durch die Trennung der Tiere von ihren Ausscheidungen unterbrochen wird.

Auch bei den **Außenparasiten**, unter denen vor allem die Blut saugende Rote Vogelmilbe gefürchtet ist, beugen parasitenwirksame Maßnahmen, z. B. die Anwendung von Insektiziden und Akariziden im leeren Stall, vor der erneuten Einstallung, vor. Während der Legetätigkeit sind solche Maßnahmen problematisch.

Innenparasiten (Endoparasiten)

Kokzidienbefall

(Kokzidiose, Rote Kükenruhr)

Leitsymptome
- → **Hohes Wärmebedürfnis**
- → **Hängenlassen der Flügel**
- → **Eingezogener Kopf und aufgekrümmter Rücken**
- → **Dünnflüssiger bis blutiger Kot**
- → **Todesfälle**

Allgemeines: Unter dem Begriff „Kokzidiose" werden Erkrankungen zusammengefasst, die beim Huhn durch verschiedene, einzellige Parasiten (Protozoen) der Klasse Sporozoa hervorgerufen werden (siehe Seiten 30 und 31).

Symptome: Nur die Art *Eimeria tenella* führt zu einer so starken Schädigung der Schleimhaut der beiden Blinddärme, dass es zu sichtbar blutigem, dünnflüssigem Kot, zur „Roten Kükenruhr" kommt.

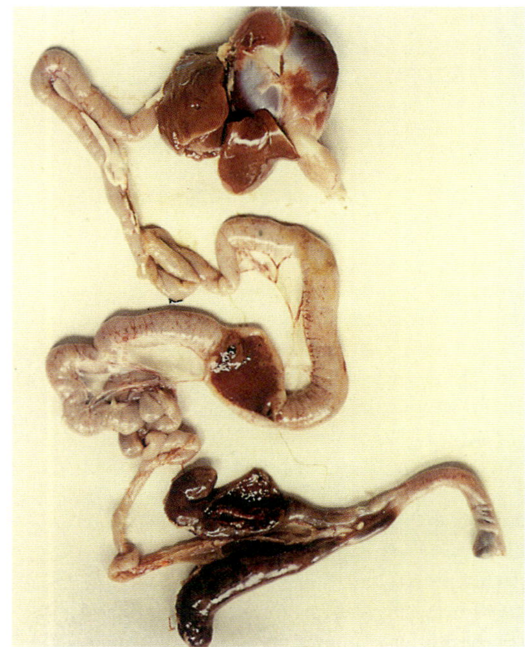

Rechts: Dünn- und Blinddarmkokzidiose. Durch die Schädigung der beiden Blinddärme erfolgten bereits Blutungen in das Darmlumen (Rote Kükenruhr).

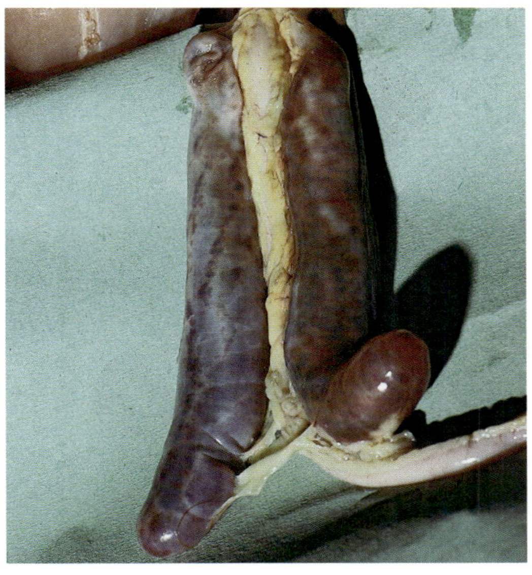

Blinddarmkokzidiose.

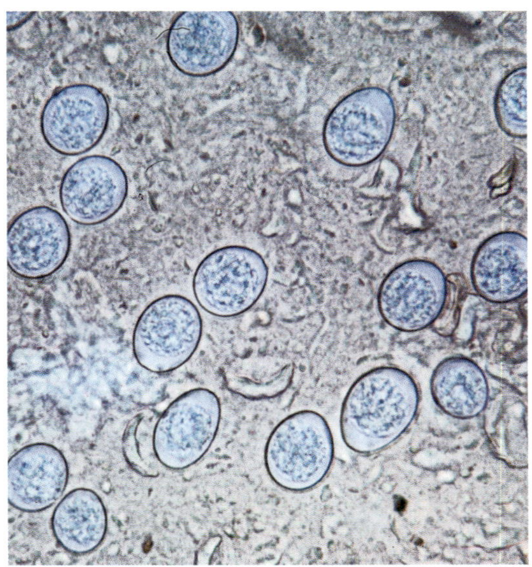

Kokzidien-Oozysten, 300fach vergrößert.

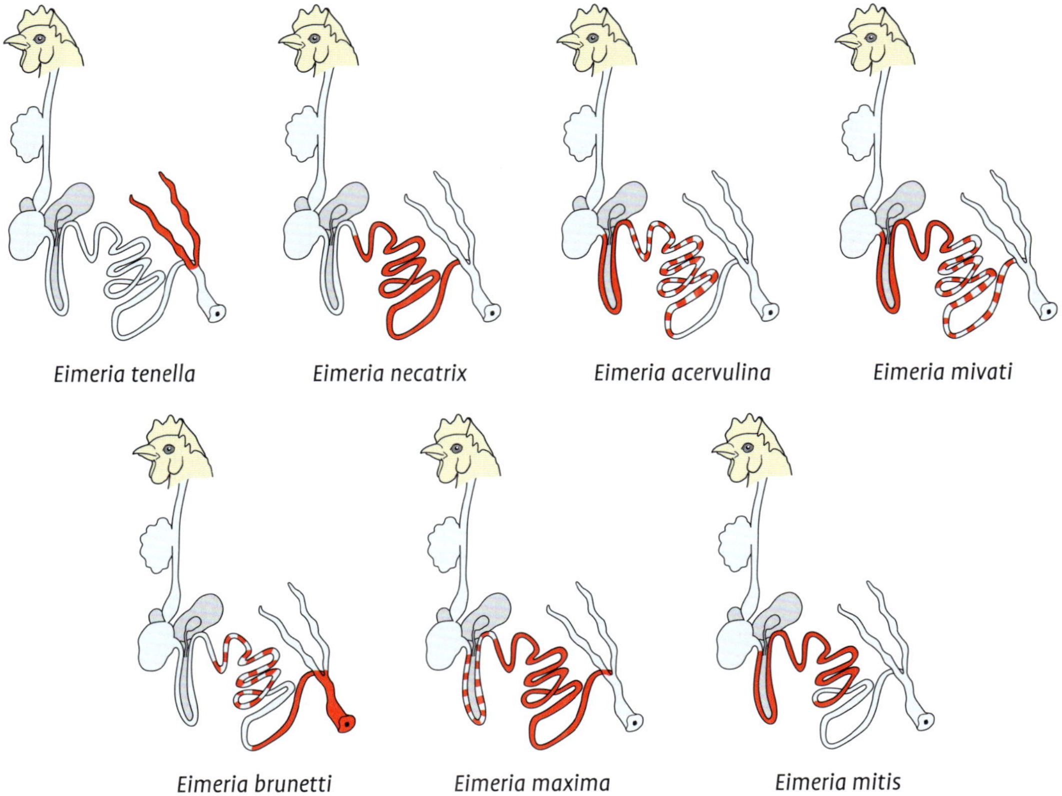

Eimeria tenella *Eimeria necatrix* *Eimeria acervulina* *Eimeria mivati*

Eimeria brunetti *Eimeria maxima* *Eimeria mitis*

Das Schema zeigt die „Lieblingssitze" der verschiedenen Kokzidienarten des Huhns. Rot: bevorzugter Sitz; gestrichelt rot: häufiger Sitz.

Aber auch die anderen Kokzidienarten haben ihren Lieblingssitz in bestimmten Darmabschnitten, führen zur Krankheit und gegebenenfalls zum Tod.

Entwicklungszyklus: Die in der Umwelt der Hühner weit verbreiteten und außerordentlich widerstandsfähigen Dauerformen der Kokzidien, die **Oozysten**, sind dann für Jungtiere gefährlich, wenn sie vor der Aufnahme bei einer Temperatur von mehr als 14 °C in feuchtem Klima, beispielsweise bei „Gewitterwetter", ausgereift sind. Nach der Aufnahme brechen die Oozysten auf; es dringen dann die im Inneren der Oozyste gebildeten Sporen in die Tiefe der Darmschleimhaut ein; dort durchlaufen sie etwa zwei ungeschlechtliche Vermehrungszyklen. Schließlich bilden sich aber weibliche und männliche Zellen, die sich vereini-

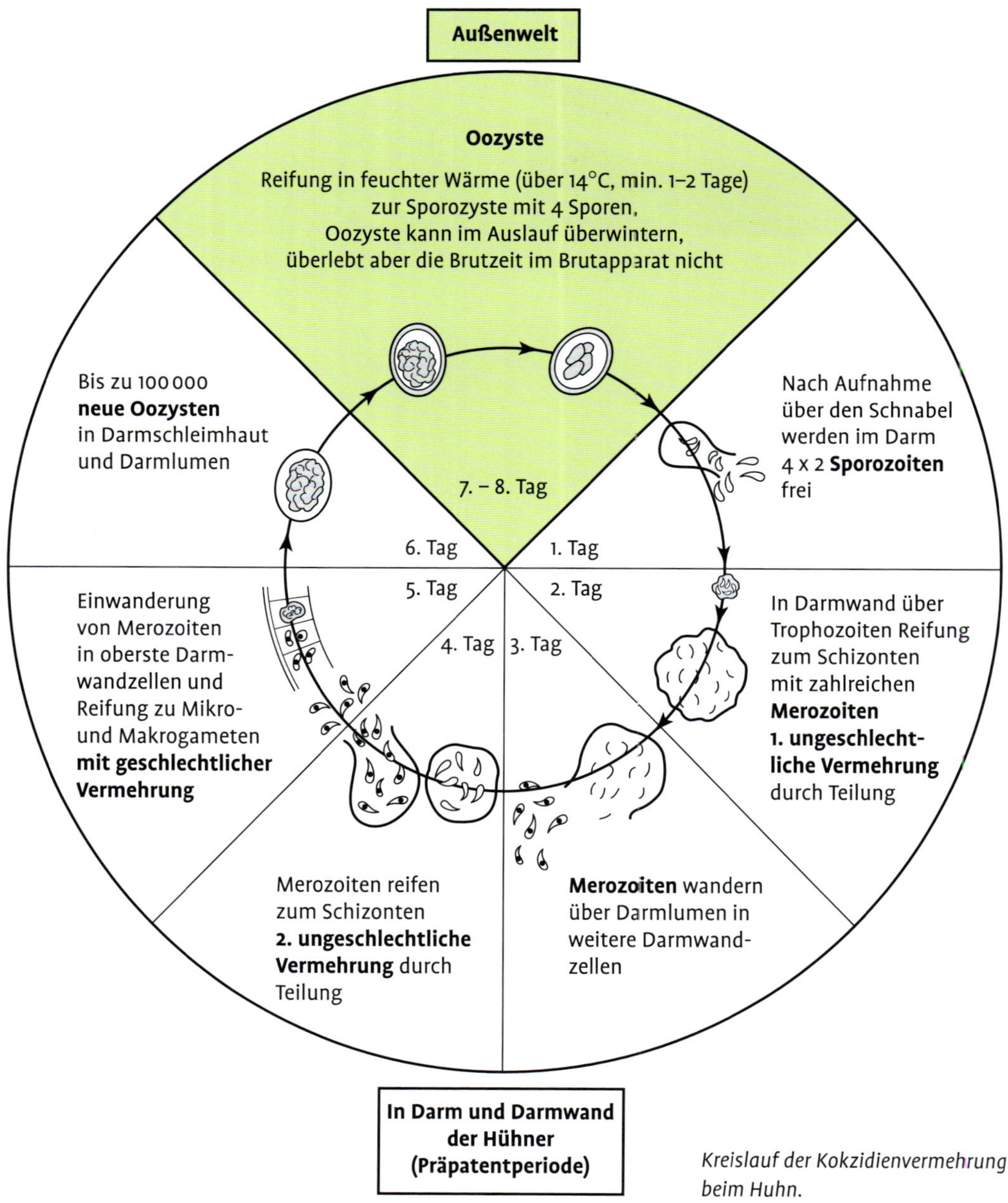

Kreislauf der Kokzidienvermehrung beim Huhn.

gen und in der oberflächlichen Darmschleimhaut wieder zu Oozysten ausreifen. So können aus einer einzigen aufgenommenen Oozyste nach etwa 5 bis 6 Tagen bis zu 100 000 neue Oozysten entstanden sein, die ausgeschieden schnell zu einer Durchseuchung des gesamten Bestandes führen und im Auslauf sogar überwintern können. Darmentzündung, Entwicklungsstörung, Abmagerung und oft auch Tod sind die Folge.

Diagnose: Mikroskopische Kotuntersuchungen führen neben der Zerlegung erkrankter oder verendeter Tiere schnell zur richtigen Diagnose und geben auch einen Hinweis auf die im vorliegenden Fall beteiligte Kokzidienart. Nach der Durchseuchung mit einer bestimmten Kokzidienart sind die Tiere zwar gegen diese Kokzidien weitgehend gefeit, eine andere Art kann jedoch zu einer erneuten Kokzidiose, selbst noch im Legealter, führen. Vor allem anfällig sind die durch Transportstress geschwächten, zugekauften Junghühner, zumal mit dem Stallwechsel meist auch eine Futterumstellung verbunden ist. So sollte in diesem Zeitabschnitt eine besonders gründliche Kontrolle mit Hilfe von Kotuntersuchungen vorgenommen werden.

Behandlung: Zur Krankheitsbekämpfung sollte in bereits betroffenen Beständen umgehend die Verabreichung eines Kokzidiosemittels über das Trinkwasser nach Anweisung des Tierarztes eingeleitet werden. Bereits schwer erkrankte Tiere sind in der Regel nicht mehr zu retten.

Vorbeugende Maßnahmen: Deshalb ist der Schwerpunkt auf die Vorbeugung zu legen:

- → **Stalldesinfektion:** Vor jeder Stallneubelegung (siehe www.dvg.de) ist mit einem gegen parasitäre Dauerformen (Parasiteneier) wirksamen Desinfektionsmittel (Kresole) gründlich zu desinfizieren. Außerdem sind stalleigene Schutzkleidung und Schuhwechsel erforderlich.
- → **Kokzidiostatikum:** Die Verabreichung eines Kokzidiostatikums im Junghühnerfutter (siehe Seiten 56 und 57) ist bei Boden- oder Auslaufhaltung empfehlenswert. Der Bezug eines solchen gegen die Kokzidien wirksamen Futterzusatzes ist im Futtermittelrecht geregelt und kann ohne tierärztliches Rezept erfolgen. Eine entsprechende Kennzeichnung des Futters ist vorgeschrieben. Auf die Angabe der Wartezeit ist zu achten. Die Wartezeit ist die Zeitspanne, die nach Absetzen eines solchen Futters bis zur Verwendung der Tiere als Lebensmittel abgewartet werden muss. Werden Junghühner nach der Umstellung auf Kokzidiostatika-freies Legehennenfutter nicht gleichzeitig auf frische Einstreu gesetzt, so muss aber damit gerechnet werden, dass das mit dem Kot ausgeschiedene Medikament noch über die festgelegte Wartezeit hinaus aus der Einstreu wieder aufgepickt wird und sogar in die ersten Eier nach Legebeginn gelangen kann.
- → **Impfungen** gegen den Befall mit krankmachenden Kokzidien sind bei Boden- oder Auslaufhaltungen ratsam. Zugelassen sind Impfstoffe mit verschiedenen abgeschwächten, aber noch vermehrungsfähigen Kokzidienstämmen. Der Impfstoff wird bereits den Küken in den ersten Lebenstagen verabreicht. Durch ständige Wiederaufnahme ausgeschiedener Oozysten aus der Einstreu soll dann ein anhaltender Impfschutz erreicht werden.

Haarwurmbefall

(Capillarienbefall, Haarwurmseuche)

Leitsymptome

- → **Junghennen: Seuchenhafte Todesfälle**
- → **Legehennen: Legeleistungsabfall**

Allgemeines: Hauptsächlich Junghühner können von zwei verschiedenen Haarwurmarten befallen werden: von *Capillaria obsignata* und von *C. caudinflata*. Da die zweite Art als Zwischenwirt den Regenwurm benötigt, kommt sie nur bei Auslaufhaltung vor, wohin die Parasiteneier durch Wildvögel gelangen können. Mit *C. obsignata*, ohne Zwischenwirt übertragbar und ebenso bei Tauben vorkommend, ist dagegen auch bei Stall-Bodenhaltung mit einer möglichen Einschleppung über die Schuhe zu rechnen. Da alle Haarwürmer mehrere Wochen zur Entwicklung vom Wurmei bis zum geschlechtsreifen Wurm benötigen (siehe Seite 30), ist in der kurzen Zeit der Junggeflügelmast (5 bis 6 Wochen) auch bei Bodenhaltung nicht mit der Ausbreitung eines Wurmbefalls innerhalb der Mastherde zu rechnen.

Symptome: Probleme tauchen im Allgemeinen erst ab der 7. bis 10. Lebenswoche auf, dann kann es allerdings bei Boden- oder Auslaufhaltung zu seuchenhaften Todesfällen kommen. Nach der Legereife fällt der Legeleistungsrückgang auf. Infolge der Schädigung der Darmschleimhaut kommt es zur Störung der Karotinaufnahme und damit zu blassen Eidottern.

Diagnose: Haarwurmbefall kann auch bei geöffnetem Darm nur von einem geübten Auge erkannt werden. Wird der schleimige Darminhalt mit der Scherenspitze hochgezogen, reißt ein reiner Schleimfaden schnell ab. Befindet sich dagegen ein etwa 1 cm, bei Weibchen 1,8 cm langer Haarwurm im Schleim, so ist dieser als ganz dünner, kaum sichtbarer Faden, vom Darm zur Scherenspitze verlaufend, zu erkennen. Sicherer lässt sich der Haarwurmbefall durch eine mikroskopische Kotuntersuchung nachweisen. Dabei sind die zitronenförmigen Eier im Kotausstrich deutlich wahrnehmbar.

Behandlung: Haarwurmkuren mit Wiederholung nach drei Wochen, um auch neu herangewachsene Würmer zu erfassen, sind nach tierärztlicher Anweisung möglich, bei Legehennen ist jedoch die Weitergabe der Hühnereier nach einer Behandlung nicht statthaft (siehe Seite 64).

Vorbeugende Maßnahmen: In einer Stall-Bodenhaltung muss die allgemeine Stallhygiene beachtet und notfalls Einstreuwechsel oder Umsetzen in einen frisch gerichteten Stall unmittelbar nach der Haarwurmkur vorgenommen werden. Vitamin-A-Gaben helfen, das eingetretene Defizit wieder auszugleichen. Bei Auslaufhaltung schafft nur der Wechselauslauf Abhilfe. Die Anreicherung der Parasiteneier im Auslauf mit den entsprechenden Folgen hat dazu geführt, von einem „hühnermüden" Auslauf zu sprechen. Obwohl die Parasiteneier im Stall noch eher vernichtet werden können (siehe ab Seite 154), gibt es bei Bodenhaltung auch „hühnermüde" Ställe. Dies ist verständlich, wenn man weiß, dass in 1 g Kot schon bis zu 6000 Haarwurmeier gefunden wurden!

Spulwurmbefall

(Askaridenbefall, *Ascaridia galli*)

Leitsymptome
- → **Legeleistungseinbruch**
- → **Abmagerung**
- → **Vereinzelt Todesfälle**

Allgemeines: Spulwürmer des Geflügels benötigen zur Entwicklung keinen Zwischenwirt und können sich daher in Hühnern aller Bodenhaltungen ausbreiten. Aus dem aufgenommenen Spulwurmei reift im Dünndarm in etwa 50 Tagen der geschlechtsreife, etwa 5 cm (Männchen) bis 10 cm (Weibchen) lange Rund- oder Fadenwurm heran. Auch der Spulwurm kann sich wie die Haarwürmer in der kurzen Junggeflügelmast wegen seiner langen Entwicklungszeit nicht ausbreiten. Das ausgeschiedene Wurmei muss überdies in feuchter Wärme noch wenigstens 10 Tage lang ausreifen, bis die Larve invasionsfähig ist. Ein weiblicher Wurm scheidet insgesamt bis zu 240 000 Eier aus, in 1 g Hühnerkot wurden schon 1500 Spulwurmeier gefunden.

Symptome: Starker Spulwurmbefall führt schließlich zu Abmagerung, bei Legehennen zu einer Leistungseinbuße, möglicherweise sogar zum Darmverschluss durch einen Spulwurmknäuel. Von der Kloake aus steigt hin und wieder auch ein Spulwurm in den Eileiter und bis ins Innere des werdenden Hühnereies auf, wo er von der sich bildenden Eierschale mit eingeschlossen wird.

Behandlung: Eine nach Anweisung des Tierarztes eingeleitete Spulwurmkur erfordert die Beachtung der Wartezeit für die Geflügelprodukte. Die

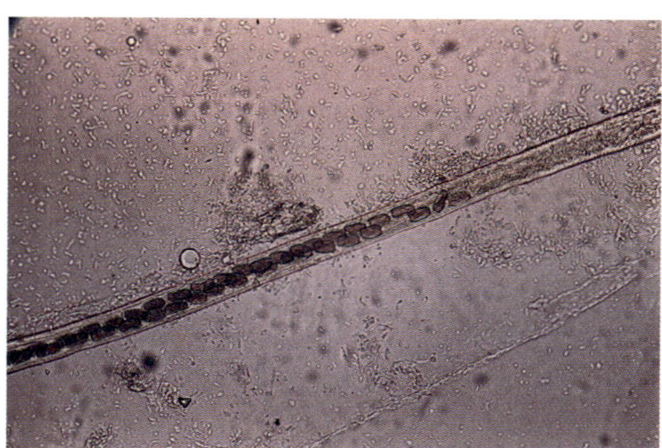

Die zitronenförmigen Eier der Haarwurm-Weibchen sind bereits bei schwacher mikroskopischer Vergrößerung deutlich zu erkennen.

Spulwurmknäuel im Dünndarm können zum Darmverschluss führen.

Wurmkur ist nach vier bis fünf Wochen zu wiederholen, gleichzeitig ist Einstreuwechsel und gegebenenfalls ein Umsetzen in einen Wechselauslauf erforderlich.

Vorbeugende Maßnahmen: Vitamin-A- und Vitamin-B-Gaben erhöhen die Widerstandskraft gegen Spulwürmer. Trotz der allgemeinen Hygienemaßnahmen, trotz Kleider- und Schuhwechsel ist die Einschleppung der im Freien jahrelang überlebenden Spulwurmeier in eine Bodenhaltung auf Dauer kaum zu vermeiden. Selbst bei einer neu eingerichteten Hühnerhaltung gelingt das Freihalten vom Wurmbefall, sofern auch im Umland Hühner gehalten werden, meist nur einige Jahre lang. Besucher, Handwerker, Lieferanten oder Kleintiere bringen erfahrungsgemäß doch irgendwann einmal die Wurmeier mit und der Parasitenkreislauf beginnt.

Heterakiden, Pfriemenschwänze

Als besondere Art der Gattung *Ascaridia* werden in den Blinddärmen der Hühner oft die **Heterakiden**, auch **Pfriemenschwänze** genannt, gefunden.

Diese Würmer sind nur 1 bis 2 cm lang, leben in den Blinddärmen und richten dort keinen großen Schaden an. Die Eier der Heterakiden ähneln denen der Spulwürmer, sie sind daher bei einer parasitologischen Kotuntersuchung nur schwer zu unterscheiden.

Luftröhrenwurmbefall

Der Befall mit den in Dauerkopulation lebenden rötlichen *Syngamus trachea*-Fadenwürmern wird meist nur bei Wildvogelarten (beispielsweise bei Fasanen) gefunden.

Bandwurmbefall

(Cestodenbefall)

Leitsymptome
- → Abmagerung
- → Gehäufte Todesfälle

Allgemeines und Entwicklungszyklus: Bandwürmer sind Zwitter mit männlichen und weiblichen Geschlechtsorganen in jedem Bandwurmglied; sie benötigen stets einen Zwischenwirt für die Entwicklung zum Finnenstadium. Das Vorkommen des Bandwurmbefalls ist deshalb vom Vorkommen und der Aufnahme des Zwischenwirtes abhängig. Der Zwischenwirt muss zur Aufnahme der Bandwurmeier Kontakt zu den Ausscheidungen des Endwirtes haben.

Hühner werden im Wesentlichen von drei Bandwurmarten bedroht. Es ist dies bei Auslaufhaltung einmal die kurze, vier- bis fünfgliedrige, mit dem bloßen Auge nur im Quetschpräparat auf dem Objektträger erkennbare, bis etwa 4 mm lange ***Davainea proglottina***. Dieser Bandwurm benötigt zu seiner drei bis vier Wochen dauernden Entwicklung bis zum Finnenstadium – bei den Geflügelbandwürmern Zystizerkoid genannt – die kleinen nackten Ackerschnecken. Nach dem Verzehr einer befallenen Schnecke reift der geschlechtsreife Bandwurm schon in etwa 12 Tagen heran. Zum anderen wird vor allem beim Wassergeflügel die dünne, aber längere ***Hymenolepis curioca*** mit Kleinkrebsen als Zwischenwirt gefunden.

Bei Auslauf- und Stallhühnern taucht gelegentlich die vielgliedrige, bis zu 20 cm lange und als Bandwurm deutlich erkennbare Art ***Raillietina cesticillus*** auf. Als Zwischenwirt kommt hier vor allem der Kornkäfer in Frage (siehe Seite 30).

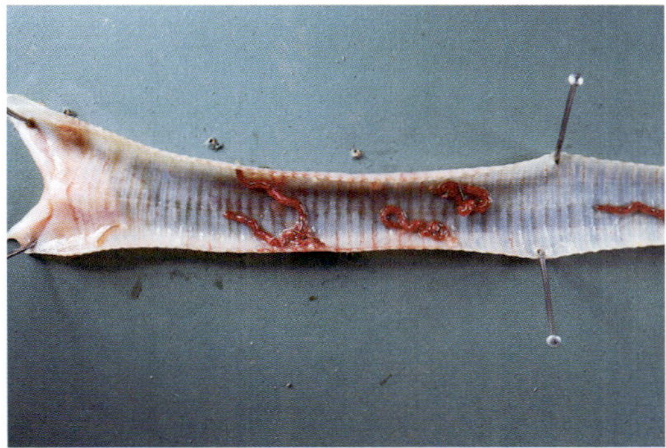

Befall mit Luftröhrenwurm (Syngamus trachea).

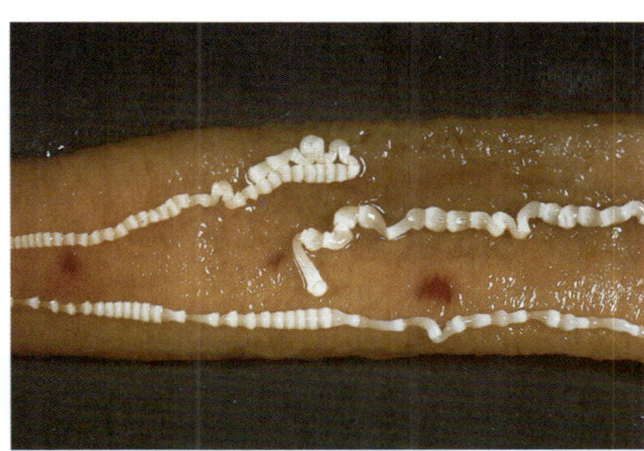

Raillietina-Bandwurm im Dünndarm.

Symptome: Vor allem der *Davainea*-Befall kann zu Abmagerung und gehäuften Todesfällen führen.

Behandlung: Da die Bekämpfung der Zwischenwirte, der Schnecken, schwierig ist, wird die Verabreichung eines Wurmmittels unter Einhaltung der vom Tierarzt mitgeteilten Wartezeit für den Verzehr der Geflügelprodukte notwendig. Der Erfolg ist jedoch fraglich, da eine Schnecke bis zu 1500 Zystizerkoide beherbergen kann, einen Aktionsradius von 200 bis 500 Metern hat und ein Huhn manchmal bis zu 2000 Bandwürmer zwei bis drei Jahre lang in sich trägt.

Beim Befall mit den anderen, meist nur vereinzelt vorkommenden Bandwürmern erübrigt sich in der Regel die Behandlung des Gesamtbestandes.

Die zahlreichen einzeln liegenden Glieder der meist in Massen vorkommenden Davainea-Bandwürmer sind im Darmabstrich auf dem Objektträger mit dem bloßen Auge als kleine weißliche, ovale Schuppen zu erkennen.

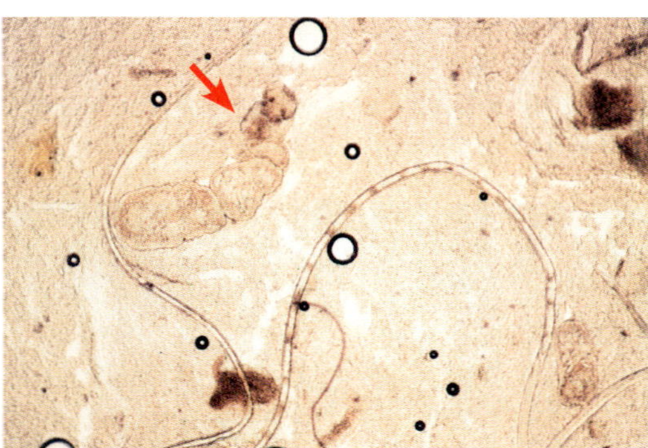

Davainea proglottina unter dem Mikroskop.

Außenparasiten (Ektoparasiten, Arthropoden)

Im Gegensatz zu den Innenparasiten ist bei den Außenparasiten (siehe Seite 91) des Huhnes daran zu denken, dass auch der Mensch befallen werden kann: von der **Roten Vogelmilbe** und von **Hühnerflöhen**. Die Vogelmilbe ist leicht auf der Stallkleidung zu entdecken, aber es ist schon schwieriger, den Floh zu fangen. Die Schadwirkung ist meistens abhängig von der Befallsstärke. Es können Beunruhigung der Tiere, Gefiederschäden (z.B. Federlinge und Federspulmilben), Hautveränderungen (z.B. Kalkbeinmilbe) sowie massiver Blutverlust (z.B. Rote Vogelmilbe) und Todesfälle auftreten. Einige Außenparasiten sind als Überträger von Krankheitserregern (z.B. Schwarzer Getreideschimmelkäfer, Reismehlkäfer) als oder als Zwischenwirte z.B. für Bandwürmer von Bedeutung (siehe auch die Tabelle auf Seite 30).

Spinnentiere

Spinnentiere (Arachnida) besitzen im geschlechtsreifen Stadium vier Beinpaare am ungegliederten Kopf-Brust-Teil (siehe Tabelle auf Seite 91).

Milbenbefall

Milben sind daran zu erkennen, dass die erwachsenen Tiere keinen gegliederten Körper wie die Insekten aufweisen. Nur die Larven haben drei Beinpaare, Nymphen und geschlechtsreife Milben haben dagegen, wie alle Spinnentiere, insgesamt acht Beine.

Rote Vogelmilbe

Leitsymptome

- → Blasser Kamm
- → Blutarmut (Anämie)
- → Unruhe
- → Schreckhaftigkeit
- → Todesfälle

Allgemeines und Entwicklungszyklus: Am gefährlichsten für das Huhn ist die Rote Vogelmilbe *(Dermanyssus gallinae)*. Schon die beiden Nymphenstadien, vor allem aber die geschlechtsreifen weiblichen Milben befallen Huhn oder Taube bei Nacht, um deren Blut zu saugen. Tagsüber verstecken sie sich in Ritzen des Stalles oder unter den Auflagestellen der Sitzstangen und in Legenestern. Auch die Milbeneier werden im Stall gelegt, wo sie bei feuchtwarmer Witterung innerhalb weniger Tage zur Larve ausreifen. Die verschiedenen Entwicklungsstadien sind frühestens nach sieben Tagen durchlaufen. So kann der Vogelmilbenbefall bei entsprechenden Temperaturen in kurzer Zeit zu seuchenhaften Verlusten führen.

Symptome: Betroffene Tiere fallen auf durch Unruhe und Schreckhaftigkeit. Bei starkem Befall werden die Kämme blass, schließlich liegen die Tiere infolge des Blutverlustes morgens tot im Stall. Auch wenn die Hühner verendet und abgekühlt sind, bleiben die Milben auf der Haut des Tieres.

Diagnose: Milben können beim verendeten Tier, gegebenenfalls mit der Lupe, vollgesogen mit Blut und deshalb rot gefärbt und etwa 0,5 mm bis knapp 1 mm lang, leicht entdeckt werden. Wenn Milben aufgepickt wurden, sind sie auch in der Schnabelhöhle und im Kropfinhalt zu finden.

Behandlung: Für das Nutzgeflügel steht in Deutschland als Ektoparasitikum zur Behandlung eines Befalls mit der roten Vogelmilbe (*Dermanyssus gallinae*) bei Junghennen, Elterntieren und Legehennen der Wirkstoff Fluralaner (Exzolt®) als zugelassenes Arzneimittel zur Verfügung. Die Dosierung beträgt

Spinnentiere (Arachnidae, 4 Beinpaare)

Milbenart	Aufenthaltsort	Wirte	Symptome
Rote Vogelmilbe (*Dermanyssus gallinae*)	**Temporär:** Nachts am Tier	Huhn, Pute, Taube, Kanarienvogel, Wildvogel, Mensch	• Unruhe, • Schreckhaftigkeit, • Blutarmut, • Legeleistungsabfall • Selten Todesfälle
Nordische Vogelmilbe (*Dermanyssus sylviarum*)	**Stationär:** Konturfedern	Huhn, Pute, Sperling, Wildvögel, Ratte, Menschen	
Federmilben (viele Arten)	**Stationär:** Federschaft	Huhn, Taube, Fasan	• Gefiederschaden • Juckreiz • Federzupfen, -ausfall • Leistungsrückgang
Hautmilben (*Epidermoptes bilobatus*)	**Permanent:** Haut	Huhn	• Schuppenbildung • Borkenbildung
Kalkbeinmilben (*Knemidocoptes mutans*)	**Permanent:** Ständer, Zehen	Huhn, Pute, u. a. (vor allem ältere Tiere sind betroffen)	• Juckreiz • Schuppenbildung • Borkenbildung • Lahmheit
Luftsackmilben (*Cytodites nudus*)	**Permanent:** Atemwege, Luftsäcke	Huhn, Pute, Taube, Fasan, Kanarienvögel, Moorhuhn	• Pfeifende Atmung • Bronchitis • Lungenentzündung
Insekten (Hexapoda, 3 Beinpaare)			
Federlinge (*Menopon* sp.u.a.)	**Permanent:** Am Tier	Huhn, Pute, Gans, Ente u.a.	• Leistungsminderung
Hühnerflöhe (*Ceratophyllus gallinae*)	**Permanent:** Am Tier	Huhn, Pute, Ente, Gans, viele Vogel- und Tierarten, Mensch	• Leistungsminderung • Blutverlust
Lederzecke (*Argas reflexus*, *Argas polonicus*)	**Temporär:** Nachts am Tier	Huhn, Pute, Ente, Gans, viele Vogel- und Tierarten, Mensch	• Leistungsminderung • Blutverlust • Übertragung von Krankheitserregern
Schildzecke (*Ixodes ricinus*)	**Temporär:** Unbefiederte Regionen	Huhn, Pute, Ente, Gans, viele Vogelarten	• Leistungsminderung • Blutverlust

0,5 mg Fluralaner pro kg Körpergewicht und wird zweimal im Abstand von 7 Tagen über das Trinkwasser verabreicht. Für eine vollständige therapeutische Wirkung muss der vollständige Behandlungsplan durchgeführt werden. Die Wartezeit für essbare Gewebe beträgt 14 Tage, für Eier 0 Tage.

Phoxim (Baythion®), eine Thiophosphorsäure, ist in Frankreich zur Anwendung im besetzten Geflügelstall zugelassen. In Deutschland darf Phoxim aber nur im Therapienotstand nach einer Anzeige beim zuständigen Regierungspräsidium angewendet werden. Außerdem muss bei Anwendung im Legestall eine Wartezeit von 12 Stunden für Eier eingehalten werden.

Zur Bekämpfung der Roten Vogelmilbe mit chemischen Mitteln im leeren Stallgebäude und den Stalleinrichtungen können eingesetzt werden:

- Carbamate (z. B. Bendiocarb).
- Phyrethrine (natürliche Stoffe, die von bestimmten Chrysanthemen-Arten gebildet werden). Sie werden aus Pyrethrum-Extrakt isoliert.

Milbennester an der Stalleinrichtung.

Erwachsene Milben, Nymphenstadien und Milbeneier sind zu erkennen. Alle erwachsenen Milben haben acht Beine.

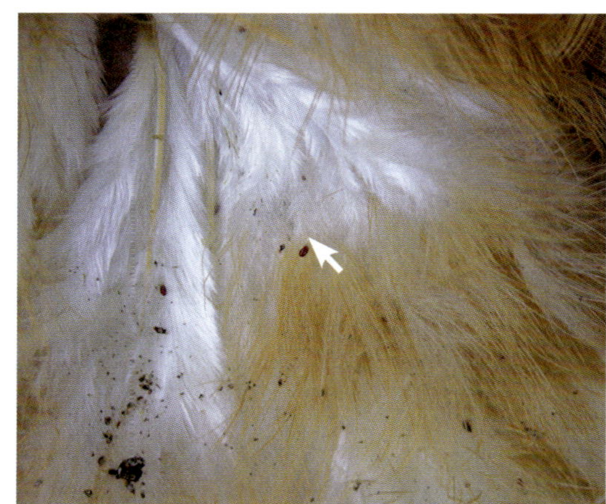

Befall mit Roten Vogelmilben (Dermanyssus gallinae) am Tier.

Starker Milbenbefall auf dem mittleren Ei.

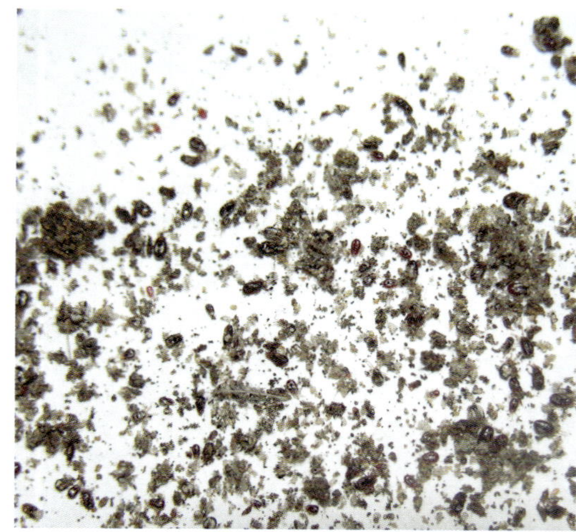

Nach der Anwendung von Ektoparasitika geschädigte Milben und Milbeneier.

- Phyrethroiden. Synthetisch hergestellte Pyrethrine (z. B. Bifenthrin, Deltamethin)
- Piperonylbutoxid. Zur Verstärkung der Wirkung der Pyrethrine und Pyrethroide eingesetzt (synthetisch hergestellte Pyrethrine). Insekten können Pyrethrine und Pyrethroide enzymatisch abbauen. Durch Zusatz von Piperonylbutoxid kann der enzymatische Abbau verhindert werden.

Unter Berücksichtigung der fünf- bis siebentägigen Entwicklungszeit der Milben (je nach Umgebungstemperatur) ist die Bekämpfung nach einer Woche zu wiederholen. Die Aufbringung von amorphem Kiselgur (Siliciumdioxid) als feiner Staub oder Produkte, die in flüssiger Form ausgebracht werden. Zerstören bei Kontakt mit der Milbe deren Cuticula und die Gelenke, Dadurch trocknen die Milben aus und sterben ab. Auch das Aufstellen eines Staubbades kann Linderung bringen.

Hautmilben

Hautmilben verlassen das Tier nicht, sie leben dort permanent-stationär und ernähren sich von Hornsubstanzen. Sie verursachen Juckreiz, Schuppenbildung und führen zu borkiger Haut am Körper. Die lebendgebärenden, nur im Mikroskop sichtbaren weiblichen Milben zeigen im Inneren die bereits mit acht Beinen ausgestatteten Jungen. Die Übertragung ist nur unmittelbar durch Tierkontakt möglich, wobei verständlicherweise der Hahn die Hauptrolle spielt. In reinen, gleichaltrigen Legehennenbeständen werden diese Milben nicht mehr angetroffen. Notfalls sind die Hähne zu entfernen.

Hauträude beim Huhn.

Kalkbeinmilben

Leitsymptome
- **Borkenbildung an den Ständern und Zehen**
- **Juckreiz an betroffenen Stellen**

Die **Fußräude** wird wegen der weißlichen Ausscheidungen der Milben auch Kalkbeinkrankheit genannt. Durch Abheben der Hornplatten kommt es zu ausgeprägter Borkenbildung mit Juckreiz und letztlich zu Bewegungsstörungen. Die Hautmilben sind aber so klein, dass sie nur nach Aufarbeitung der Hautgeschabsel im Mikroskop sichtbar sind. Als die Fußräude noch weit verbreitet war, konnten Landfrauen an den Kalkbeinen ihre alten Hennen erkennen und diese dann aus der Herde herausnehmen.

Behandlung: Die Borken können mit Glyzerin und Schmierseife aufgeweicht werden. Nach Einreiben der befallenen Hautareale und Ständer mit Vaseline führt dies zum Erstickungstod der Milben. Bei Geflügel, das zur Gewinnung von Lebensmitteln dient, sind außer dem Wirkstoff Phoxim keine Ektoparasitizide zur Behandlung am Tier zugelassen.

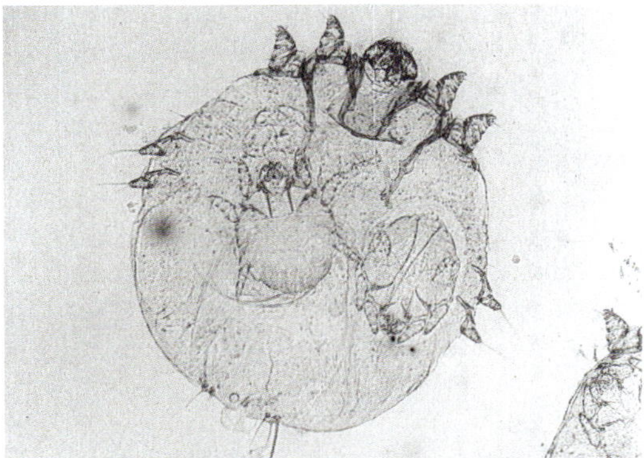

Weibliche Räudemilbe, lebendgebärend, im Lichtmikroskop nach Laboraufarbeitung von Auflagerungen auf den Federspulen.

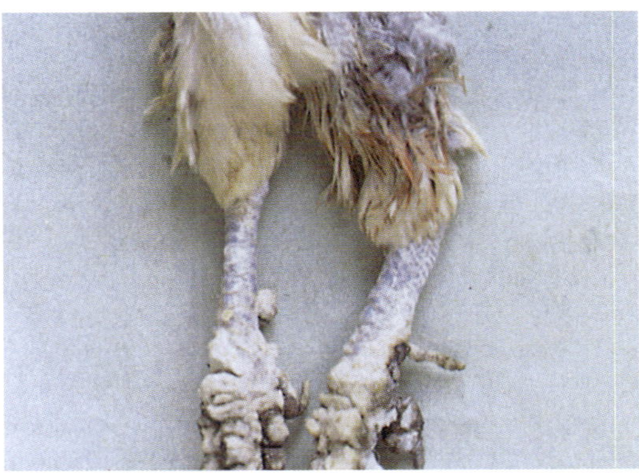

Der Befall mit Fußräudemilben (Knemidocoptes mutans) führt zur Kalkbeinkrankheit. Die Milben-Weibchen sind etwas unter 0,5 mm lang.

Luftsackmilben

Luftsackmilben, die öfter bei Ziervögeln gefunden werden, kommen bei Hühnern nur ganz selten vor. Sie sind lokalisiert in den Atemwegen und Luftsäcken und verursachen Niesen und pfeifende Atemgeräusche sowie Bronchitis und Luftsackentzündung.

Futtermilben

In feucht und warm gelagerten Futtermehlen vermehren sich Futtermilben, die mit dem bloßen Auge gerade noch erkennbar sind, besonders wenn sie sich in der Wärme lebhaft bewegen. Futtermilbenbefall zeigt verdorbenes Futter an, das dann nicht mehr verabreicht werden sollte.

Insekten

(Hexapoda, auch im geschlechtsreifen Stadium nur drei Beinpaare am Brustteil)

Federlingsbefall

Bei den Federlingen handelt es sich um flügellose, in einen breiten Kopf, Brust und Hinterleib gegliederte Insekten, die ähnlich wie die Haarlinge der Säugetiere von Hornsubstanzen leben. Echte Blut saugende Läuse mit schmalem Kopf gibt es beim Geflügel nicht. Wenn die Federlinge landläufig Hühnerlaus genannt werden, so ist dies also keine richtige Bezeichnung. Die Federlinge des Geflügels gehören alle zu den Mallophagen, gliedern sich aber in zahlreiche Unterarten auf und sind 1 mm bis 6 mm lang. Sie leben alle auf dem Tier und kleben ihre Eier in Klumpen an die Federkiele an. Unmittelbar lebensbedrohend ist der Federlingsbefall nicht. Die Tiere werden aber beunruhigt, sodass starker Befall doch zu Legeleistungseinbußen führt. Ein Federlingspärchen kann innerhalb weniger Monate etwa 120 000 Nachkommen erzeugen.

Die Entwicklung vom Ei bis zum geschlechtsreifen Federling dauert etwa drei Wochen lang. Die Bekämpfung mit Insektiziden am Huhn selbst, außerhalb der vormittäglichen Legezeit, ist daher nach etwa 20 Tagen zu wiederholen. Wichtig ist die Bekämpfung im Herbst, weil sich die Federlinge beim engen Zusammenrücken der Tiere im Winter besonders stark vermehren. Ohne Wirtstiere können Federlinge höchstens ein bis zwei Wochen lang überleben. In einem von Hühnern geräumten und gründlich gesäuberten Stall sterben sie daher innerhalb von 14 Tagen sicher ab.

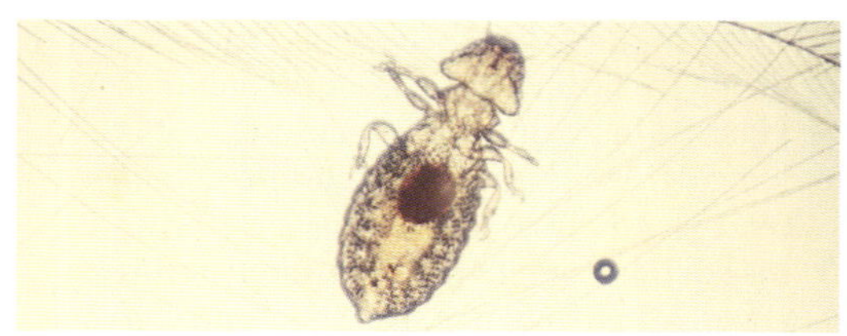

Unter dem Mikroskop sind die sechs Beine am Brustteil des Federlings gut zu sehen.

Hühnerflöhe

Auch unter den Flöhen gibt es verschiedene Hühner befallende Arten. In Europa ist es *Ceratophyllus gallinae*, 3 mm bis 3,5 mm lang, der Blut bei Hühnern, aber auch bei Wildvögeln, Hunden, Katzen, Ratten und in der Not auch beim Menschen saugt. Weibliche Flöhe legen täglich mehrere knapp 1 mm große weiße Eier, die vom betroffenen Wirtstier fallen und in der feuchten Einstreu oder im Legenest innerhalb einer bis mehrerer Wochen zur Larve ausreifen. Nach zwei Häutungen, innerhalb weniger Wochen, folgt das Puppenstadium, aus dem frühestens nach einer Woche die Flöhe ausschlüpfen und schon nach wenigen Tagen – sofern sie einen Wirt zum Blutsaugen finden – geschlechtsreif werden. Die erwachsenen Flöhe können wochenlang ohne Nahrung überleben. Als Nahrung dient den Flohlarven der reichlich in das Umfeld abgesetzte bluthaltige Kot der Elternflöhe. Wenn der Inhalt von Legenestern eines befallenen Bestandes im Winter auf Schnee gestreut wird, so verfärbt sich dieser blutig-rot!

Am Tier sind die Flöhe schwer zu finden, eher entdeckt sie der Tierpfleger krabbelnd und stechend an sich selbst. Gelingt es, den Floh zu greifen, ist es ratsam, ihn erst im Wasser eines Wasserglases wieder los zu lassen, andernfalls springt er davon. Im Wasser nimmt er schnell das bekannte Bild mit den hinteren, langen Sprungbeinen ein (Abbildung unten).

Bei der Bekämpfung mit Insektiziden muss vor allem das Umfeld der Tiere mit einbezogen werden. Eine Wiederholung ist nach zwei Wochen erforderlich.

Floh auf dem Wasser schwimmend. Lupenvergrößerung.

Virusbedingte Erkrankungen im Legealter besonders nach Zukauf von Tieren

(Virusinfektionen, die die Legeleistung mindern, siehe auch Abbildung Seite 29)

Leukose der Hühner und Osteopetrosis

(Leukose-Sarkom-Komplex der Hühner, Lymphomatosen, lymphoidzellige Leukosen)

Leitsymptome
→ **Leukose: Blasswerden des Kammes, Stillstand der Legetätigkeit, Todesfälle**
→ **Osteopetrosis: Auftreibungen der Knochen**

Allgemeines: Ab der Legereife ist die **Leukose** der Hühner eine der gefürchtetsten Krankheiten. Die Virusinfektion erfolgt schon von der Mutterhenne aus oder aber innerhalb der ersten acht Lebenswochen, sie bleibt jedoch bis etwa zur Legereife verborgen.

Symptome: Erst im Laufe des ersten Legejahres werden ein Blasswerden des Kammes, ein Stillstand der Legetätigkeit und schließlich Todesfälle beobachtet. Die krankhaften Veränderungen in den inneren Organen werden durch die Infektion unreifer Knochenmarkszellen ausgelöst, die dann entarten, sich unkontrolliert vermehren und durch Wucherung in den Organen, im Besonderen in Leber, Milz, Nieren und Eierstock, zu geschwulstartigen Umfangsvermehrungen dieser Organe führen.

1. Leukose: Je nach Virusstamm können alle Arten der weißen Blutkörperchen betroffen werden, am häufigsten tritt jedoch die aleukämische, lymphoidzellige Leukose oder Lymphomatose auf, wobei die kleinen runden, aber entarteten Lymphozyten in den inneren Organen, ähnlich wie bei der akuten Marekschen Krankheit, angetroffen werden. Aleukämisch heißt diese Form deshalb, weil im Gegensatz zur Leukämie des Menschen oder Rindes im Blut keine erhöhte Leukozytenzahl zu finden ist.

2. Osteopetrosis: Von Osteopetrosis wird gesprochen, wenn die Blutzellwucherungen unmittelbar im Knochen selbst ablaufen. Die Auftreibung der Knochen ist auch am lebenden Tier deutlich zu erkennen, was auf den Abbildungen gut zu sehen ist (siehe Seite 96).

Behandlung: Behandlungsversuche kommen bei der bösartig verlaufenden Viruskrankheit nicht in Frage. Kranke Tiere sind im Sinne des Tierschutzes rechtzeitig aus der Herde zu entfernen.

Vorbeugende Maßnahmen: Ein starker Rückgang der Leukoseerkrankungen ist beim Wirtschaftsgeflügel seit der Impfung der Eintagsküken mit dem abgeschwächten Virus der Marekschen Krankheit eingetreten. Das lässt sich dadurch erklären, dass bei einer Verhütung der Marekschen Krankheit die Thymusdrüse geschont wird, was dann zur Erhaltung der von dort gesteuerten, zellgebundenen Immunität und damit zu einer guten Abwehrlage gegen die verschiedensten Krankheiten führt. Der sonst mögliche Immundefekt bleibt aus.

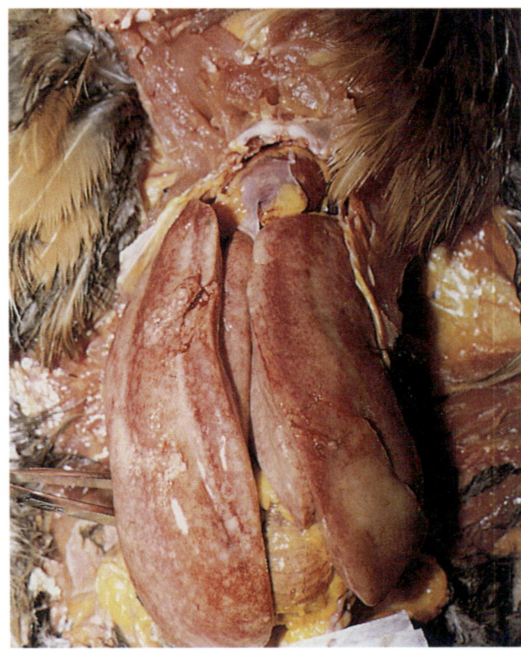

Leukose. Beim geöffneten Tier fällt die infolge der Einlagerung der weißen Blutkörperchen (Lymphozyten) stark vergrößerte Leber auf.

Mit Hilfe von aufwendigen Laboruntersuchungen werden leukosevirusfreie Legehennen ermittelt und deren Küken wenigstens acht Wochen lang, während der besonderen Anfälligkeit, in Isolation frei von einer Infektion aus der Umgebung gehalten. Die Tiere erkranken dann auch bei einem späteren Kontakt mit dem Virus nicht an Leukose.

Knochenleukose (Osteopetrosis) beim Junghuhn.

Skelett desselben Tieres mit Knochenleukose. Die typische Auftreibung der Knochen ist gut zu erkennen.

Klassische Geflügelpest (KP)

(Aviäre Influenza, AI, Lombardische Geflügelpest Geflügelinfluenza, hochpathogene aviäre Influenza, HPAI, Vogelgrippe, Hühnerpest, Hühnerinfluenza)

Leitsymptome
- **Plötzlicher Rückgang der Futteraufnahme**
- **Deutlicher Rückgang der Legetätigkeit**
- **Zentralnervöse Störungen**
- **Kopfödem**
- **Atemgeräusche**
- **Plötzliche zahlreiche Todesfälle**

Allgemeines: Das klassische Geflügelpestvirus zählt zu den **Influenza-Viren (Orthomyxoviren)**, wo auch das Virus der echten Grippe des Menschen zu finden ist. Bei der Klassischen Geflügelpest handelt es sich um eine anzeigepflichtige Tierseuche. Sie kann alle Geflügelarten befallen, am schwersten erkranken jedoch Hühner und Puten. Die durch hochpathogene Influenza-A-Viren verursachte Erkrankung verläuft meist sehr rasant und führt innerhalb weniger Tage zum Tod der Tiere. Die Seuche wurde erstmals im Jahr 1878 in Norditalien festgestellt, und breitete sich danach weltweit aus. Ende des 19. Jahrhunderts ist die Seuche aus Norditalien nach Deutschland eingedrungen und ist jedoch in den Jahren um 1925 in Europa zunächst wieder verschwunden.

1996 wurde ein hochpathogener H5N1 Virus Subtyp in Asien nachgewiesen und hat sich in Südostasien ausgebreitet. Seit 2003 ist eine weltweit stark ansteigende Fallzahl zu verzeichnen. In der Zeit von 2003 bis 2008 gelangten asiatische hochpathogene H5N1 Subtypen nach Europa und Afrika und breiteten sich zwischen 2008 und 2013 weiter aus. In Ägypten hat sich dieses Virus endemisch festgesetzt. Durch Reassortierung mit anderen niedrig- und hochpathogenen Influenzaviren entstanden in China seit 2010 neue hochpathogene H5-Subtypen mit neuen N2, N5, N6, N8 Neuraminidase-Partnern, die sich in Ostasien bei Geflügel und unter Wildvögeln verbreiteten. Bei der Ausbreitung der hochpathogenen H5-Stämme asiatischen Ursprungs über große Entfernungen innerhalb eines kurzen Zeitraums wird vor allem migrierenden wilden Wasservögeln eine bedeutende Rolle zugeschrieben.

Ein hochpathogenes H5N8 Virus erreichte 2014/2015 Europa, Kanada und den Nordosten der USA mit erheblichen wirtschaftlichen Folgen beim Hausgeflügel. In Deutschland wird 2016/2017 ein hochpathogenes H5N8 Virus bei Wildvögeln und bei gehaltenen Vögeln nachgewiesen.

Besonders großen Schaden in Geflügelhaltungen verusacht haben insbesondere folgende Subtypen:

H5N1: 1959 Schottland
seit 1996 Südostasien
2003–2008 Europa, Afrika, endemisch in Ägypten

H5N2: 1983 und 1984 USA
1992 und 1995 Mexiko
2005 Japan
2008 niedrig pathogenes H5N2 Virus Belgien und Deutschland
2014 Kanada
2015 USA

H5N3: 1961 in Südafrika
2008 niedrig pathogenes H5N3 Virus Leipzig, Cloppenburg, Niedersachsen

H5N8: seit 2014–2017 Südkorea, Kanada, Nordamerika, Europa, Russland

H7N1: 1999 Italien

H7N3: Nordamerika

H7N7: 1996 Vereinigtes Königreich
2003 Niederlande

H7N9: 2013 Volksrepublik China

Übertragung und Verbreitung: Freilebendes Wassergeflügel, insbesondere Wildenten, gelten als das wichtigste natürliche Virusreservoir, da diese nach einer Infektion häufig nicht oder nur leicht erkranken und so das Virus weiterverbreiten können. Das Wanderverhalten der Wasservögel, See- und Küstenvögel trägt zur weiten geographischen Verbreitung bei. Tauben können als mechanische Vektoren das Virus im Gefieder verbreiten. Im Gegensatz zu den in der Umwelt sehr resistenten Newcastle-Viren reagieren die Influenzaviren der Geflügelpest aber viel empfindlicher auf Umwelteinflüsse und werden deshalb über Gegenstände nicht so leicht übertragen. Nur in feuchtem Milieu kann das Virus in der Umwelt längere Zeit überleben. Schon Lichteinwirkung, UV-Strahlung, Austrocknung, Säureeinwirkung mit einem pH-Wert von 5,2 und darunter oder Laugeneinwirkung mit einem pH-Wert von 7,8 und darüber sowie Temperaturen ab 37 °C schädigen das Virus. Inaktiviert wird das Virus bei 30 Minuten langer Einwirkung von 56 °C sowie beim Kochen und Braten. Vermehrungsfähig bleibt das Virus bei Temperaturen von 4 °C und darunter, monatelang in der Tiefkühltruhe.

Symptome: Die Krankheit ist für das Geflügel hochansteckend und wird direkt von Tier zu Tier oder auch indirekt über belebte und unbelebte Vektoren übertragen. Infizierte Tiere scheiden den Erreger mit allen Se- und Exkreten aus. Bei Hühnern und Puten kann die Mortalität innerhalb weniger Tage nahezu 100 % betragen. Erkrankte Tiere sind teilnahmslos und häufig bewegungsunfähig. In manchen Fällen treten Koordinationsstörungen, Kopfödem und Zyanose der Kehllappen und Atemgeräusche auf. Influenza-A-Viren des Geflügels können in seltenen Fällen auch Erkrankungen beim Mensch verursachen. Die größte Gefahr besteht hierbei im engen, intensiven Kontakt mit an der Seuche erkranktem Geflügel. Die Erkrankung äußert sich in Bindehautentzündung (Konjunktivitis) und grippeähnlichen Erscheinungen mit unterschiedlicher Ausprägung, vereinzelt kann es auch zu Todesfällen kommen. Vom Seuchengeschehen in Südostasien aus hat sich die HPAI (H5N1) bereits über mehrere Länder und Kontinente ausgebreitet. In einigen Ländern kam es nach intensivem Kontakt mit Geflügel bereits zu einzelnen Todesfällen bei Menschen.

Experten sehen die größte Gefahr für den Menschen u. a. darin, dass es beim HPAI-Virus des Geflügels und den vorkommenden menschlichen Grippeviren (Subtypen H3N2, H1N1) zum Genaustausch kommt und dadurch ein neues für den Menschen hochpathogenes Grippevirus entsteht. Die Gefahr ist umso größer, je länger die Bekämpfung der Seuche in den betroffenen Ländern andauert.

Therapie Mensch: Spezifische antivirale Medikamente, die Neuraminidase-Inhibitoren, hemmen die Ausschleusung und Freisetzung von Influenza-A- und -B-Viren. Der Einsatz ist auf die Frühphase der Erkrankung (innerhalb 48 Std.) beschränkt.

Impfung Mensch: Die Schutzimpfung gegen die gegenwärtig beim Menschen bekannten Grippeviren hat sich als sehr effektiv erwiesen.

Impfverbot: Gegen die Geflügelpest besteht Impfverbot. Nur unter bestimmten, genau definierten Voraussetzungen kann eine Impfung bei Zustimmung der EU-Mitgliedsstaaten durchgeführt werden.

Impfung Geflügel: Eine Impfung gegen Aviäre Influenza (**niedrigpathogene Subtypen**) ist prinzipiell möglich, kann aber keine Garantie geben, eine Infektion sowie die Virusvermehrung und -ausscheidung zu verhindern. Um eine belastbare Immunität zu erzeugen, sind mehrere Einzeltierimpfungen notwendig. Deshalb können z. B. Masthähnchen aufgrund der kurzen Lebensdauer nicht ausrei-

chend geschützt werden. Im Gegensatz dazu ist eine Impfung gegen die Klassische Geflügelpest (**hochpathogene Subtypen**) abzulehnen. Das Risiko der Virusverschleppung von Betrieb zu Betrieb und die Virusausscheidung nach Infektion kann durch die Impfung nicht mit Sicherheit unterbunden werden. Außerdem ist die Gefahr einer unerkannten Infektion in geimpften Beständen vorhanden.
Die Strategie der Ausmerzung (**Eradikation**) betroffener Betriebe ist derzeit die einzige Möglichkeit, die Klassische Geflügelpest zu kontrollieren.
Therapie Geflügel: Eine Therapie ist verboten. Die Bekämpfung erfolgt gemäß den Bestimmungen der Geflügelpest-Verordnung.
Diagnose: Zur genauen Diagnose ist stets die Laboruntersuchung mit Erregernachweis und Erregercharakterisierung erforderlich.
Anzeigepflicht: Schon der Verdacht des Ausbruchs der Geflügelpest muss bei der nächsten Polizeibehörde oder beim zuständigen Veterinäramt aufgrund des Tiergesundheitsgesetzes angezeigt werden. Dazu sind alle Personen verpflichtet, die irgendwie mit den erkrankten Tieren zu tun haben. Die staatliche Seuchenbekämpfung erfolgt dann entsprechend der „Verordnung zum Schutz gegen die Geflügelpest.
Seuchenrechtliche Maßnahmen: Schon bei Seuchenverdacht und solange der Bestand unter amtlicher Beobachtung steht, dürfen Tiere ohne Genehmigung der zuständigen Behörde nicht entfernt oder geschlachtet werden. Selbst noch gesund erscheinende Tiere könnten ja bereits das Virus in sich tragen und dann zur weiteren Verbreitung beitragen. Nach Einfrieren solcher Schlachtkörper hält sich das Virus jahrelang vermehrungsfähig, und nach dem Auftauen könnte sich ein inzwischen neu aufgebauter Bestand über Küchenabfälle wieder infizieren. Beim Vorliegen der Klassischen Geflügelpest wird eine Bestandstötung und Abgabe an eine Tierkörperbeseitigungsanstalt angeordnet. Bei angeordneter Tötung gibt es besondere Regelungen für eine Entschädigung. Ziel der Bekämpfungsmaßnahmen ist die vollständige Tilgung der Seuche (s. Seite 136 ff.).

Zur **Überwachung des Seuchengeschehens** ist es wichtig, die Einfuhr von lebendem Geflügel und von Schlachtgeflügel unter Kontrolle zu halten bzw. zu verbieten. Erkrankte oder tot auf den Rastplätzen zurückbleibende Zugvögel sind zu untersuchen. Vorsorglich kann eine Auslaufsperre helfen, die Viruseinschleppung zu verhindern. Gefahren drohen bei dem kälteresistenten Virus v.a. in der kalten Jahreszeit. In den Sommermonaten laufen deshalb auch beim Menschen die Grippeinfektionen aus.

Newcastle-Krankheit

(Newcastle Disease, ND, atypische Geflügelpest, Doylsche Krankheit, Pseudogeflügelpest)

Leitsymptome
- → **Dünnschalige Eier**
- → **Plötzlicher Rückgang der Legetätigkeit**
- → **Schnabelatmung**
- → **Klagende Atemgeräusche**
- → **Zentralnervöse Störungen**
- → **Zahlreiche Todesfälle**

Allgemeines: Die Newcastle-Krankheit ist nach der im Grenzgebiet von England gegen Schottland gelegenen Stadt Newcastle benannt. Die durch ein behülltes, in der Umwelt verhältnismäßig lange überlebendes Virus ausgelöste Krankheit wurde im Jahre 1926 erstmals mit Kampfhähnen aus dem damaligen holländischen Ostindien nach Newcastle eingeschleppt. Im 2. Weltkrieg kam das Virus mit Geflügel aus Italien auch nach Deutschland. Bei der Newcastle-Krankheit handelt es sich um eine anzeigepflichtige Tierseuche. Wegen der Ähnlichkeit des Seuchenablaufes mit einer bereits bekannten Hühnerseuche (Klassische Geflügelpest), wurde beim Auftreten der Newcastle-Krankheit anfangs einfach auch von Geflügelpest gesprochen. Erst durch spezielle virologische Untersuchungen konnte schließlich nachgewiesen werden,

Newcastle-Krankheit: Bewegungsstörungen sind eine Folge der virusbedingten, nicht-eitrigen Gehirnentzündung („Sterngucker").

dass sich der Erreger der neuen Hühnerseuche deutlich vom Virus der schon bekannten Klassischen Geflügelpest unterscheidet. Das neue Virus gehört zu den **Paramyxoviren**.

Übertragung und Verbreitung: Die Gefahr eines erneuten Seuchenausbruches droht stets durch den weltweiten Geflügelhandel und die Einfuhr von gefrorenen Geflügelprodukten aus betroffenen Ländern sowie durch den Import exotischer Vögel. Auch unter Tauben zirkuliert in jüngster Zeit eine Virusvariante, die auf Hühner überwechseln kann. So bleibt die Newcastle-Krankheit eine der gefürchtetsten Hühnerseuchen. Es ist deshalb vorgeschrieben, dass alle Hühner- und Putenbestände unter Impfschutz zu halten sind (Impfprogramme siehe Seiten 58 bis 60). Wird, wie üblich, zur Impfung abgeschwächtes Virus im Trinkwasser verabreicht, so ist beim Umgang mit dem Impfstoff darauf zu achten, dass das virushaltige Wasser nicht auf die eigenen Lidbinde- oder Nasenschleimhäute gelangt. Das Virus haftet auch beim Menschen und kann Lidbindehautentzündungen oder Lymphknotenschwellungen auslösen.

Symptome: Das Krankheitsbild der Newcastle-Krankheit ist ziemlich typisch. Es gibt allerdings unterschiedliche Verlaufsformen. Ein sehr virulentes Virus führt bei empfänglichen Hühnern innerhalb von drei bis vier Tagen zu seuchenhaftem Sterben.

Bei **Legehennen** fallen zunächst dünnschalige Eier auf, dann wird die Legetätigkeit ganz unterbrochen. Die Tiere zeigen Schnabelatmung mit klagenden Tönen und Ausfluss aus dem Schnabel; dünnflüssiger, braun-grünlicher Kot wird abgesetzt. Im Fieberzustand verfärben sich die Kämme dunkelblaurot. Nach Öffnen des Schnabels sind im Rachen oft schon kleine, zerstreut liegende Eiterstippchen zu sehen. Im Drüsenmagen sind die Drüsenausgänge blutig infiltriert und im Darm treten in ausgeprägten Fällen fingernagelgroße Eiterherde auf, Schleimhautnekrosen mit Fibrinauflagerungen.

Wird eine Herde aber nur von einem abgeschwächten, wenig virulenten Virus befallen oder trifft ein virulentes Virus auf teilimmune Hühner, ist eine langsam verlaufende Durchseuchung zu beobachten, die sich oft nur in einem vorübergehenden Legerückgang bemerkbar macht. Bei einzelnen Tieren kann aber die für manche Virusinfektionen typische, nicht-eitrige Gehirnentzündung mit Lymphozyten-Infiltraten um die Blutgefäße und Nervenzelldegeneration im Gehirn auftreten. Solche Tiere zeigen erst etwa in der zweiten Woche nach der Infektion eine unphysiologische Kopfhaltung und werden auch „Sterngucker" genannt; sie sind unheilbar krank (siehe Seite 98).

Wassergeflügel zeigt nach einer Infektion mit dem Virus der Newcastle-Krankheit meist nur wenig ausgeprägte Krankheitszeichen.

Impfpflicht: Gegen die Newcastle-Krankheit besteht Impfpflicht. **Alle Hühner- und Truthühnerbestände** müssen durch einen Tierarzt geimpft werden, sodass im gesamten Bestand eine ausreichende Immunität der Tiere vorhanden ist. Der Besitzer hat über die durchgeführten Impfungen Nachweise zu führen. Des Weiteren dürfen Hühner oder Truthühner nur in einen Geflügelbestand verbracht oder eingestellt oder auf Geflügelmärkte, Geflügelschauen oder -ausstellungen oder Veranstaltungen ähnlicher Art verbracht werden, wenn sie von einer tierärztlichen Bescheinigung begleitet

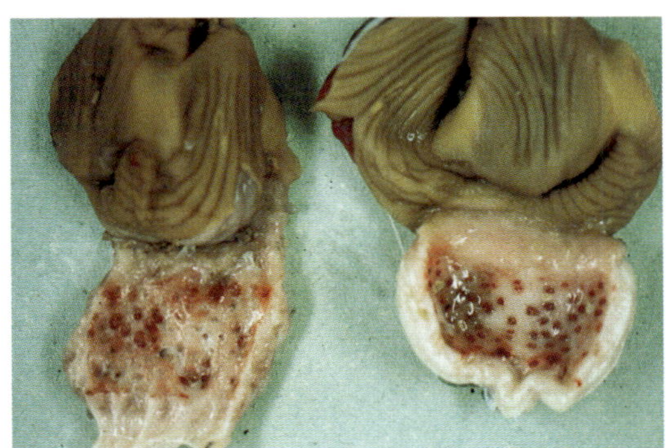

Newcastle-Krankheit: Punktförmige Blutungen im Drüsenmagen.

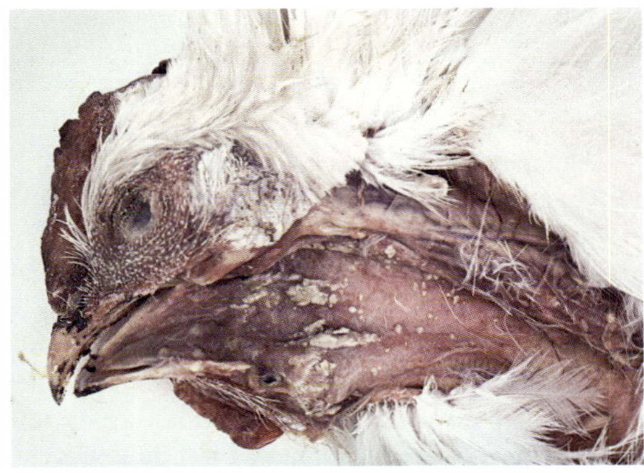

Newcastle-Krankheit: Eiterherde im Rachen.

sind, aus der hervorgeht, dass der Herkunftsbestand der Tiere, im Falle von Eintagsküken der Elterntierbestand, regelmäßig entsprechend den Empfehlungen des Impfstoffherstellers gegen die Newcastle-Krankheit geimpft worden ist.

Die Vorgehensweise zur Durchführung der Impfung ist, um einen ausreichenden Impfschutz zu erlangen, in den Anwendungsempfehlungen der Impfstoffhersteller ausführlich beschrieben. Es werden genaue Informationen zu Impfstoffen, Applikationsarten und Dosierung der Impfstoffe aufgeführt.

Therapie: Eine Therapie ist verboten. Die Bekämpfung erfolgt gemäß den Bestimmungen der Geflügelpest-Verordnung.

Diagnose: Zur genauen Diagnose ist stets die Laboruntersuchung durch Erregernachweis und Erregercharakterisierung erforderlich.

Anzeigepflicht: Schon der Verdacht des Vorliegens der Newcastle-Krankheit muss bei der nächsten Polizeibehörde oder unmittelbar beim zuständigen Veterinäramt aufgrund des Tiergesundheitsgesetzes angezeigt werden. Dazu sind alle Personen verpflichtet, die irgendwie mit den erkrankten Tieren zu tun haben. Die staatliche Seuchenbekämpfung erfolgt dann entsprechend der „Verordnung zum Schutz gegen die Geflügelpest und die Newcastle-Krankheit".

Seuchenrechtliche Maßnahmen: Das Vorgehen bei Seuchenverdacht und bei der Bekämpfung der Newcastle-Krankheit entspricht den bei der Klassischen Geflügelpest beschriebenen Maßnahmen (siehe Seite 97). Die Bestandstötung ist bei der Newcastle-Krankheit jedoch nicht zwingend vorgeschrieben (siehe Seite 136 ff.).

Ansteckende Kehlkopf-Luftröhren-Entzündung

(Infektiöse Laryngotracheitis, ILT)

Leitsymptome
- → **Schnabelatmung**
- → **Klagende Atemgeräusche**
- → **Auswurf von blutig infiltriertem Schleim**
- → **Plötzliche Todesfälle durch Ersticken**

Allgemeines: Die virusbedingte, ansteckende Kehlkopf-Luftröhren-Entzündung ist eine Krankheit der Hühner und Fasanen, tritt aber in einer bösartigen Verlaufsform weltweit nur selten auf. Eine Gefahr der Erregereinschleppung besteht gelegentlich durch die Teilnahme an Geflügelausstellungen oder durch den Zukauf von Zuchttieren. Betroffene und genesene Tiere können länger als ein Jahr Virusträger bleiben und zugesetzte, empfängliche Tiere anstecken.

Das behüllte Virus gehört zur Gruppe der Herpesviren und führt bei Junghühnern ab der zehnten Lebenswoche und bei Hennen der ersten Legeperiode ab dem 6. bis 15. Tag nach der Infektion zu schweren Erkrankungen.

Symptome: Infolge einer blutig-eitrigen Kehlkopf- und Luftröhren-Entzündung kommt es zum Auswurf von blutig infiltriertem Schleim aus der Luftröhre. Schnell tritt ein Legeleistungsabfall ein. Erkrankte Tiere verursachen beim Einatmen klagende Atemgeräusche. Der Tod erfolgt durch Ersticken.

Behandlung und Vorbeugende Maßnahmen: Chemotherapeutisch lassen sich nur die bakteriellen Begleitinfektionen angehen. Impfungen mit abgeschwächten, aber noch vermehrungsfähigen Viren sind möglich, sollten aber nur nach gründlicher tierärztlicher Beurteilung des Infektionsrisikos vorgenommen werden. In der Regel erfolgt die Impfung in Form der Augentropfmethode, gegebenenfalls als Notimpfung.

Derzeit werden Impfungen auch mittels Sprayapplikation verabreicht. Vorbeugend kann in Junghennenbeständen auch mittels Trinkwasserimpfung eine Immunisierung durchgeführt werden.

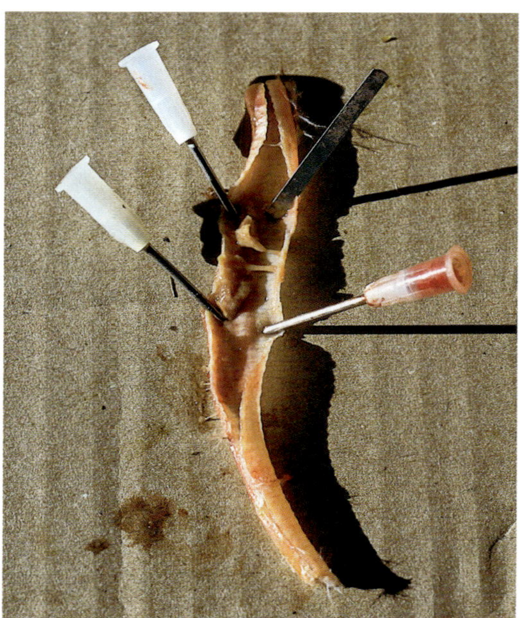

Ansteckende Kehlkopf-Luftröhren-Entzündung.

Geflügelpocken

(Pocken-Diphtherie, PD, Variola avium)

Leitsymptome
- **Hautform: Unbefiederte Hautareale betroffen, rötliche Pusteln, Pockenborken**
- **Schleimhautform (Geflügeldiphteroid): Weiß-gelbe Beläge an Schleimhaut der Schnabelhöhle, Atemgeräusche**

Allgemeines: Bei den Geflügelpocken handelt es sich um die beim Geflügel wohl am längsten bekannte Virusinfektion. Pockenviren sind die größten behüllten Viren (etwa 300 nm im Durchmesser). Sie haben sich an die verschiedenen Tier- und Vogelarten wie auch an den Menschen angepasst. Sie lassen sich aber nur beschränkt von einer Spezies zur anderen übertragen, wie beispielsweise bei der Impfung des Menschen mit Kuhpockenvirus. Unter den Vogelpocken gibt es Hühner-, Puten-, Tauben-, Falken-, Wachtelpocken sowie die noch weit verbreiteten Kanarien-(Zwergpapageien-, Finken- und Sperlings-)Pocken. Innerhalb der Gruppe der Kanarienpocken verhält sich die wechselseitige Immunität etwa gleichartig.

Übertragung und Verbreitung: Die Einschleppung des Pockenerregers in eine Geflügelherde erfolgt erfahrungsgemäß über den Zukauf von infizierten Zuchthähnen. Da jedoch Legehennen des Wirtschaftsgeflügels ohne Hähne gehalten werden und in den Vermehrungszuchten die Hähne schon als Küken mitgeliefert werden, sind dort die Geflügelpocken praktisch ausgestorben. Insbesondere Auslaufhaltungen und Bestände der Rassegeflügelzüchter sind jedoch einem hohen Infektionsrisiko ausgesetzt. Deshalb sollten dort zugekaufte Tiere stets wenigstens drei Wochen lang in Quarantäne gehalten werden, da die Inkubationszeit vier bis 20 Tage beträgt. Nur so sind die Bestände vor der schweren, mit Fieber einhergehenden und zu hohen Verlusten führenden Krankheit frei zu halten.

Symptome:

1. Hautform: Diese Form der Pockeninfektion zeigt sich bei den Hühnern vor allem an den federlosen Stellen des Kopfbereiches. Das Virus führt zu einer starken Vermehrung und Aufquellung der Hautzellen, die dann oberflächlich verhornen und schließlich zum Bild der typischen Pockenborke führen. Auf dem Blutweg kann das Virus aber auch bis zu den federfreien Stellen der Extremitäten, bei Tauben auf die gesamte Körperhaut gelangen.

Damit die Infektion zum Haften kommt, muss das Virus, wie früher bei der Impfung der Kinder gegen die Pocken des Menschen, in die Hautzellen eingebracht werden. Dies kann durch stechende Insekten oder durch Viruskontakt an verletzten Hautstellen erfolgen. So spielt der Hahn eine wesentliche Rolle bei der Virusübertragung, weil er beim Tretakt die Hennen mit dem Schnabel am Kamm greift.

2. Schleimhautform: Bei diesem Krankheitsbild zeigen sich die Geflügelpocken auf den Schleimhäuten als gelbliche Beläge, die fest mit der Schleimhaut verbunden sind. Bevorzugte Stellen sind Schnabelhöhle, Rachen, Kehlkopf, Speiseröhre und Luftröhre. In schweren Fällen verenden die Tiere durch Ersticken.

3. Gemischte Form: Sowohl die äußere Haut ist mit borkigen Pocken als auch die Schleimhaut mit gelblichen Belägen bedeckt.

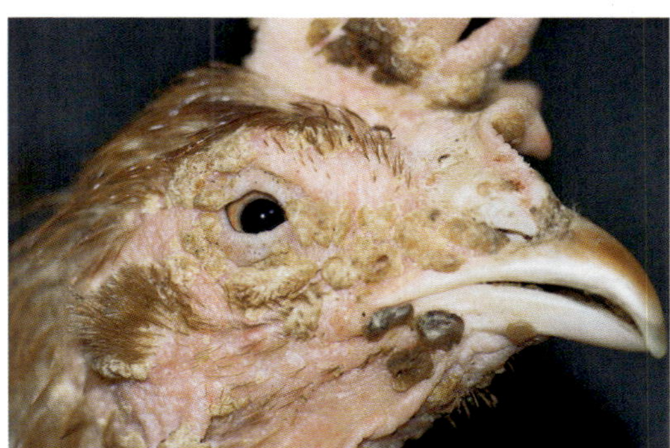

Geflügelpocken mit typischen Pockenborken an Kamm, Lidrand, Schnabelwinkel und anderen Stellen der unbefiederten Haut.

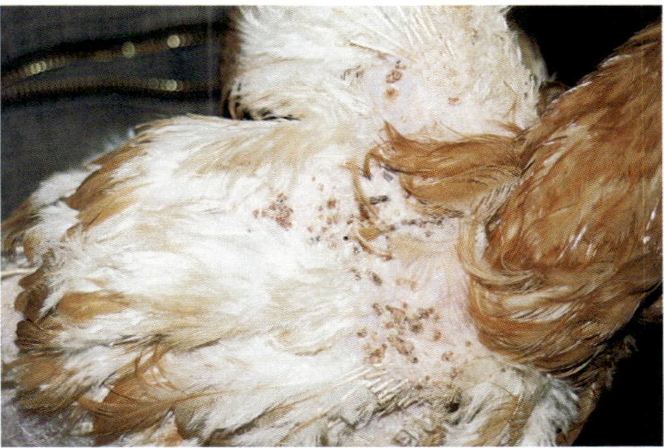

Geflügelpocken mit typischen Pockenborken an der unbefiederten Haut des Rückens.

Das Krankheitsbild ähnelt der Diphtherie des Menschen. So kam für dieses Krankheitsbild der Begriff „**Geflügeldiphtherie**" oder besser „Geflügeldiphtheroid" zustande, weil das Diphtheriebakterium des Menschen nicht beteiligt ist. Die eigentliche Virusinfektion, die zur Zellzerstörung führt, ist dabei noch überdeckt durch bakterielle Sekundärinfektionen mit starker Fibrinabsonderung.

Behandlung und vorbeugende Maßnahmen: Eine antibiotische Behandlung hat keinen Einfluss auf den Ablauf der reinen Virusinfektion. Nach der Seucheneinschleppung kann durch eine Notimpfung noch versucht werden, die Ausbreitung innerhalb des Bestandes einzudämmen. Tiere, die in bereits infizierte Bestände eingestallt werden, sind vor der Einstallung gegen Pocken zu impfen (mit Nadelstich in die Flügelspannhaut (siehe Seite 59).

Pocken-Diphtherie im Zungenbereich des Hahnes.

Egg-drop-Syndrom

(EDS 76, Aviäre Adenovirus-Salpingitis, AAVS)

Leitsymptome
- → **Legeleistungsabfall**
- → **Schalenlose Eier (Windeier)**

Allgemeines: Seit dem Jahr 1976 häuften sich weltweit Befunde, dass ein ursprünglich beim Wassergeflügel vorkommendes **Adenovirus**, ohne dort eine Krankheit auszulösen, in Bodenhaltungen der Hennen schnell zur Eileiterentzündung und damit zu Störungen der Eischalenbildung sowie zum Abfall der Legeleistung führen kann (siehe Seite 29).

Übertragung und Verbreitung: Vermutlich wurde das Virus anfangs über kontaminierte Lebendvakzine in Hühnerbestände übertragen. Der Erreger wird mit dem Kot ausgeschieden und über die Einstreu wie auch über das Trinkwasser leicht von Tier zu Tier übertragen. In der Käfighaltung breitet sich ein frisch eingeschlepptes Virus nur sehr langsam (bis zu elf Wochen) von Käfigbox zu Käfigbox aus.

Eine Virusübertragung von der Mutterhenne über das Brutei auf das Küken (vertikale Übertragung) ist neben der horizontalen Übertragung ebenfalls ein wichtiger Übertragungsweg. Bei Infektionen im Kükenalter ist eine Latenz des Krankheitsausbruchs bis zur Legereife möglich. Erst nach Ausbildung des Eileiters kommt es dann zur Eileitererkrankung und zu den Störungen der Legetätigkeit.

Symptome: In ihrem Verhalten sind die Tiere ungestört und erhöhte Verluste treten nicht auf. Der Leistungsabfall der Herde beginnt schleichend. Zunächst wird die Schalenfarbe heller, die Schale wird dünn und brüchig, sie hat teilweise eine sandpapierähnliche Oberfläche. Der Anfall dünnschaliger und schalenloser Eier kann zwei bis drei Wochen, in seltenen Fällen auch sechs Wochen andauern. Solche Bruteier sind bruntuntauglich.

Behandlung: Eine Behandlung der Virusinfektion ist nicht möglich. Zur Kräftigung können lediglich Vitamine und Mineralstoffe gegeben werden.

Vorbeugende Maßnahmen: Um den Krankheitsausbruch zu vermeiden, ist eine Impfung der Junghennen noch vor der Legereife mit inaktivierten Viren (Adsorbatimpfstoff) möglich. Dieser Impfstoff kann aber auch noch als Notimpfung bereits legender Hennen eingesetzt werden (siehe Seite 59).

Bakterienbedingte Erkrankungen im Legealter besonders nach Zukauf von Tieren

Darmerkrankungen, Eileiter- und Bauchfellentzündungen unter Beteiligung von *Escherichia-coli*-Keimen

Leitsymptome
→ Kotverschmierte Kloake

Allgemeines: Die in jedem Hühnerdarm und damit auch in Kot und Einstreu vorkommenden *E.-coli*-Keime sind zunächst ungefährlich, sie gehören zur natürlichen Darmflora. Probleme gibt es erst, wenn beispielsweise nach einer Futterumstellung, nach der Verabreichung von verdorbenem Futter oder bei mangelhafter Einstreupflege die Anteile der üblicherweise im Darm vorkommenden verschiedenartigen Bakterien aus dem Gleichgewicht geraten (siehe Seite 72). Zu schwerer Allgemeinerkrankung kommt es, wenn z. B. nach Virusinfektionen die Darmschranke durchbrochen wird, mit Staub eingeatmete *E.-coli*-Keime sich in den Lungen und Luftsäcken festsetzen oder wenn diese Keime von der Kloake aus in den Eileiter und von dort in die Bauchhöhle gelangen („Berufskrankheit" der Legehennen).

Symptome: In den Luftsäcken wie auch im Eileiter bilden sich dann feste, eitrig-fibrinöse Massen. Im Eileiter sieht dieser fibrinhaltige Eiter aus, als wenn Eimassen ineinandergeschoben wären. Daher stammt die Bezeichnung **Schichteibildung**.

Behandlung und vorbeugende Maßnahmen: Bei gehäuftem Auftreten kann eine antibiotische Behandlung erforderlich werden.

→ Besser ist es, schwer erkrankte Tiere auszumerzen und zur Vorbeuge die Stallhygiene zu überprüfen.
→ Wichtig sind die Vermeidung von Staubaufwirbelungen und die Reinhaltung der Legenester.
→ Beim Eierlegen stülpt sich das Endteil des Eileiters nach außen und Keime des verschmutzten Legenestes können mit eingesaugt werden.

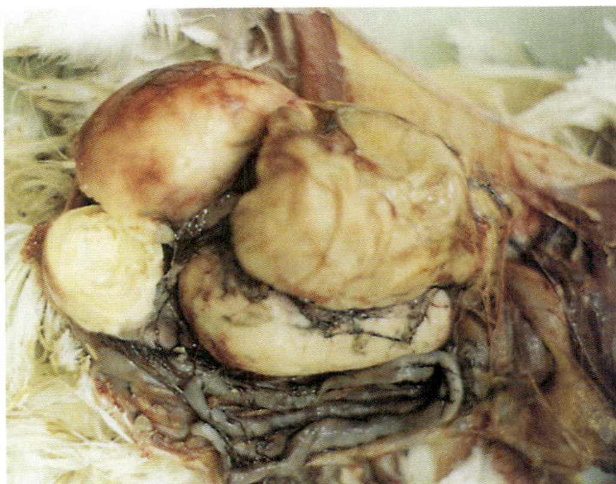

Eileiterentzündung (Salpingis) mit Schichteibildung.

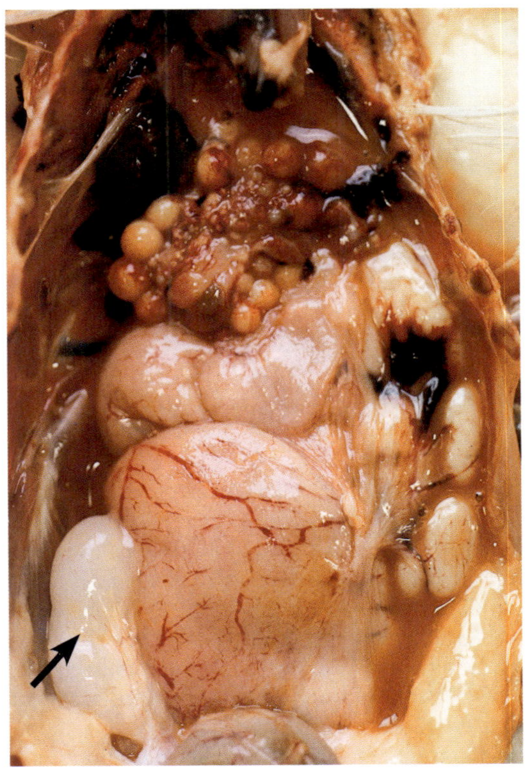

Rudimentärer, zystenförmig entarteter rechter Eileiter (im Bild unten rechts), im linken Eileiter ist ein fertiges Ei erkennbar.

- → Sofern infolge einer gestörten Bakterienflora des Darmes lediglich dünnflüssiger Kot zu sehen ist, erübrigt sich in der Regel eine, wegen möglicher Rückstände im Ei problematische, antibiotische Behandlung.
- → Mit der Umstellung auf eine neue Futterlieferung mit anderer Keimflora verschwindet die Darmerkrankung meist wieder von selbst.
- → In Kleinbeständen kann saure Milch oder Quark verabreicht werden.
- → Im Übrigen hilft eine regelmäßige Quarzsandgabe auch bei Legehennen Verdauungsstörungen mit der Folge heller Eidotter vorzubeugen (siehe Seite 70).
- → Parasitenbefall ist durch eine Kotuntersuchung abzuklären.

Die kotbeschmutzte Kloake dieser Henne weist auf eine Darmerkrankung hin.

Legenot und Kloakenentzündung

Doppeldottrige, übergroße Eier, Eileitertumore oder Zerdrücken eines fast legefertigen Eies beim Abtasten zur Prüfung der Legetätigkeit zwischen den Legebeinen (siehe Seite 7) kann zur Legenot führen. Die Henne ist dann nicht mehr in der Lage, das Ei nach außen zu drücken. Durch Einwirken von Kamillendampf lässt sich das Gewebe im Kloakenbereich entspannen, Eitrümmer müssen mit einer Pinzette vorsichtig entfernt werden. Dann wird der Kloakenbereich mit Paraffinöl eingefettet. Bei Kloakenentzündungen bleibt nach Entfernung der Entzündungsprodukte nur der Versuch einer örtlichen Behandlung mit einer antimikrobiellen Salbe.

Hühnertyphus und Salmonellenbefall

(Paratyphus, Paratyphoidkrankheit des Geflügels, Salmonellose)

Leitsymptome Hühnertyphus
- → **Dünnflüssiger Kot**
- → **Rückgang der Legetätigkeit**
- → **Teilnahmslosigkeit**

Allgemeines: *Salmonella*-Keime, die bei Küken die **Weiße Kükenruhr** auslösen (*Salmonella gallinarum-pullorum*, siehe Seite 68), führen gelegentlich auch bei Hühnern zur Erkrankung. Hier wird dann gewöhnlich von **Hühnertyphus** gesprochen. Richtig wäre die Bezeichnung „Paratyphoidkrankheit des Geflügels“. Die Begriffe Typhus und Paratyphus sollten den entsprechenden, aber doch von ganz speziellen *Salmonella*-Typen ausgelösten Krankheiten des Menschen vorbehalten bleiben. Wird der Mensch von anderen als den echten Typhus- oder Paratyphus-Salmonellen betroffen, so wird dafür einfach die Bezeichnung „Salmonellose“ gewählt. Auch beim Geflügel kann jede durch Salmonellen ausgelöste Krankheit als Salmonellose bezeichnet werden. Meist bleibt es aber beim Geflügel, sofern es sich nicht um die speziell adaptierten Salmonellen handelt, lediglich beim **Salmonellenbefall** des Darmes, ohne eine Erkrankung, also eine Salmonellose, auszulösen. Von den über 2400 verschiedenen Salmonellenarten sind neben einigen anderen Arten *Salmonella enteritidis* und *Salmonella typhimurium* für die Geflügelhaltung am bedeutendsten.

Übertragung und Verbreitung: Werden Salmonellen schon von den Mutterhennen über Kontamination der Eischale oder gar des Eidotters dem Embryo mitgegeben, so halten sie sich, wie bei Frühinfektionen während der ersten Lebenswochen, bei einzelnen Tieren manchmal lebenslang, hauptsächlich in den Blinddärmen. In höherem Alter besteht für Hühner eine Ansteckungsgefahr durch Ausscheidungen von Schadnagern und Wildvögeln bei Auslaufhaltung, durch kontaminiertes Futter und Trinkwasser oder durch Erregereinschleppung über Haustiere und Personen. Wenn die Salmonellen bei der Haltung der Tiere auf Drahtgeflechten auch oft nach wenigen Wochen infolge der an sich hohen Widerstandskraft der Hühner wieder verschwinden, so muss bei Bodenhaltung doch beachtet werden, dass Salmonellen gerade in trockener Einstreu monatelang – bis etwa einem Jahr – überleben können. Mit einer Selbstentseuchung ist dann nicht zu rechnen. Im einstreulosen Kot gehen die Salmonellen dagegen infolge ihrer pH-Empfindlichkeit bald zugrunde.

Symptome:

1. Paratyphoiderkrankung: Bei der Paratyphoidkrankheit des Geflügels haben die Salmonellen die Darmschranke durchbrochen und sind auf dem Blutweg in die verschiedenen inneren Organe gelangt, wobei die verendete Henne häufig eine eitrig-fibrinöse Herzbeutelentzündung oder aber nur eine Infektion des Eierstockes zeigt. Bei der erkrankten Henne fallen der dünnflüssige Kot, die Allgemeinerkrankung und der Rückgang der Legetätigkeit auf. Da sich der degenerierte Eierstock nicht mehr erholt, sind die Nichtleger aus der Herde zu nehmen. Beim Bestandswechsel ist der Stall gründlich zu desinfizieren, der Auslauf möglichst ein Jahr lang unbenutzt zu lassen.

2. Salmonellenbefall: Fast problematischer als die Paratyphoidkrankheit ist bei Jungmastgeflügel und Legehennen aber der Salmonellenbefall ohne erkennbare Erkrankung.

Diagnose: Zur genauen Diagnose führt nur die bakteriologische Untersuchung von Darminhalt, Kotproben und auch von inneren Organen.

Vorbeugende Maßnahmen: Zur Vorbeuge der *Salmonella-typhimurium-* und *Salmonella-enteritidis-*Infektionen sind in Deutschland Impfstoffe zugelassen. Es handelt sich dabei um abgewandelte, aber noch vermehrungsfähige, lebende Salmonellen des *Salmonella-typhimurium*-Typs sowie lebende und abgetötete Bakterien des *Salmonella-enteritidis-*Typs. Bei primär salmonellenfreien Küken ist bei Verabreichung der gefriergetrockneten lebenden Keime im Trinkwasser bzw. durch Injektion der abgetöteten Erreger ein gewisser Erfolg zu erwarten. Allerdings dürfen dabei die hygienischen Maßnahmen zur Bekämpfung von Salmonellen-Infektionen nicht außer Acht gelassen werden.

Die Impfung ist für alle Junghennenbestände, die zur Konsumeierproduktion bestimmt sind und mehr als 250 Junghennen halten, gesetzlich vorgeschrieben und wird für Elterntiere empfohlen. Nach der Geflügel-Salmonellen-Verordnung sind Elterntierbetriebe und Brütereien verpflichtet, fortlaufend Untersuchungen auf Salmonellen durchführen zu lassen (siehe Seiten 140).

Für kleine Hühnerbestände dürfte jedenfalls die Kontrolle der Elterntiere und die Verabreichung von Quarzsand zur Förderung der Einwirkung von Magensäure auf alle Salmonellen eine ratsame Vorbeugemaßnahme darstellen.

Übertragung auf den Menschen: Die Gefahr für den Menschen wird aber, abgesehen von Säuglingen und bereits geschwächten Personen, häufig überschätzt. Der Giftstoff der *Salmonella*-Bakterien, das Salmonellen-Toxin, geht nämlich bei Erhitzung zugrunde. Selbst bei den verhältnismäßig widerstandsfähigen *Salmonella-enteritidis*-Keimen reicht eine unmittelbar auf die Bakterien einwirkende und 10 Minuten dauernde Erhitzung auf mindestens 70 °C aus, um Bakterien und Giftstoffe unschädlich zu machen. Bei Lebensmitteln muss diese Temperatur allerdings bis ins Innere des Produktes vordringen. Schlachtgeflügel wird bei sachgemäßer Zubereitung ohnedies ausreichend

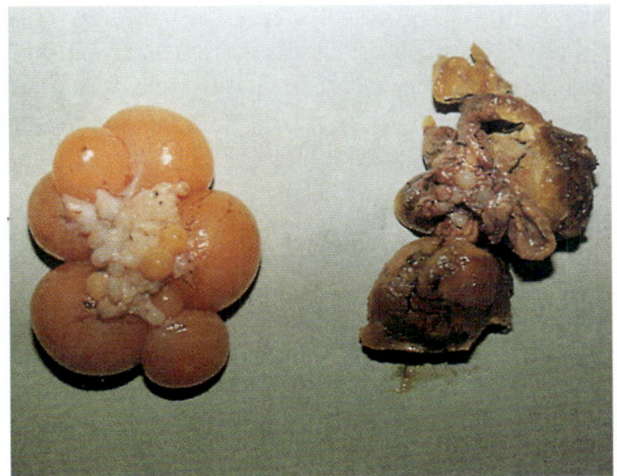

Hühnertyphoidkrankheit (Hühnertyphus). Links gesunder Eierstock, rechts degenerierte Eifollikel.

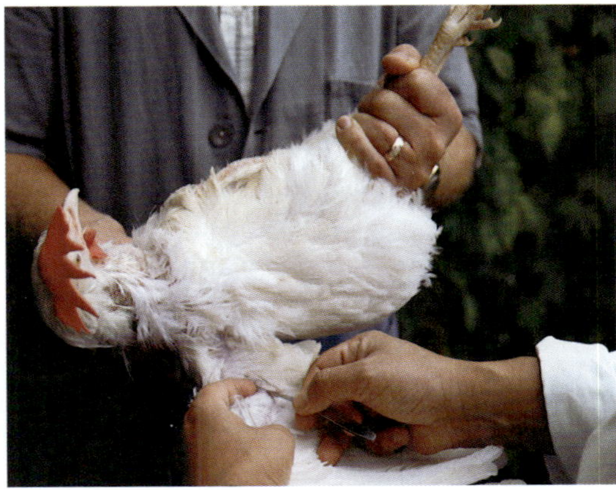

Blutentnahme zum Salmonellen-Schnelltest (Frischblut-Schnellagglutination).

erhitzt, und Eier sind nur selten mit Salmonellen kontaminiert. Spiegeleier erreichen die notwendige Temperatur durch Wenden und Erhitzen auf beiden Seiten. Ebenso reicht ein zehn Minuten langes Kochen aus.

Besondere Maßnahmen: Zur Eindämmung der Gefahren durch *Salmonella-enteritidis-* und *Salmonella-typhimurium*-Infektionen sowie zur Überwachung der Geflügelbestände gibt es die Geflügel-Salmonellen-Verordnung (siehe Seiten 140).

Zur Auslösung einer **Lebensmittelvergiftung** sind überdies mehrere Hunderttausend bis Millionen Bakterien erforderlich, also Keimzahlen, die in der Regel erst nach fehlerhafter Küchenhygiene und Stehenlassen der Speisen in der Wärme erreicht werden. Aber nur vier Anfangskeime reichen bei einer Temperatur von über 30 °C aus, um sich innerhalb von sechs Stunden auf über eine Million zu vermehren.

Bei einer Kühlschranktemperatur von unter 7 °C ist eine Salmonellenvermehrung dagegen praktisch ganz ausgeschlossen. Um ein Vermehren der Salmonellen oder sonstigen Keimen im Inneren des Hühnereies zu verhindern, ist es daher ratsam, frische Eier sofort nach dem Kauf und bis unmittelbar vor dem Verbrauch, auch wegen der noch an kühlere Temperaturen gewöhnten Staphylokokken, am besten bei 5 °C im Kühlschrank aufzubewahren.

Anschließend an die Kühlung der Eier dürfen diese aber keinesfalls wieder in der Wärme gelagert werden. Die kalte Eischale beschlägt sich sonst mit Feuchtigkeit, was das Eindringen von Keimen, vor allem auch von Pilzen, erst richtig begünstigen würde. Dies ist auch der Grund dafür, dass Eier der Güteklasse A vor dem Verkauf möglichst keinen Kühlschranktemperaturen ausgesetzt werden sollen. Nach der Hühnerei-Verordnung wird die Kühlung erst ab dem 18. Tag nach dem Legen gefordert.

Beschwerden und Brechdurchfall treten beim Menschen meist erst sechs bis 40 Stunden nach der Aufnahme mit Salmonellen kontaminierter Lebensmittel auf, im Gegensatz zu der häufigen Nahrungsmittelvergiftung durch das hitzestabile Staphylokokken-Toxin. Dieses führt schon zwei bis vier Stunden nach der Aufnahme zu schwerer Übelkeit, wobei das Erbrechen im Vordergrund steht. Der Verlauf ist jedoch in der Regel gutartig, die Beschwerden klingen meist schon nach ein bis drei Tagen ab. Die Staphylokokken-Kontamination der Lebensmittel geht im Allgemeinen von infizierten Wunden des Küchenpersonals und nicht von Tieren aus.

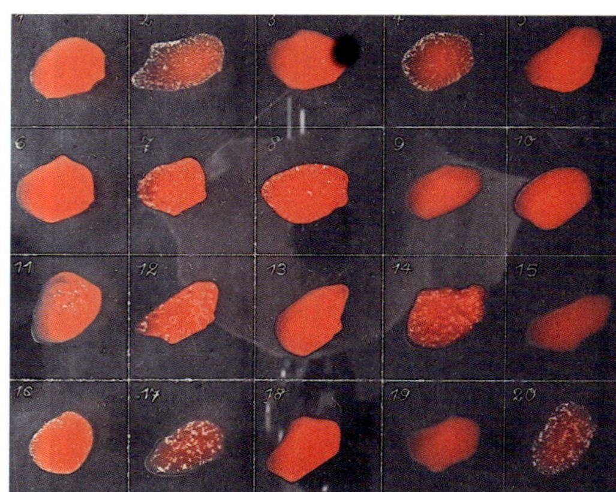

Frischblut-Schnellagglutination zum Nachweis einer Salmonella-pullorum-Infektion; abgetötete Salmonella-Bakterien verklumpen mit Antikörpern im Blut infizierter Tiere, und es bilden sich kleine weiße Flocken.

Ebenso haben Gruppenerkrankungen, ausgelöst durch das zuerst 1968 in Norwalk (Ohio) bekannt gewordenen Norwalk-Virus (heute: Noro-Virus) ihren Ursprung beim Menschen, wo dieses äußerst widerstandsfähige Virus bei Magen-Darmerkrankungen massenhaft im Stuhl ausgeschieden wird (siehe Seite 155).

Wenn ein Hühnerbestand durch bakteriologische Untersuchungen nach der Geflügel-Salmonellen-Verordnung als salmonellenkontaminiert ermittelt wurde, wird geprüft, welche Salmonellenart isoliert wurde und ob nach der Geflügel-Salmonellen-Verordnung entsprechende Maßnahmen zur Evadikation der Infektion zu ergreifen sind. Andernfalls sollte zunächst geprüft werden, ob die Salmonellen nach kurzer Zeit ohne weiteres Zutun wieder verschwunden sind oder ob sich echte Dauerausscheider in der Herde befinden. Bei einem *Salmonella-gallinarum-pullorum*-Befall lassen sich die Bakterienträger durch die **Frischblut-Schnellagglutination** leicht ermitteln und ausmerzen. Eine nur nach tierärztlicher Anweisung mögliche antibiotische Behandlung hat das Verbot der Abgabe von den Eiern an Dritte während der Wartezeit zur Folge.

Namentlich bei reiner Stallhaltung, auch bei der Boxenhaltung auf Drahtgeflechten sowie bei der Haltung in hühnermüden Ausläufen ist es unerlässlich, den Tieren wenigstens wöchentlich einmal etwas Quarzgrit anzubieten.

Die Vermengung von Nahrungsbrei im Muskelmagen mit der Salzsäure aus dem Drüsenmagen, unter Zuhilfenahme des Zahnersatzes „Quarzsteinchen", trägt dann wesentlich zur Minderung des Haftens aufgenommener Salmonellen bei. Auch beim Menschen führt die Aufnahme einer salmonellenhaltigen Nahrung zusammen mit viel Flüssigkeit eher zur Salmonellenerkrankung, einer „Salmonellose", als nach der Aufnahme kleinerer Mengen konzentrierter Speisen, wo dann die Magensalzsäure stärker wirken und die Salmonellen abtöten kann. In großen Hühnerbeständen wird leider aus technischen Gründen oft auf das Anbieten von Quarzsand verzichtet, was sicherlich zu einer Ausbreitung der beim Huhn früher selteneren *Salmonella*-Varianten geführt hat.

Geflügelschnupfen

(Coryza contagiosa avium)

Leitsymptome
- → **Schwellung der Unteraugenhöhlen**
- → **Entzündung der Lidbindehäute**
- → **Bei Druck auf Nasenöffnung ist Schleimtropfen ausdrückbar**

Allgemeines: Beim Geflügelschnupfen sind primär *Haemophillus-gallinarum*-Keime, sekundär häufig **Mykoplasmen** und *Escherichia-coli*-Keime beteiligt. Dem Krankheitsdurchbruch geht meist eine Schwächung der Widerstandskraft durch feucht-kaltes oder zugiges Stallklima voraus.
Symptome: Die Entzündung der oberen Atemwege zeigt sich vor allem an der Schwellung der Unteraugenhöhlen und Entzündung der Lidbindehäute. Bei Druck auf die Nasenöffnungen lassen sich Schleimtropfen nach außen drücken.
Behandlung: Zur Behandlung können Antibiotika nach Durchführung eines Resistenztests eingesetzt werden.
Vorbeugende Maßnahmen: Vorbeugende Impfungen (siehe Seite 59) sollten bei Einstallung von Junghennen in infizierte Bestände durchgeführt werden. Die wichtigste Vorsorgemaßnahme wird durch ein optimales Stallklima getroffen. Oft kommt es aber allein nach Verbesserung der klimatischen Gegebenheiten zur Selbstheilung. Die relative Luftfeuchtigkeit im Stall sollte bei 65 % bis 70 % gehalten werden. Bei einer Luftfeuchtigkeit ab 75 % nimmt der Gehalt an Ammoniak und sonstigen Schadstoffen so stark zu, dass es auch ohne bakterielle Infektion zu schnupfenartigen Erkrankungen kommt. Die Verabreichung eines Vitamin-A-Präparates erhöht die Abwehrkraft der Schleimhäute. Bei anhaltender Erkrankung führen Sekundärinfektionen zur eitrig-fibrinösen Lungen- und Luftsackentzündung (siehe Seite 82). Als Differentialdiagnosen sind einige Virusinfektion der Atemwege zu beachten (siehe Seiten 81 und 98).

Atemwegserkrankungen durch die Reizung der Schleimhäute infolge starker Staubentwicklung nach Ein- oder Umstallung größerer Herden verschwinden in der Regel ebenfalls nach Beruhigung im neuen Stall und Kräftigung durch Vitamingaben, ohne dass eine antibiotische Behandlung erforderlich wird.

Geflügeltuberkulose

(*Mycobacterium-avium*-Infektion)

Leitsymptome
- → **Einstellung der Legetätigkeit**
- → **Starke Abmagerung (chronisch)**
- → **Vereinzelt plötzliche Todesfälle**

Allgemeines: Obwohl der Erreger der Geflügeltuberkulose weltweit vorkommt, ist die Tuberkulose des Wirtschaftsgeflügels durch den einjährigen Umtrieb bei Verzicht auf die Auslaufhaltung praktisch verschwunden. Auslaufhaltungen bleiben gefährdet.

Übertragung und Verbreitung: Bei Hühnern ländlicher Hühnerhaltungen wird die Tuberkulose immer noch sehr häufig angetroffen. Da der Erreger der Geflügeltuberkulose sehr leicht auf Schweine übergeht, wird der Kreislauf geschlossen, wenn tote Hühner oder Schlachtabfälle den Schweinen zum Verzehr vorgeworfen werden und wenn später die Hühner wieder die infizierten Abfälle von Schweinen nach Hausschlachtungen erhalten. Auch über Tauben und Wildvögel kann der Erreger eingeschleppt werden. An schattigen Stellen des Auslaufs überleben die Tuberkulosebakterien bis zu drei Jahren. Im Stall lassen sie sich nur durch spezielle Desinfektionsmittel abtöten (www.dvg.de).

Außer durch den Verzehr erregerhaltiger Organe der Schweine oder Schlachthühner erfolgt die **Tuberkuloseübertragung** auch durch die Aufnahme von erregerhaltigem Kot. Zum Haften der Keime sind allerdings hohe Bakterienzahlen erforderlich.

Symptome: Die langsam fortschreitende Krankheit führt zum Einstellen der Legetätigkeit und zu starker Abmagerung. Erregerhaltige Eier gibt es daher nur im Anfangsstadium der Krankheit. Plötzliche Todesfälle treten auf, wenn die stark geschädigte Leber einreißt und es zur inneren Verblutung kommt.

Diagnose: Da die Aufnahme der Erreger vor allem über den Schnabel zustande kommt, zeigen sich die ersten Tuberkel in der Darmwand. Auf dem Blutweg gelangen die Keime dann hauptsächlich in Leber, Milz und Röhrenknochen, in den Lungen werden nur ganz vereinzelt Veränderungen angetroffen. Besonders in der Milz lassen sich die abgegrenzten Tuberkel mit dem trockenkäsigen, gelben, nekrotischen Zentrum ab „Hirsegröße“ im Gegensatz zu den durch Zellwucherungen entstandenen Milzvergrößerungen bei der Leukose der Hühner leicht identifizieren. Laboruntersuchungen bekräftigen die Diagnose.

Die bei Mensch und Rind zur Diagnosestellung übliche Tuberkulinprobe kann zwar beim Huhn mit Geflügeltuberkulin durch Injektion in die Haut des Kehllappens ebenfalls vorgenommen werden, erfasst aber nur etwa 40 % der im Bestand infizierten Tiere. Ein Sanierungsprogramm mit Hilfe der Tuberkulinprobe und dem Ausmerzen der Reagenten führt bei der hohen Überlebensrate des Erregers im Umfeld zu keinem Erfolg.

Behandlung und vorbeugende Maßnahmen: Obwohl sich der Erreger der Geflügeltuberkulose (*Mycobacterium avium*) deutlich vom Erreger der Tuberkulose des Menschen (*Mycobacterium tuberculosis*) und des Rindes (*Mycobacterium bovis*) unterscheidet, haften die Geflügeltuberkelbakterien gelegentlich beim Rind und, wenn auch selten, bei resistenzgeschwächten Menschen. So hat die Infektion mit *Mycobacterium avium* neuerdings bei AIDS-Patienten besondere Bedeutung erlangt.

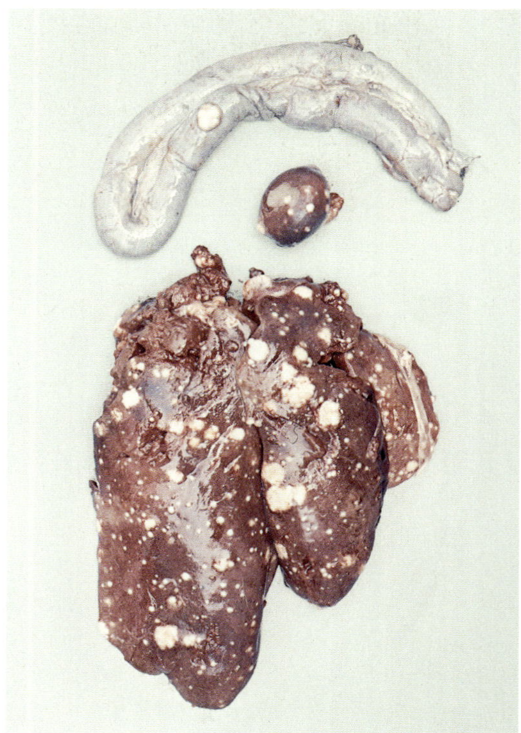

Geflügeltuberkulose. Erstinfektionsherde befinden sich meist im Darm, von dort erfolgt eine Streuung zu Leber, Milz und Knochenmark (= gelbkäsige Nekroseherde).

Auch Kaninchen erkranken nach der Infektion mit dem Vogeltyp.

Die gegen die Tuberkelbakterien des Menschen erprobten Tuberkulostatika wirken nicht gegen die Tuberkelbakterien des Geflügels. Eine medikamentöse Behandlung der Geflügeltuberkulose ist deshalb bislang nicht möglich. Betroffene Schlachtkörper sind als „untauglich" einer Tierkörperbeseitigungsanstalt zuzuführen, nur einzelne Tierkörper dürfen in Abhängigkeit der jeweiligen in dem entsprechenden Bundesland gültigen Ausführungsbestimmungen zum Tierische Nebenprodukte-Beseitigungsgesetz mindestens 50 cm tief vergraben werden (siehe Seite 142).

Bei der Zerlegung von Hühnern lässt sich immer wieder feststellen, dass Hühner mit Tuberkulose gleichzeitig unter Verdauungsstörungen infolge Steinchenmangel des Muskelmagens leiden, was offenbar das Haften der Tuberkelbakterien begünstigt.

Wurde die Tuberkulose beim Schlachten, durch den Tierarzt oder in einem Untersuchungsinstitut festgestellt, so bleibt nur ein totaler Bestandswechsel. Nach Abschlachtung oder Tötung der Tiere ist eine gründliche Stalldesinfektion und bei Auslaufhaltung ein mindestens drei Jahre langer Verzicht auf die Haltung in diesem Auslauf erforderlich.

Meldepflicht: Das Vorkommen der Geflügeltuberkulose wird in der Liste der meldepflichtigen Krankheiten erfasst (siehe Seite 139). Meldepflicht für Tierärzte und Untersuchungsstellen.

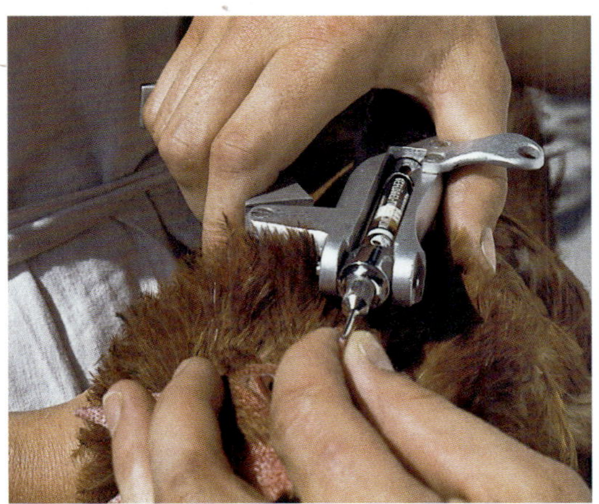

Die Tuberkulinprobe macht man bei Hühnern am Kehllappen.

Positive Tuberkulinprobe im rechten Kehllappen.

Geflügelcholera

(Geflügelpasteurellose)

Leitsymptome
→ **Plötzliche Todesfälle**

Allgemeines: Die Geflügelcholera war in Deutschland bis zum 30. Juni 1991 anzeigepflichtig. Auch das ausdrückliche Schlachtverbot bei Geflügelcholera wurde mit Inkrafttreten der Geflügelfleischhygiene-Verordnung 1997 aufgehoben. Werden jedoch bei der Schlachtung aufgrund der Geflügelcholera septikämische Veränderungen festgestellt, so hat dies die Beurteilung „untauglich der ganze Tierkörper und die Nebenprodukte der Schlachtung“ zur Folge. Die Erkrankung führt insbesondere bei Puten zu erheblichen wirtschaftlichen Verlusten infolge erhöhter Mortalität und Leistungseinbußen sowie zu erhöhten Medikamenten- und Impfstoffkosten.
Übertragung und Verbreitung: Der Erreger, *Pasteurella multocida*, haftet hauptsächlich bei abwehrgeschwächten Tieren, er ist jedoch weit verbreitet. Die Einschleppung in einen Geflügelbestand scheint vor allem über Wildvögel und Katzen zu erfolgen.
Symptome: Wenn der Erreger einmal in die Blutbahn eingedrungen ist, kommt es schnell zu kleinen Blutungen aus allen Blutgefäßen, zur hämorrhagischen Septikämie, und zum plötzlichen Tod der Tiere (Hühner fallen von der Sitzstange). Außer den kleinen Blutungsherden fällt manchmal eine blutige Zwölffingerdarmentzündung auf.
Diagnose: Im bakteriologischen Kulturversuch lässt sich der Erreger leicht nachweisen, er ist auch bei der mikroskopischen Blutuntersuchung nach einer Färbung erkennbar.
Behandlung: Als bakterienbedingte Krankheit kann die Geflügelcholera zwar chemotherapeutisch behandelt werden, wegen der dabei bis zur Schlachtung einzuhaltenden Wartezeiten führt die Behandlung aber zu zusätzlichen Problemen. Die Cholera bricht nämlich nach Absetzen des Medikamentes nach wenigen Tagen meist erneut durch. Gefürchtet ist die Geflügelcholera vor allem bei Puten und bei Wassergeflügel. In Hühnerbeständen, insbesondere in Auslaufhaltungen, wurde in jüngster Zeit die Krankheit erneut beobachtet.
Vorbeugende Maßnahmen:
→ In bedrohten Putenbeständen und bei Putenelterntieren wird versucht, die Widerstandskraft durch eine Injektionsimpfung zu erhöhen (siehe Seite 60).
→ Wichtig ist die Vorbeuge durch Fernhalten von Haustieren, vor allem der Hunde und Katzen, die den Erreger in der Maulschleimhaut beherbergen können.
→ Wichtig sind ebenfalls Maßnahmen, die das Eindringen von Wildvögeln verhindern.

Fußballenabszesse

Zwischen den Zehen von Hühnern und Puten treten gelegentlich geschwulstartige Auftreibungen auf. Es handelt sich dabei um Abszessbildungen, die anscheinend nach einer von der Zehensohle ausgehenden Infektion zustande kommen.

Beobachtet werden diese Vorkommnisse hauptsächlich nach heißem, trockenem Wetter, wenn die Sitzstangen verkrustet und kantig sind oder wenn die Tiere auf graslosem, trockenem oder steinigem Auslauf gehen. Eine stoffwechselbedingte Schädigung der Sohlenhaut dürfte am Zustandekommen der Infektion beteiligt sein. Der Abszess lässt sich nahezu schmerzlos mit einem scharfen Messer öffnen, gründlich ausräumen und mit Jodtinktur betupfen. Vermieden werden sollte der Versuch, den Abszess auszudrücken. Geflügeleiter ist nicht dünnflüssig, sondern besteht aus einer käsig-fibrinösen Masse, die nur nach einem Hautschnitt ausgekratzt werden kann. Die Ballenabszesse dürfen aber nicht mit Harnsäureablagerungen in den Zehengelenken verwechselt werden, die bei anhaltender Nierengicht gelegentlich vorkommen (siehe Seite 112).

Fußballenabszesse zwischen den Zehengliedern.

Listeriose

Die Listeriose, verursacht durch *Listeria monocytogenes* (siehe Seite 32), ist meldepflichtig, weil der Erreger direkt durch Tierkontakt oder über tierische Produkte auch auf den Menschen übergehen und dort gegebenenfalls anginöse oder sogar meningoenzephalitische Beschwerden auslösen kann. Als Erregerreservoir kommen vor allem wildlebende Nager in Frage, welche die Listerien in ihre Umwelt, in Gewässer und Feuchtgebiete abgeben, wo sich die Keime monatelang vermehrungsfähig halten. Unter den landwirtschaftlichen Nutztieren spielt das Geflügel als Keimträger eine untergeordnete Rolle. Meist bleibt die Infektion latent. Krankheitszeichen werden selten beobachtet, sie unterscheiden sich kaum von anderen septikämisch verlaufenden Infektionen. Unkoordinierte Bewegungen, Lähmungen oder Verdrehen des Halses, Bindehaut- und Darmentzündung geben Hinweise. Bei der Zerlegung können Nekroseherde in Leber, Milz und Lungen auffallen.

Die bakteriologische Untersuchung bestätigt den Verdacht. Im Gegensatz zu den auf der Blutplatte ähnlich wachsenden Rotlauf-Bakterien sind die Listerien jedoch begeißelt und damit beweglich. Einen Impfstoff gibt es bislang nur für Schafe.

Meldepflicht: Die Listeriose ist eine meldepflichtige Tierkrankheit.

Vereinzelt vorkommende Krankheiten der Legehenne

Nieren- und Eingeweidegicht

Die Aufnahme einer Nahrung mit hohem Eiweißanteil führt beim Geflügel zu einem ausgeprägten Eiweißstoffwechsel, dessen Endprodukte die unlöslichen Harnsäurekristalle und harnsauren Salze sind. Diese sind in den Ausscheidungen der Vögel als weiß-kreidige, sich deutlich vom Kot abhebende Substanzen sichtbar. Eine weitere Umwandlung zum löslichen Harnstoff, wie bei den Säugetieren, erfolgt nicht. Führen Nierenerkrankungen, angeborenes Fehlen einer Niere oder unzureichende Trinkwasserversorgung zu einer Störung der Harnsäureausscheidung, so sammeln sich die kreidigen Massen im Harnleiter, in den Nieren und den serösen Häuten der Leibeshöhle sowie im Herzbeutel an. Es handelt sich dabei gewöhnlich um Einzelerkrankungen. Ratsam ist jedoch, bei jedem derartigen Todesfall das Trinkwasserangebot zu überprüfen und notfalls zu verbessern.

Nierengicht bei einer Gumboro-Virusinfektion siehe Seite 78.

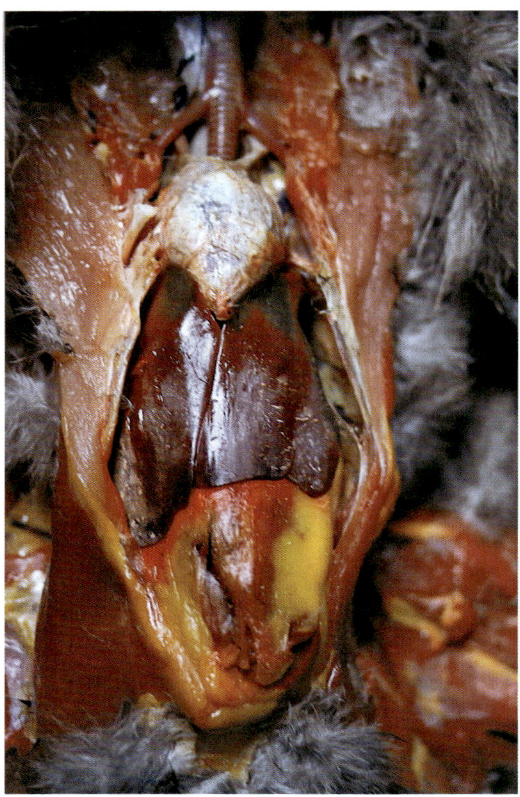

Bei der Eingeweidegicht kommt es zu Harnsäureablagerungen im Herzbeutel und auf der Leber.

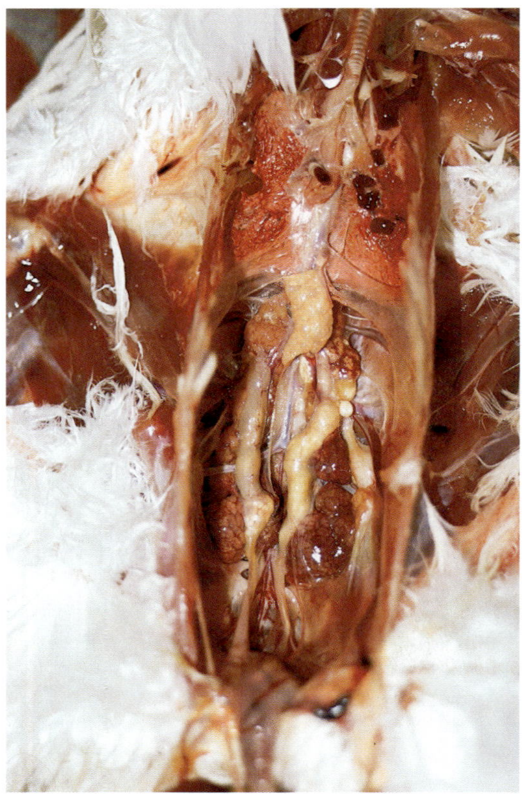

Ansammlung von kreidigen Massen in den Harnleitern.

Herztod der Hähne und Legehennen

(Kugelherzkrankheit, Enzootischer Herztod)

Ähnlich wie beim Jungmastgeflügel (siehe Seite 71) werden auch bei erwachsenen Tieren unerwartet plötzliche Todesfälle beobachtet. Hier fallen aber bei der Zerlegung auf den ersten Blick das kugelförmig gewordene, ockerfarbene Herz und die starke Blutfülle in den inneren Organen, vor allem in der Leber, auf. Die Kreislauflähmung zeigt sich auch beim lebenden Tier an der Dunkelfärbung des Kammes. Im tierärztlichen Untersuchungsinstitut finden sich Herztod-Tiere unter den eingesandten Hühnern hauptsächlich in den Wintermonaten nach einigen Sonnentagen bei frostigem Wetter. Offensichtlich verlocken solche Tage, sonst in dieser Jahreszeit im Stall gehaltene Hühner wieder einmal in den gefrorenen Auslauf hinauszulassen, was offensichtlich das Auftreten des Herztodes begünstigt. Die Krankheitsursache selbst ist ungeklärt, aber vermutlich tritt eine Störung der Darmflora auf, die zu einer toxischen Schädigung der Herzmuskelfasern führt.

In den geschädigten Muskelfasern lagern sich Fetttröpfchen ein und es bildet sich schnell eine fettige Herzmuskeldegeneration aus, die an dem ockerfarbenen, kugelförmigen Herzen erkennbar ist.

Herztodkranke Henne mit Blutstauung im Kamm.

Links: Herz eines herzgesunden Huhns.
Rechts: Fettig-degeneriertes Herz eines am Herztod gestorbenen Huhns.

Todesfälle infolge Verdrängung des Luftsauerstoffes durch **Kohlendioxidanreicherung** siehe Seite 118. Eine **Darmverschlingung** (Volvulus) mit Blutstauung in einem Darmabschnitt und plötzlichem Tod tritt nur vereinzelt auf.

Darmverschlingung (Volvolus). Die abgedrehte und blutgestaute Darmschlinge ist nach außen gelegt.

Fettlebersyndrom

Als Fettlebersyndrom wird ein Krankheitsbild bezeichnet, das mit plötzlichen Todesfällen infolge einer Ruptur der stark verfetteten, hell ockerfarbenen, brüchigen Leber und innerer Verblutung in die Leibeshöhle einhergeht. Manchmal kommt es auch nur zu Blutungen bis unter den serösen Überzug der Leber. Als Ursache werden vor allem Ernährungsfehler (Fette mit niederkettigen Fettsäuren im Futter), gegebenenfalls in Verbindung mit einer Darmerkrankung, verantwortlich gemacht.

Neuerdings kommt das Fettlebersyndrom infolge der fortgeschrittenen Kenntnisse der Geflügelfütterung nur noch selten vor. Die vom Handel bezogenen Fertigfuttermittel sind jetzt ausgewogen zusammengesetzt. Hilfreich ist eine nur kurzfristige Lagerung des Futters, die Vermeidung von Verdauungsstörungen (Quarzsandgaben) und notfalls die Verabreichung einer nicht mit Wartezeiten verbundenen Arzneimittel-Vormischung, die Cholinchlorid, Methionin, Vitamin E und Vitamin B_{12} enthält.

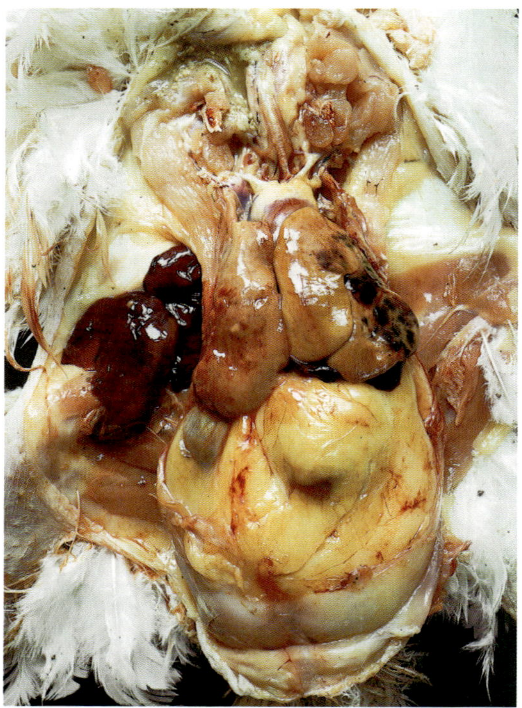

Fettlebersyndrom. Die Ruptur der stark verfetteten Leber führt zu innerer Verblutung.

Knochenerweichung, Käfiglähmung

(Osteomalazie und Osteoporose)

Legehennen benötigen für die Bildung der aus Kalziumkarbonat bestehenden Schale eines Eies etwa 2 g Kalzium. Legehennenfutter sollte deshalb ca. 3 % Kalzium in der Trockensubstanz enthalten. Trotzdem steht während der kurzen Zeit der Schalenbildung aus der Nahrung, resorbiert vom Dünndarm, nur etwa ⅔ des benötigten Kalziums zur Verfügung. Der Rest wird – eine Besonderheit der Vögel – kurzfristig den Markhöhlen bestimmter Knochen, namentlich der Rippen, des Brustbeines, der Beckenknochen und Rückenwirbel, entzogen. Da aber Knochen vorwiegend aus Kalziumphosphat bestehen, bleibt bei deren Abbau der Phosphoranteil übrig und wird mit dem Kot ausgeschieden – als wertvoller Bestandteil des Guano-Vogeldüngers.

In der Bodenhaltung nehmen die Hühner täglich etwa 20 g Kot und damit Phosphor beim Picken aus der Einstreu wieder auf. Bei der Haltung von Hennen auf Drahtgeflechten bleibt aber die Wiederaufnahme aus. Es kommt zur Entkalkung der Knochen, am geöffneten Tier leicht prüfbar durch einen Versuch, die Rippen zu brechen. Bei Knochenweiche bleiben sie elastisch, während gesunde, harte Vogelrippen sofort knackend brechen. Die **Entkalkung** (Osteomalazie) der Rückenwirbel führt meist zwischen den vierten und fünften Brustwirbeln, die im Gegensatz zu den vorderen Brustwirbeln nur schwach verwachsen sind, zum Bruch der Verbindungsstelle und dann zur Blutung in den Wirbelkanal. Dadurch kommt es zum Druck auf die Nervenbahnen und somit zur sogenannten **Käfiglähmung**, einer Erkrankung, die scheinbar haltungsbedingt ist, in Wirklichkeit aber auf eine unzureichende Mineralsalzzufuhr zurückgeführt werden muss. Es fehlt dann vor allem phosphorsaurer Kalk im Futter für ein optimales Kalzium-Phosphor-Verhältnis (etwa 2,5:1).

Auch wenn eine Darmerkrankung bei hoher Legeleistung vorliegt, kann trotz genügendem Angebot die Resorption der Mineralsalze nicht ausreichen. Zur Behandlung hat sich die Verabreichung einer Vormischung mit Monokalziumphosphat, Methionin und Vitamin D_3, bei einer Darmerkrankung zusätzlich im Hinblick auf die Eier das wartezeitfreie Antibiotikum Neomycin, bewährt. Selbst bereits gelähmte Hennen erholen sich dann, wenn sie einzeln gesetzt werden, nach Resorption des Blutergusses schnell wieder.

Kannibalismus

Wenn sich Legehennen das Federpicken als Untugend einmal angewöhnt haben, sind die Nachbarhennen besonders dann gefährdet, wenn sie beim Legen auf ihren Nestern gestört werden. Solange der vorgestülpte Legedarm noch nicht wieder zurückgezogen ist, werden die Nachbarhennen durch die rötliche Farbe zum Anpicken verleitet. Durch die Verletzungen kann es zu aufsteigenden Eileiter-Bauchfell-Infektionen kommen (siehe Seite 103).

Schließlich blutet es, und bei weiterem Picken wird manchmal sogar der gesamte Zwölffingerdarm nach außen gezogen, sodass die Tiere verbluten. Geeignete Gegenmaßnahmen sind auf Seite 74 beschrieben.

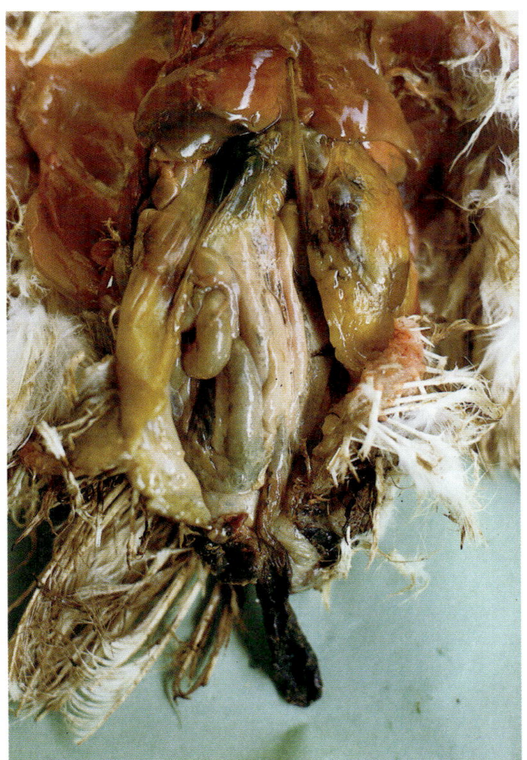

Kannibalismus. Die blutdurchtränkte Zwölffingerdarmschleife wurde vom pickenden Nachbartier nach außen gezogen.

Gutartige und bösartige Geschwulstleiden

(Tumorerkrankungen, Krebsleiden, Neoplasmen)

Unter der Vielzahl der möglichen Tumorarten des Geflügels treten bei älteren Legehennen am häufigsten vom Pankreas ausgehende Adenokarzinome, gutartige Geschwülste im Eileiter (Leiomyome) und Entartungen des Eierstockes auf. Die Hennen wirken matt, der Kamm bildet sich zurück und die Legetätigkeit wird bald eingestellt. Werden die erkrankten Tiere nicht frühzeitig aus der Herde entfernt, magern sie schließlich stark ab; manchmal ist auch die Leibeshöhle aufgetrieben. Eine vorliegende Bauchwassersucht ist oft schon von außen abzutasten und an der fluktuierenden Flüssigkeit im Inneren diagnostizierbar. Meist handelt es sich um Einzelvorkommnisse innerhalb der Hühnerherde. Onkogene Virusstämme sind häufig Ursache der verschiedenartigen Geschwulstleiden des Geflügels.

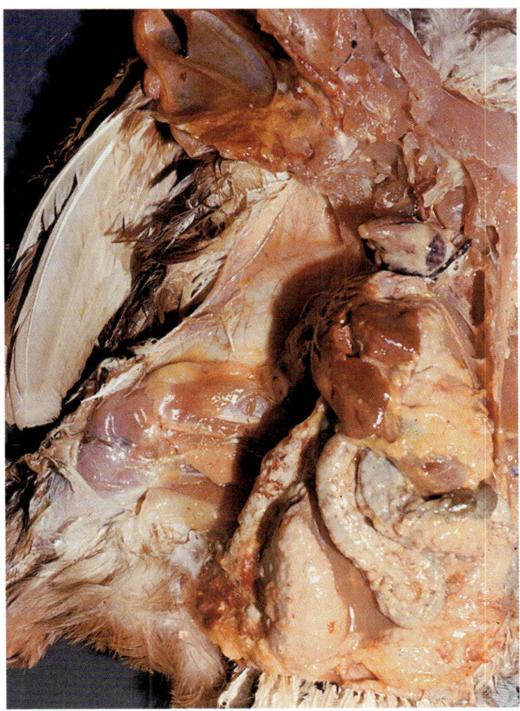

Dieses bösartige Geschwulstleiden geht von der Bauchspeicheldrüse (zwischen der Zwölffingerdarmschleife) aus. In den serösen Häuten der Leibeshöhle befinden sich bereits Tochtergeschwülste.

Vitamin- und Mineralsalzmangel

Der Vitamin- und Mineralsalzbedarf des Geflügels ist so weitgehend erforscht, dass er in Fertigfuttermitteln stets ausreichend berücksichtigt werden kann. Zu Defiziten kommt es deshalb im Allgemeinen nur bei den mit Darmerkrankungen oder Wurmbefall verbundenen Resorptionsstörungen, wobei dann zuerst die Darmerkrankung behandelt werden sollte. **Vitamin A** und **Karotin** führen anschließend schnell wieder zu gelben Dottern, bei Atemwegserkrankungen stärkt Vitamin A die Abwehrkraft der Schleimhäute. Da jedoch an einer Störung des Vitamin- oder Mineralsalzhaushaltes selten nur ein Vitamin oder ein bestimmtes Mineralsalz beteiligt ist, sollte nach schwächenden Einwirkungen Junghühnern wie auch Hennen ein auf den Bedarf des Geflügels abgestimmtes Vitamin-Mineralsalz-Gemisch oder wenigstens ein Präparat mit den fettlöslichen **Vitaminen A-D$_3$-E** gegeben werden. Bei Hühnern, die keine speziell errechnete Futterzusammensetzung bekommen, ist es besser, wöchentlich eine kleine Dosis der Präparatemischung zu verabreichen als gelegentlich eine hohe Dosis als „Vitaminstoß". Besonders die wasserlöslichen Vitamine des **B-Komplexes** werden kaum gespeichert. **Vitamin C** bilden gesunde Hühner in ausreichender Menge selbst. Lediglich bei Stresssituationen könnte an eine zusätzliche Gabe gedacht werden.

Vitamin-E-Mangel wird oft mit der **Enzephalomalazie** (Gehirnerweichung) der Küken in Zusammenhang gebracht. Es handelt sich dabei aber um eine Schädigung des für die Koordinierung der Bewegungsabläufe zuständigen Kleinhirnes, die durch ungesättigte Fettsäuren aus verdorbenen Fleischmehlen verursacht wird. Vitamin E schützt als Antioxidans vor dieser Schädigung.

Vitamin-A-Mangel kann zu Schnupfen führen. Dabei entstehen verhornte Drüsenausgänge im Schlund (kleine gelbe Pünktchen).

Die Enzephalomalazie im Kleinhirn wird durch toxische Fettsäuren verursacht. Die auftretenden Bewegungsstörungen bei den Küken kann man durch Vitamin-E-Gaben vermeiden.

Die häufigsten Vergiftungen

Schimmelpilzvergiftung

In Zeiten, in denen die eingeführten Futtermittel noch nicht so intensiv untersucht wurden, kam es gelegentlich, besonders bei Putenküken, zu einer Schimmelpilzvergiftung. Verursacht wurden diese Erkrankungen durch das Aflatoxin des *Aspergillus flavus*, einem Pilz, der in feucht geernteten Futtermitteln, vor allem im Erdnussschrot bestimmter Herkunftsländer zu finden war. Da giftige, sehr hitzeresistente Stoffwechselprodukte jedoch bei über 200 niederen Pilzarten entstehen können, ist besonders bei unsachgemäß gelagertem Futtervorrat auch weiterhin mit Gesundheitsstörungen infolge der Aufnahme von Pilztoxinen zu rechnen.

Liegt der Verdacht einer Futterschädlichkeit vor, so verschwinden die wenig typischen Schädigungen erfahrungsgemäß aber schnell wieder, wenn auf eine neue, frische Futtercharge gewechselt wird. Selbst die nächste Lieferung derselben Herstellerfirma bringt von den Rohstoffen her eine andere Keimflora mit, die dann auch eine Umstimmung im Darm zur Folge hat. Vorbeugend ist es wichtig, das Futter trocken und nur über eine kurze Zeitspanne hinweg zu lagern (siehe auch Seite 72).

Botulismus

Wenn **Enten** in einem abgestandenen, sauerstoffarmen, warmen (über 20 °C) Teich beim Gründeln und Suchen nach Insektenlarven den Umweltkeim *Clostridium botulinum* und dessen nach außen abgegebenes Botulismus-Toxin aufnehmen, tritt eine Botulismusvergiftung ein. Selten sterben auch **Masthühner** an Botulismus. Es handelt sich dabei in der Regel um den Typ C, der für den Menschen als nicht gefährlich gilt (siehe auch Seite 129). Bei Vorkommnissen im Maststall ist beim Bestandswechsel die Einstreu gründlich zu entfernen und der Stall zu desinfizieren.

Vergiftungen durch Arzneimittel, Chemikalien, Mutterkorn oder Kartoffelkeime

Da **Medikamente** zur Behandlung von Geflügelkrankheiten in der Regel über das Trinkwasser verabreicht werden, wird die Dosierung meist in Kubikzentimeter (cm^3) oder Gramm (g) je Liter Trinkwasser angegeben. Unabhängig von einer falschen Berechnung mit Überdosierung liegt die Gefahr einer Arzneimittelvergiftung darin, dass bei heißer Witterung mehr Wasser aufgenommen wird als üblich und damit auch eine größere Tagesdosis als vorgesehen. Es darf in diesem Fall, wenn die dem Alter der Tiere erfahrungsgemäß entsprechende Menge des medikierten Trinkwassers (siehe Seite 58) aufgenommen ist, anschließend am selben Tag nur noch arzneimittelfreies Wasser gegeben werden.

Desinfektionsmittel sollten nur im leeren Stall angewandt werden, sofern sie nicht für den Lebensmittelbereich zugelassen sind. Wegen der Gefahr einer Leberschädigung hat der Anwender von kresolhaltigen Mitteln Atemschutz anzulegen. Von sonstigen, hauptsächlich im Außenbereich gebräuchlichen Schädlingsbekämpfungsmitteln sind nur Auslaufhühner bedroht. Durch sorgfältigen Umgang mit diesen Mitteln lassen sich Gesundheitsschäden vermeiden.

Mutterkornhaltiges Getreide, die solaninhaltigen **Kartoffelkeime** oder ungekochte grüne Kartoffeln stellen ebenfalls eine Gefahr dar. **Frisch gedroschenes Getreide** sollte vor dem Verfüttern abgelagert werden.

Kochsalzvergiftung

Kochsalzvergiftungen mit Nierenschädigungen und gegebenenfalls mit Todesfolge kommen beim Geflügel im Allgemeinen nur vor, wenn stark kochsalzhaltige Speisereste bei ungenügender Trinkwasserversorgung verfüttert werden. Schon 4 bis 5 g Kochsalz können dann zum Tode führen. Wichtig: Immer genügend Trinkwasser anbieten.

Phosphorvergiftung

Unter den an die tierärztlichen Untersuchungsstellen eingesandten Hühnern gab es immer wieder einzelne, die infolge einer Zinkphosphid-Vergiftung plötzlich verendet waren. Im Kropfinhalt wurden oft nur ganz wenig violettgefärbte Getreidekörner gefunden, Kropf- und Mageninhalte rochen nach Knoblauch und die inneren Organe zeigten eine starke Blutfülle. Mit Zinkphosphid versetztes Getreide wurde zur Bekämpfung kleiner Nager eingesetzt, ist aber hochgiftig für Geflügel; die Anwendung ist heute verboten. Zur Nagerbekämpfung in Geflügelställen dürfen deshalb nur Dikumarin-haltige Präparate an für Geflügel unzugänglichen Stellen verwendet werden. Dikumarin ist für Geflügel nur wenig toxisch.

Aus zolltechnischen Gründen hellrot oder mehr rosa gefärbtes Futtergetreide ist selbstverständlich ungiftig. Von gebeiztem Saatgetreide muss Geflügel aber ferngehalten werden.

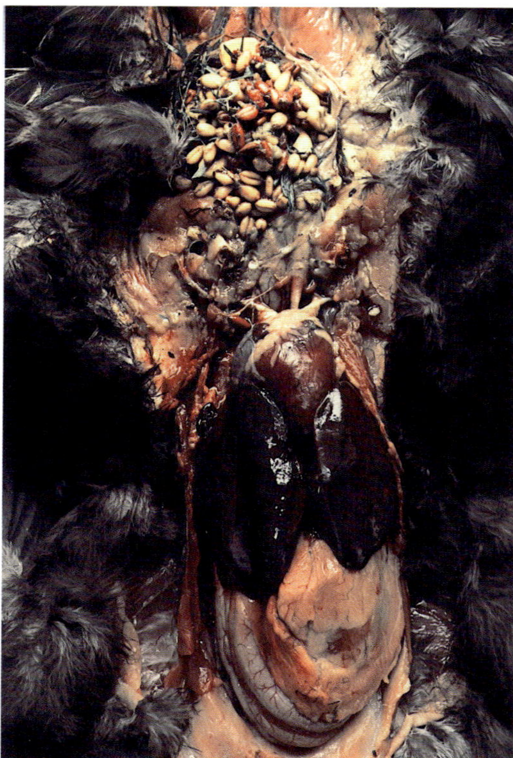

Vergiftungen durch Zinkphosphid-haltiges Mäusegiftgetreide, leicht zu erkennen an violett gefärbten Körnern im Kropfinhalt, der Blutstauung in den inneren Organen und dem knoblauchartigen Geruch.

Ammoniakbelastung

Ammoniak ist ein Gas und bildet sich in Geflügelställen durch Zersetzung des Kotes. Die Schadwirkung durch erhöhten Ammoniakgehalt in den Ställen entsteht bei unzureichender Belüftung der Ställe, vorwiegend in den Wintermonaten. Vor allem erhöhter Feuchtigkeitsgehalt im Stall, die Menge des anfallenden Kotes und hohe Raumtemperaturen begünstigen die Ammoniakbildung.

Hohe Ammoniakkonzentrationen können Augenentzündungen, insbesondere der Bindehaut und der Hornhaut, verursachen. Die Tiere haben schwachen Tränenfluss und halten die meist geschwollenen Augenlider geschlossen. Bei längerer Einwirkung bilden sich Gewebeschäden an der Hornhaut und es kommt zu Trübungen der Hornhaut.

Auch die Schleimhäute der Atemwege entzünden sich bei längerer Einwirkung von Ammoniak. Betroffene Tiere haben Atemnot und Atemgeräusche sind zu hören. Außerdem können sich Krankheitserreger an den geschädigten Schleimhäuten leicht festsetzen und zu nachfolgender Verschlechterung des Krankheitsverlaufs führen.

Durch ausreichende, zugfreie Belüftung der Ställe kann die Ammoniakkonzentration vermindert werden.

Kohlenmonoxidvergiftung und Sauerstoffmangel

Die früher unter den mit Brikett, Gas oder Öl beheizten Kunstglucken bei mangelhafter Luftzufuhr häufig vorkommenden Kohlenmonoxidvergiftungen mit Schädigung der roten Blutkörperchen werden heute bei elektrischer Beheizung nicht mehr beobachtet.

Innerhalb der abgeschirmten Kükenringe kann sich aber bei fehlender Luftbewegung allerdings das von den Tieren bei der Atmung ausgeschiedene Kohlendioxid, das schwerer als der Luftsauerstoff ist, schließlich so anreichern und den Sauerstoff verdrängen, dass es infolge des Sauerstoffmangels zu Todesfällen kommt, obwohl Kohlendioxid selbst bekanntlich gar nicht giftig ist. Die Küken schlafen einfach ohne Schmerzen zu empfinden ein, vergleichbar auch mit dem Herztod der Säuglinge. Mit Kohlendioxid gefüllte Behälter eignen sich daher auch zum tierschutzgerechten Töten kleinerer Mengen aussortierter Hahnenküken.

Spezielle Putenkrankheiten

Küken- und Jungtierkrankheiten

Frühverluste

Frühverluste beruhen häufig auf einer Schwächung beim Transport oder bei der Einstallung, Vitaminmangel der Elterntiere, Nabelinfektionen oder unzureichende Wasser- und Futteraufnahme. Neben der guten Vorbereitung von Stalleinrichtung und Stallklima ist es wichtig zu wissen, dass Putenküken mehr noch als Hühnerküken auf die Hilfe einer Glucke oder eben des Menschen angewiesen sind. Die Neugierde der Putenküken – sie kommen auf ihren Betreuer zu – hilft aber, ihnen Wasser- und Futterstellen zu zeigen. Helles Licht lässt sie das glitzernde Wasser leichter finden. Für die Putenaufzucht haben sich unterschiedliche Lichtprogramme bewährt, die in Abhängigkeit von klimatischen und jahreszeitlichen Gegebenheiten als Rahmenvorgabe dienen können. Empfohlen wird sowohl eine durchgehende Beleuchtung über 22 Stunden am 1. Lebenstag mit allmählicher Reduktion der Lichtdauer auf 16 Stunden bis zum 7. Lebenstag, als auch ein intermittierendes Lichtprogramm. Immer abwechselnd erhalten die Küken dabei in der ersten Nacht und tagsüber zwei Stunden Licht für die Futter- und Wasseraufnahme und anschließend eine 1-stündige Ruhephase bei Dunkelheit. Bereits in der 2. Nacht bekommen die Tiere nachts nur noch eine Stunde Licht und zwei Stunden Dunkelheit. Etwa nach dem 4. Lebenstag werden tagsüber die Dunkelzeiten und nachts die Hellphasen langsam reduziert und nahezu dem natürlichen Tag-Nacht-Rhythmus, mit ca. 16 Stunden Licht und ca. acht Stunden Dunkelheit, angepasst. Überlagertes Futter darf den Küken keinesfalls angeboten werden. Auch bei feuchter Einstreu neigen Küken sehr zur Schimmelpilzerkrankung (Aspergillose).

Bei den bis zur neunten Lebenswoche wärmebedürftigen Puten sollte die Temperatur unter den Heizstrahlern in der ersten Lebenswoche 35 °C betragen, in der zweiten 33 °C; dann wöchentlich 3 °C weniger, bis die Umgebungstemperatur erreicht ist. Die Regelung erfolgt durch Höherhängen der Heizstrahler oder Reduzierung der Heizleistung.

Putenküken sind neugierig und kommen auf den Betreuer zu.

Wärmebedürftige Putenküken drängen sich eng zusammen.

Erkrankungen vorwiegend zwischen dem dritten und zehnten Lebenstag

Paratyphoidkrankheit

In der Zeit vom sechsten bis zehnten Lebenstag kann es zur Durchseuchung mit **Salmonellen**, zur **Paratyphoidkrankheit** (*S. gallinarum-pullorum*) kommen (siehe Seite 68). Möglicherweise haben einzelne Küken die Salmonellen bereits mitgebracht, oder sie sind aus dem Umfeld oder über das Futter eingedrungen, vielleicht aber auch von der vorherigen Stallbelegung übrig geblieben. Vor der Einstallung ist daher die gründliche Desinfektion von Stall, Vorplätzen und Lüftungsschächten und beim Betreten des Stalles der Wechsel von Schuhen und Oberkleidung unerlässlich.

Staphylokokken

Die häufigsten Erkrankungsformen bei Puten durch **Staphylokokken** sind Dottersack- und Nabelentzündung frisch geschlüpfter Küken mit der Folge erhöhter Frühverluste. Bei diesen Küken ist meist die Nabelregion schwarz-rötlich verändert. Am geöffneten toten Küken sind vermehrter Dottersackinhalt mit verfärbter und veränderter Konsistenz festzustellen. Staphylokokken-Infektionen können bei Putenküken Gelenkentzündungen verursachen. Es treten rötliche Verfärbungen der Haut in der Gelenkregion und Schwellungen der betroffenen Gelenke auf. Beim Auftreiben nehmen die Küken häufig die Flügel zu Hilfe und belasten die Gelenke infolge der Schmerzen nur zögerlich, so dass Lahmheiten und Bewegungsstörungen festzustellen sind. Die Infektion kann mit einem Antibiotikum, das über das Futter oder Trinkwasser verabreicht wird, erfolgreich behandelt werden.

Infektionen mit *Escherichia coli* oder *Pseudomonas*-Bakterien kommen zustande, wenn der Nabel nicht innerhalb von 72 Stunden abgeheilt ist. Die Infektionsgefahr wird bei der Haltung auf Wellpappe mit Hobelspänen aus Weichholz als Einstreu gemindert.

Erkrankungen vorwiegend in der zweiten bis sechsten Lebenswoche

Magenverstopfungen

In der zweiten bis sechsten Lebenswoche ist bei Stroheinstreu und versäumten Quarzgritgaben (etwa 2 bis 4 g je Tier ab erster Lebenswoche in ungefähr dreitägigen Abständen) mit Magenverstopfungen zu rechnen. Weichholzhobelspäne als Einstreu verhüten dies besser als Stroh.

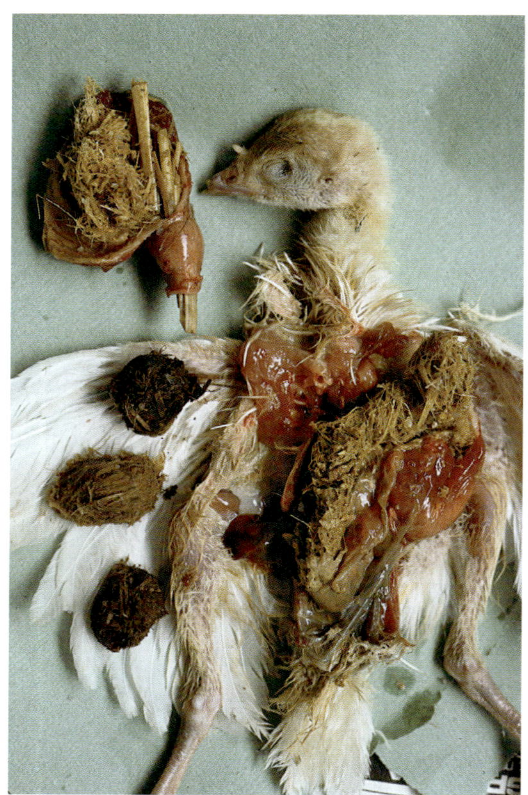

Stroheinstreu kann bei Putenküken zu Magenverstopfung führen. Links Strohknäuel weiterer Küken der gleichen Herde.

Rachitis

Bei Verlusten sind am toten Tier stets die Rippen auf das Vorliegen von Rachitis zu prüfen: Sie dürfen nicht biegsam sein. Notfalls ist ein Vitamin-D_3-Mineralsalz-Gemisch zu verabreichen.

Puten benötigen viel Sauerstoff. Auf gute Lüftung ist, trotz des Wärmeverlustes bei zusätzlicher Heizung bis etwa zur neunten Woche, zu achten.

Perosis

Bei gehäuftem Auftreten von Perosis, dem Abrutschen der Achillessehne vom Fersenhöcker, und bei allgemeiner Beinschwäche sollte etwas energieärmer gefüttert werden.

Durch langsamere Gewichtszunahme werden die Gelenke geschont.

Dünnflüssiger Kot

Tritt dünnflüssiger Kot auf, ist ein etwas eiweißärmeres Futter zu geben. Der Verschmutzung der Tränken kann durch Höherstellen oder -hängen begegnet werden. Nur notfalls ist eine antibiotische Behandlung nach tierärztlicher Anweisung einzuleiten.

Hämorrhagische Enteritis (HE)

Leitsymptome
- → **Blutiger Kot in der Einstreu**
- → **Federn um die Kloake mit blutigem Kot verschmiert**
- → **Sprunggelenke mit blutigem Kot verschmiert**

Allgemeines: Etwa ab der siebten Lebenswoche, zur Zeit der Futterumstellung auf ein eiweißärmeres Futter, kann eine blutige Darmentzündung (hämorrhagische Enteritis) auftreten. Sie wird durch eine Adenovirusinfektion ausgelöst (siehe Seite 33).
Symptome: Bei Fasanen führt das kleine, unbehüllte und deshalb in der Umwelt sehr widerstandsfähige Virus zur Marmormilzkrankheit. Auch bei den Puten ist die Milz vergrößert und blass.
Vorbeugende Maßnahmen: Vorbeugende Schutzimpfungen werden um den 28. Lebenstag durchgeführt (siehe Seite 60). Oft liegt bei den Darmerkrankungen der Puten aber auch nur eine gestörte Darmbakterienflora vor. Künftig sollte dann die Futterumstellung auf das eiweißärmere Futter etwas vorverlegt werden. Nur bei schwerer Erkrankung ist nach Erstellung eines Antibiogramms das tierärztliche Eingreifen unumgänglich.

Bei der hämorrhagischen Enteritis der Jungputen kommt es zu Blutungen in das Darmlumen (links Zwölffingerdarmschleife mit dazwischenliegender Bauchspeicheldrüse).

Parasitenbefall

Kokzidiose

Die Futterumstellung trägt auch zum Durchbruch der parasitenbedingten Kokzidiose bei. Bei putenmüder Bodenhaltung wurden schon bis zu 60 000 Kokzidien-Oozysten je Gramm Einstreu gezählt! Die Gefahr der Einschleppung der Kokzidien-Oozysten in einen Putenstall oder einzelner Oozysten einer früheren Altersgruppe ist trotz gründlicher Desinfektion des Stalles mit einem parasitenwirksamen Präparat (www.dvg.de) stets gegeben. Kokzidiostatika (Antikokzidia) als Futterzusatz – geregelt über das Futtermittelrecht (siehe Seiten 56 und 57) – helfen vorzubeugen. Die Vorbeugung ist erforderlich, um hohe Verluste zu vermeiden. Es handelt sich bei den Putenkokzidien zwar nicht um dieselben *Eimeria*-Arten wie bei den Hühnern (siehe Seite 31), der Entwicklungszyklus dieser Protozoen und die Widerstandsfähigkeit der Oozysten im Freien ist aber vergleichbar. Insgesamt sind sieben *Eimeria*-Arten bekannt, die sich speziell an die Pute angepasst haben und keine andere Vogelart befallen.

Spulwürmer und Blinddarmwürmer

Spulwürmer und die als Blinddarmwürmer bekannten Heterakiden werden in der Bundesrepublik bislang bei Puten in Stallhaltung mit befestigtem Boden kaum angetroffen. Die Heterakiden sind Überträger der Histomonaden (= Erreger der Schwarzkopfkrankheit). Die Haltung auf trockener Einstreu hemmt das Ausreifen der Parasiteneier. Auch Außenparasiten werden bei Puten selten gefunden.

Atemwegserkrankungen

Mykoplasmen

Ein weiteres Problem bei Puten ist wie bei den Hühnern die Erkrankung der Atemwege. Mykoplasmen als Erreger der **Sinusitis**, der Unteraugenhöhlenentzündung der Puten, treten aber nur noch vereinzelt auf, da Überwachungs- und Bekämpfungsmaßnahmen bereits bei den Elterntieren und in der Brüterei durchgeführt werden. Notfalls hilft später nur eine antibiotische Behandlung über das Trinkwasser oder bei Einzeltieren die Injektion der Medikamente. Bei einem Einzeltier kann, bei bereits eingetretener Vereiterung der Unteraugenhöhle, der Abszess mit dem Skalpell eröffnet und ausgeräumt werden. Fallen beim geschlachteten Tier vereiterte Luftsäcke auf, so zeigt dies wie bei Hühnern das Bild der chronischen Erkrankung der Atemwege (**CRD**) an (siehe Seite 82).

Mykoplasmose: Unteraugenhöhlenentzündung und Nasenausfluss.

Atemwegserkrankungen bei Jungputen. Das rechte Tier zeigt die typisch aufgetriebenen Unteraugenhöhlen (Sinusitis).

Turkey Rhinotracheitis (TRT)

Eine für die Puten typische Atemwegserkrankung ist überdies die durch ein Paramyxovirus verursachte Nasen-Luftröhren-Entzündung. Probleme treten nach einer solchen Virusinfektion hauptsächlich bei Konditionsschwäche und zusätzlichen Sekundärinfektionen mit den verschiedensten banalen, allein kaum krankmachenden Bakterien auf. Zur Vorbeugung können die Tiere geimpft werden (siehe Seite 60). Erkrankte Tiere lassen sich oft nur durch die gegen die Begleitbakterien gerichtete antibiotische Behandlung retten. Vitamin-A-Präparate erhöhen die Abwehrkraft der Schleimhäute.

Ornithobacterium rhinotracheale (ORT)

Leitsymptome
- → Husten
- → Nasenausfluss
- → Atemnot

Allgemeines: *Ornithobacterium rhinotracheale* ist ein Bakterium, das eine Atemwegserkrankung bei Puten und anderem Mastgeflügel verursacht. In Deutschland wurde das Auftreten der ORT-Infektion erstmals im Jahr 1993 festgestellt. Der Keim kann über die Luft übertragen werden oder durch direkten oder indirekten Kontakt mit infizierten Tieren.
Symptome: Erkrankte Puten haben Husten und teilweise Nasenausfluss. In schwerwiegenden Fällen treten hochgradige Atemnot mit Schnabelatmung auf. In den Lungen und Luftsäcken wie auch teilweise im Herzbeutel bilden sich eitrige-fibrinöse Massen.
Behandlung: Zur Therapie ist eine antibiotische Behandlung erforderlich.

Coronavirus

Ein Coronavirus kann bei Puten zu einer Darmentzündung führen. Die Erkrankung ist charakterisiert durch Mattigkeit, verminderte Futteraufnahme, Durchfall und unbefriedigende Gewichtszunahme. Das bei Hühnern so gefürchtete Coronavirus der Infektiösen Bronchitis (IB) löst bei Puten keine Krankheit aus.

Newcastle-Krankheit und Influenza-A-Virusinfektion

Gegen die **Newcastle-Krankheit** (ND, siehe Seite 98) müssen alle Putenbestände, unabhängig von der Tierzahl, von einem Tierarzt regelmäßig geimpft werden. Bislang bestand die Auffassung, dass Puten zwar empfänglich für eine ND-Infektion sind, aber im Gegensatz zu Hühnern kaum klinische Symptome zeigen. Die jüngsten ND-Ausbrüche haben gezeigt, dass die Symptome bei Puten ebenfalls sehr ausgeprägt sein können. Zusätzlich gibt es eine Variante des Newcastle-Virus, das Paramyxovirus 3, das vorzugsweise Tauben befällt, aber auch bei Puten eine Erkrankung hervorruft. Der Newcastle-Impfstoff schützt Puten bis zu einem gewissen Grad, die Erkrankung der Atemwege bleibt weitgehend aus.

Außerdem werden bei seuchenhaft erkrankten Puten gelegentlich **Influenza-A-Viren** gefunden, die ihre Wirtsspezifität und krankmachende Kraft leicht wandeln können und von der Geflügelpest bekannt sind. Die Seuchenbekämpfung ist auch bei den Puten unter Einschaltung der Veterinärbehörde entsprechend der Geflügelpestverordnung einzuleiten (siehe Seite 136).

Aortenruptur

Ab der zwölften Lebenswoche treten bei Jungputenhähnen immer wieder plötzliche Todesfälle auf. Bei der Zerlegung der Tiere zeigt sich dann, dass sie infolge eines Risses der **Bauchaorta** mit innerer Verblutung gestorben sind. Offensichtlich führt die beginnende Geschlechtsreife zu Unruhe, Stress und Blutdrucksteigerung – oft gerade bei den am kräftigsten entwickelten Tieren. Trennung der weiblichen von den männlichen Tieren, Abdunkeln des Stalles und das Vermeiden störender Einflüsse kann den Vorkommnissen entgegenwirken. Bei warmer Witterung treten weniger Verluste auf, weil durch die stärker erweiterten Blutgefäße der Blutdruck absinkt.

Putenkrankheiten im höheren Alter

Oft noch im auslaufenden Jungtieralter sind bei Puten zwei seuchenhaft und mit hohen Verlusten verlaufende Krankheiten besonders gefürchtet, die **Schwarzkopfkrankheit** und die **Geflügelcholera**.

Schwarzkopfkrankheit

Leitsymptome
- → **Akute Erkrankung: Apathie, schwefelgelber Kot in der Einstreu, Federn um die Kloake mit gelbem Kot beschmiert, plötzliche Todesfälle**
- → **Chronische Erkrankung: Dunkelfärbung des Kopfes**

Allgemeines: Die Schwarzkopfkrankheit, auch **Blackhead**, **Enzootische Leber-Blinddarm-Entzündung** oder **Histomoniasis** genannt, wird durch einzellige Parasiten (Protozoen), die Histomonaden *(Histomonas meleagridis)*, ausgelöst und führt oft zu zahlreichen Verlusten. Der Erreger ist offensichtlich weit verbreitet und parasitiert auch in anderen Vögeln und in Hühnern. Hühner erkranken jedoch selten. Als Begleitinfektion wurden Hefepilze gefunden.

Besonders gefährdet sind Puten, die gemeinsam mit Hühnern oder auf vorher von Hühnern begangenen Ausläufen gehalten werden. Puten waren früher deshalb lange Zeit nur auf großflächigen Maschendrahtgeflechten, ungefähr ein Meter über dem Erdboden, sicher frei vom Erreger der Histomoniasis zu halten. Obwohl der Erreger im Freien nicht sehr lange überlebt, persistiert er doch in verschiedenen Stapelwirten, beispielsweise im Regenwurm.

Übertragung und Verbreitung: Bekannt ist, dass der Erreger über die Blinddarmwürmer (Heterakiden) bzw. deren Eier übertragen werden kann. Bei reiner Stallhaltung hat sich deshalb die Haltung auf leicht desinfizierbarem betoniertem Stallboden mit Hobelspäne-Einstreu durchgesetzt. Nach der Einschleppung des Erregers in den Stall kann die Infektion innerhalb kurzer Zeit durch Absitzen der Puten auf kontaminiertem Kot von Tier zu Tier übertragen werden.

Symptome: Im akuten Krankeitsverlauf zeigen die Tiere zunächst Schwäche und sitzen häufig ab. Bei betroffenen Tieren sind die Federn um die Kloake mit gelbem Kot verschmiert und in der Einstreu befindet sich schwefelgelber Kot. Bei chronischem

Krankheitsverlauf findet man Puten mit dunkel verfärbtem Kopf (Schwarzkopfkrankheit). Es handelt sich hierbei um erkrankte Tiere, die eine Kreislaufschwäche zeigen. Infizierte Herden haben ein sehr ungleichmäßiges Wachstum. Der Erreger setzt sich zunächst in den Blinddärmen fest und führt dort zu einer schweren eitrig-diphtheroiden Entzündung. Die Blinddärme sind mit gelbkäsigen, bröckeligen Massen ausgefüllt. Es wäre also besser, von Blinddarm-Leber-Entzündung zu sprechen als umgekehrt. Für den Laien sind jedoch die sich anschließenden Leberveränderungen auffälliger. Über das vom Darm zur Leber abfließende Blut gelangen die Erreger in die Leber, wo dann runde, trocken-derbe, helle, bis haselnussgroße Nekroseherde im sonst dunklen Lebergewebe deutlich sichtbar sind. Der Begriff „Schwarzkopfkrankheit" kam auf, weil sich die erkrankten, geschwächten Puten durch die eingefallenen Kopfanhänge und die grau gewordene, federlose Kopfhaut, also den dunklen Köpfen, in der Herde deutlich von den gesunden Tieren abheben.

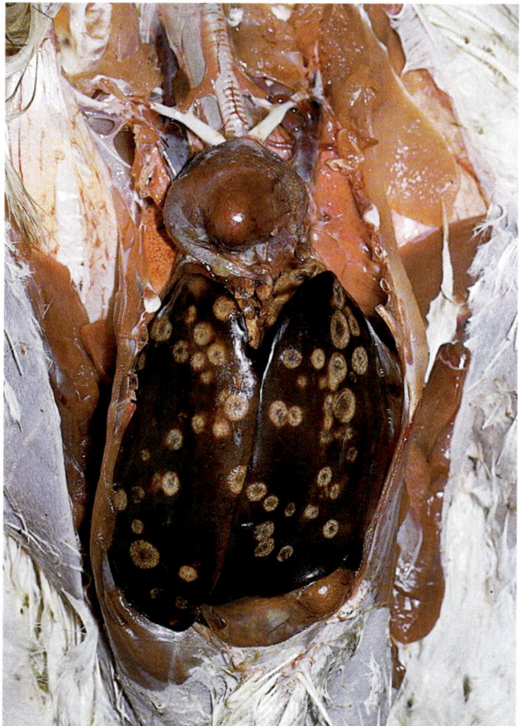

Die ansteckende Blinddarm-Leberentzündung wird auch Schwarzkopfkrankheit genannt. Die Leber zeigt deutlich auffallende, helle, runde Nekroseherde.

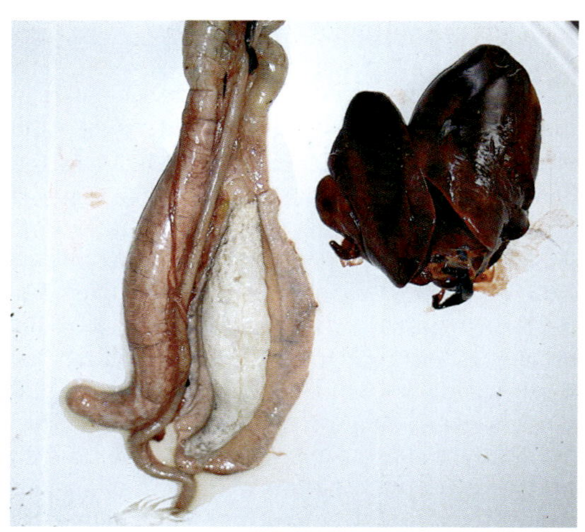

Schwarzkopfkrankheit: Die Blinddärme sind mit gelbkäsigen, bröckeligen Massen ausgefüllt.

Vorbeugende Maßnahmen: Seit März 2003 ist die Verabreichung eines Aufzuchtfutters mit dem Futterzusatzstoff Nifursol gegen Histomonaden in der Europäischen Union generell verboten. Zur Anwendung beim Nutzgeflügel stehen derzeit keine Medikamente für eine Trinkwasserbehandlung nach Ausbruch der Krankheit und kein Futterzusatzstoff zur Vorbeugung zur Verfügung.

Paromomycin kann vorbeugend zur Vermeidung klinischer Ausbrüche verabreicht werden. Die Verabreichung eines Extrakts aus *Oreganum vulgare* zur Beeinflussung der Verdauungsvorgänge kann versucht werden.

Geflügelcholera

Leitsymptome

- **Akute Erkrankung:** Apathie, plötzliche Todesfälle
- **Chronische Erkrankung:** Dunkelfärbung des Kopfes

Allgemeines: Die zweite bei Puten gefürchtete, seuchenhaft auftretende Krankheit, die bakterienbedingte Geflügelcholera (siehe auch Seite 110), verursacht durch die nach Louis Pasteur benannte *Pasteurella multocida*, ist nicht mehr anzeigepflichtig. Das heißt, beim Vorliegen der Geflügelcholera werden von Seiten der Veterinärbehörden auch keine Anordnungen getroffen.

Symptome: Die Geflügelcholera verursacht bei Puten hohe Verluste durch plötzliche Todesfälle.

Wird durch die Geflügelfleischuntersuchung bei erkrankten Tieren das Vorliegen septikämischer Veränderungen festgestellt, so führt dies zur Beurteilung „untauglich zum Verzehr für den Menschen“ (siehe Seite 37). Deshalb ist dieser Krankheit gerade bei den Puten größte Aufmerksamkeit zu widmen.

Behandlung: Es ist außerordentlich schwierig, betroffene Tiere mit Hilfe einer chemotherapeutischen Behandlung bis zur Schlachtung gesund zu erhalten. Kurze Zeit nach Absetzen der Therapie treten die plötzlichen Todesfälle meist erneut auf, das Absetzen und Einhalten einer Wartezeit bis zur Schlachtung ist aber wegen der Rückstandsproblematik erforderlich.

Vorbeugende Maßnahmen: In einer größeren, einmal betroffenen Putenhaltung ist es deshalb ratsam, nachwachsende Jungtiere und auch Elterntiere einem Impfprogramm zu unterziehen (siehe Seite 60). Um die Einschleppung der Erreger zu vermeiden, sind Ställe, in die weder Wildvögel noch Nager, Hunde oder **Katzen** eindringen können, unerlässlich. Katzen beherbergen den Erreger in der Maulschleimhaut und übertragen die Pasteurellen bekanntermaßen beim Biss auch auf den Menschen, was dann zur Wundinfektion mit Phlegmonen und Lymphknotenschwellung führt.

Geflügelcholera bei Puten. Beim Übergang der Bakterien in den Blutkreislauf sterben die Tiere so schnell, dass im Stall nur scheinbar noch gesunde und bereits tote Tiere anzutreffen sind.

Rotlauf

Leitsymptome
- → **Todesfälle**
- → **Schwellung und Dunkelfärbung des Nasenhorns**
- → **Dicker Schleim in den Nasenöffnungen**
- → **Dicker Schleim auf den Lidbindehäuten**

Allgemeines: Eine weitere Besonderheit der Puten und Enten ist die Infektion mit den weit verbreiteten und auch bei Schweinen und Mäusen vorkommenden Rotlaufbakterien *(Erysipelothrix rhusiopathiae)*.

Symptome: Vor allem Puter zeigen nach der Infektion Schwellungen des Nasenhorns und des ganzen Kopfbereichs sowie Blutfülle und Blutungen in Haut und Brustmuskulatur. Außerdem fällt dicker Schleim in den Nasenöffnungen und auf den Lidbindehäuten auf.

Diagnose: Der bakteriologische Erregernachweis gelingt besser, wenn noch lebende kranke Tiere zur Untersuchung gegeben werden, als bei bereits verendeten Tieren.

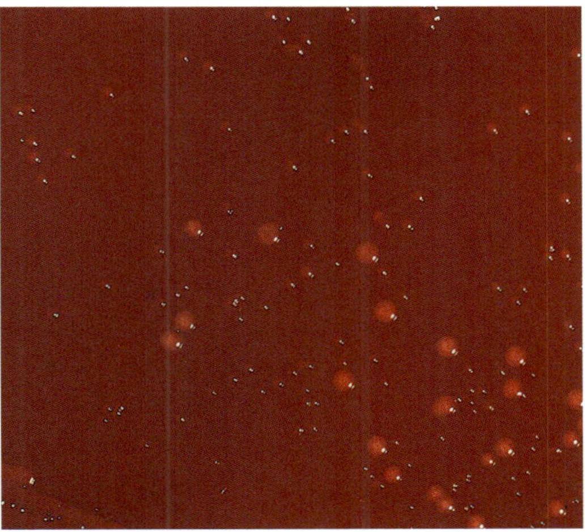

Pasteurella-multocida-Keime können auf speziellen Nährmedien angezüchtet werden.

Behandlung und vorbeugende Maßnahmen: Da es sich um eine bakterienbedingte Krankheit handelt, ist eine antibiotische Behandlung bei Puten und Menschen möglich. Putenelterntiere werden üblicherweise geimpft (siehe Seite 60). Zur Vorbeuge ist die Bekämpfung der kleinen Nager wichtig; der Kontakt mit Schweinen ist zu meiden.
Wichtig: Die Krankheit gilt als **Zoonose** und führt deshalb bei der Geflügelfleischuntersuchung zur Beurteilung „untauglich der ganze Tierkörper". Der Erreger löst beim Menschen eine Wundinfektion aus, beispielsweise wenn beim Bearbeiten der Schlachtkörper Hautverletzungen an Armen oder Händen vorliegen.

Seltene Putenkrankheiten

Pseudotuberkulose

Die Pseudotuberkulose wird durch *Yersinia pseudotuberculosis* hervorgerufen und ist also keine echte Tuberkulose. Meistens sind von der langsam ablaufenden Krankheit nur einzelne Tiere betroffen. Diese zeigen tuberkuloseähnliche, käsig-eitrige bis kirschgroße Nekroseherde in Leber und Milz. Auch beim Menschen treten Leberabszesse oder aber auch eine typhusartige Erkrankung auf.

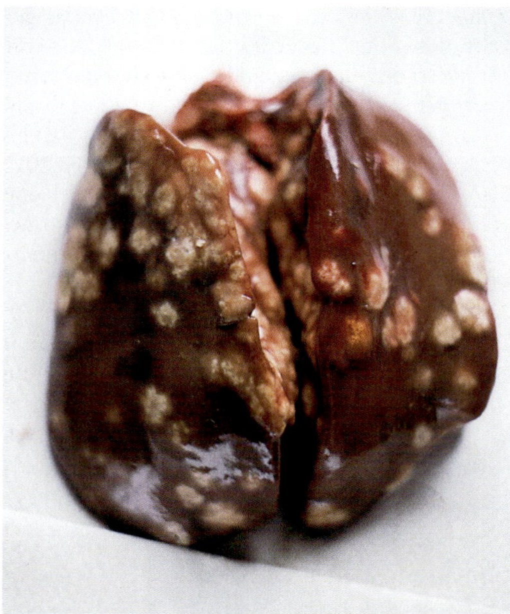

Pseudotuberkulose mit tuberkuloseähnlichen Nekroseherden in der Leber.

Die Yersinien der Puten sind verwandt mit *Yersinia pestis*, dem Erreger der Pest des Menschen; auch hier dienen Nagetiere als Erregerreservoir. Zur Vorbeuge ist daher die Nagerbekämpfung wichtig.

Eine Behandlung mit Tetrazyklinen kommt meist zu spät, zumal die Diagnose am lebenden Tier durch Erregerzüchtung aus Kot schwierig ist. Mit *Yersinia pseudotuberculosis* infizierte Ratten sind vor *Yersinia pestis* geschützt, was dann die Pestgefahr für den Menschen mindert. Der Name *Yersinia* nimmt Bezug auf Alexandre Yersin, der 1894 in Hongkong den Pesterreger entdeckte.
Wichtig: Die Pseudotuberkulose ist eine **Zoonose**. Bei der Geflügelfleischuntersuchung führt die Pseudotuberkulose wie auch die Tuberkulose zur Beurteilung „untauglich für den menschlichen Genuss".

Botulismus

Botulismus kann gelegentlich bei mangelnder Einstreuhygiene auch bei Puten vorkommen, ist aber vorzugsweise eine Erkrankung der Enten (siehe Seite 129).

Geschwulstleiden

Bösartige Wucherungen weißer Blutkörperchen ähnlich wie bei der Leukose der Hühner (siehe Seite 95) führen zur **Lymphoproliferativen Krankheit** (LPD) mit vergrößerter, blasser Milz und Todesfällen ab der 16. Lebenswoche. Durch strenge Trennung der Altersgruppen ist der Virusübertragung entgegenzuwirken.

Ornithose

Leitsymptome
→ **Atembeschwerden**
→ **Lidbindehautentzündung**
→ **Legeleistungsabfall**

Allgemeines: Ornithose ist bei Puten, Enten und Tauben als **Zoonose** anzusehen. Die Chlamydien-Problematik stellt sich unter den Zoonosen als sehr komplex dar, weil neben dem klassischen Erreger der Papageienkrankheit (Psittakose) *Chlamydophila (Cp.) psittaci* auch andere Chlamydien-Spezies (z.B. *Cp. abortus*) bei Vögeln, insbesondere bei Puten isoliert werden können, die nicht unter die bekämpfungspflichtige Psittakose fallen. Die Krankheitserreger sind im Mikroskop gerade noch erkennbar. Es handelt sich dabei um die sehr kleine, weit verbreitete und bei vielen Tieren und Vögeln vorkommende Bakterienart *Chlamydophila psittaci*.

Obwohl die Chlamydien der Puten und Enten im Allgemeinen nicht so gefährlich sind wie die bei Wellensittichen und Papageien vorkommenden Erreger der Papageienkrankheit, wurden besonders beim Personal von Geflügelschlachtereien doch hin und wieder Erkrankungen beobachtet.

Übertragung und Verbreitung: Der Erreger wird im Kot ausgeschieden und gelangt somit in den Stallstaub, wo er monatelang infektiös bleibt und durch Einatmen neu infiziert. Nach Bestandswechsel ist daher bei der Ornithose eine besonders gründliche Desinfektion (siehe Seiten 154 ff.) erforderlich.

Symptome: Beim Geflügel zeigen sich Atmungsbeschwerden, Lidbindehautentzündung, Lungenentzündung und dünnflüssiger, gelblicher Kot. Bei toten Tieren sind Leber- und Milzschwellung erkennbar. Es kann aber auch nur zu leichtem Durchfall und bei Legeputen zu einem 10- bis 20%igen Legeleistungsabfall kommen.

Behandlung: Die antibiotische Behandlung ist mit Tetrazyklinen und ähnlichen Antibiotika, nicht jedoch mit Penizillinen, möglich und gut wirksam.

Wichtig: Die Ornithose ist eine **meldepflichtige** Tierkrankheit. Sie führt aufgrund der Geflügelfleischuntersuchungsverordnung bei Bekanntwerden vor der beabsichtigten Schlachtung zum Schlachtverbot. Bei Feststellung nach der Schlachtung hat die Ornithose die Beurteilung „untauglich für den Verzehr" zur Folge.

Putenherpes-Virusinfektion

Die von einem Herpesvirus bei Hühnern mit Lähmungen und Geschwulstbildung einhergehende Marreksche Krankheit kommt bei Puten in gleicher Form nicht vor. Aus Puten konnte aber ein Virus isoliert werden, das als Putenherpesvirus zur Impfung der Hühner gegen die Mareksche Krankheit Verwendung findet.

Geflügelpocken

Allgemeines: Kommen wie bei Hühnern gelegentlich auch bei Puten vor (siehe Seite 101). Die Pockenvirusinfektion ist bei über 200 Vogelarten beschrieben und kann in jedem Alter auftreten.

Geflügelpocken bei einer Pute: Pockenpusteln und -borken an Kopf, Augenumgebung und Halshaut.

Übertragung und Verbreitung: Die Übertragung von Tier zu Tier erfolgt mechanisch über Hautverletzungen. Auch Insekten (z.B. *Dermanyssus gallinae*) können Pockenviren übertragen. Etwa vier bis zehn Tage nach der Infektion treten die ersten Krankheitssymptome auf. Die Schwere des Krankheitsausbruchs innerhalb einer Herde ist anhängig von der Form der Virusinfektion (siehe Seite 101).

Symptome: Bei Auftreten der Hautform ist eine vollständige Genesung möglich. Bei Ausbruch der Schleimhautform kann die Mortalitätsrate bis 50 % ansteigen.

Behandlung und vorbeugende Maßnahmen: Ein spezieller Impfstoff gegen Putenpocken ist in Deutschland nicht zugelassen. Mit Genehmigung der zuständigen Behörde kann der Hühnerpocken-Impfstoff auch bei Puten eingesetzt werden.

Häufige Krankheiten des Wassergeflügels

Infolge der gegenüber Hühnern andersartigen Lebensbedürfnisse und Lebensweise treten beim Wassergeflügel neben manchen auch beim Huhn vorkommenden Gesundheitsstörungen einige Besonderheiten in den Vordergrund. Von den Parasiten haben fast nur **Magenwürmer** und bei den Gänsen außerdem **Kokzidien** Bedeutung. Spul- und Luftröhrenwürmer werden nicht, Haar- und Bandwürmer (Zwischenwirte Schnecken) sowie Heterakiden und Außenparasiten selten gefunden. Unter den bakterienbedingten Krankheiten spielen **Salmonellose**, **Geflügelcholera** sowie **Botulismus** und unter den Virusinfektionen bei den Enten ein kleines **Picornavirus** sowie ein **Herpesvirus**, bei den Gänsen ein **Parvovirus** und ein **REO-Virus** eine größere Rolle. Echte **Influenzaviren** adaptieren sich gelegentlich an das Wassergeflügel.

Bei weitgehender Stallhaltung ist das ständige Anbieten von reichlich frischem Trinkwasser in tiefen Gefäßen, die das Eintauchen des Kopfes ermöglichen, äußerst wichtig. Steht einmal kein spezielles Fertigfutter für Wassergeflügel zur Verfügung, kann auch Hühner- oder Putenfutter gegeben werden. Es ist darauf zu achten, dass diese Fertigfuttermittel keine Zusätze gegen Kokzidiose oder Schwarzkopfkrankheit enthalten; einige dieser nach dem Futtermittelrecht für Hühner oder Puten zugelassenen Stoffe verträgt das Wassergeflügel nicht. Die Aufstellung von feinem Quarz- oder Granitsand ist beim Wassergeflügel als Zahnersatz für die Zerkleinerung der Nahrung und Vermischung mit der keimtötenden Salzsäure des Vormagens ebenso notwendig wie bei den Hühnern. Kalkgritgaben sind auch bei Auslauftieren, die wenig Fertigfutter erhalten, sehr wichtig.

Spezielle Entenkrankheiten

Parasitenbefall

Magenwürmer

Allgemeines: *Amidostomum anseris* aus der Familie der Trichostrongyliden sind dünne, rötliche, bis 17 mm (männliche) bzw. bis 24 mm (weibliche) lange Würmer, die sich unter der Hornschicht des Muskelmagens und bei Enten auch in der spindelförmigen Erweiterung des Schlundes ansiedeln (ein echter Kropf fehlt beim Wassergeflügel). Schon 14 bis 22 Tage nach Aufnahme der Invasionslarven sind die Würmer geschlechtsreif und leben dann in ihrem Wirt etwa 20 Monate lang. Aus den mit dem Kot abgesetzten Eiern schlüpfen Larven, die im Wasser etwa zwölf Wochen überleben; sie können auch an Grashalmen hochkriechen.

Symptome: Der Wurmbefall führt zu Verdauungsstörungen, Würgebewegungen, dünnflüssigem Kot und schließlich zur Abmagerung.

Bekämpfung: Die Bekämpfung gelingt mit speziellen Wurmmitteln (siehe Seite 64). Als Vorbeugung sind Jung- und Alttiere streng getrennt und der Auslauf trocken zu halten.

Kokzidien

Wurden bei Enten bislang nur selten gefunden (siehe Seite 31), eine vorbeugende Behandlung über das Futter ist daher nicht nötig.

Salmonellenbefall

Leitsymptome
- **Akuter Krankheitsverlauf:** Erhöhtes Wärmebedürfnis, Abgeschlagenheit, Durchfall
- **Chronischer Krankheitsverlauf:** Bindehautentzündung, Atembeschwerden, Lähmungserscheinungen

Allgemeines: Salmonellose oder einfach Befall mit den in der Umwelt allgegenwärtigen Salmonellen wird bei Enten verhältnismäßig häufig diagnostiziert, vor allem wenn sie Zugang zu verschmutzten Wasserflächen oder Kontakt mit Wildvögeln haben. Salmonellen vermehren sich sogar in eiweißhaltigem Wasser und überleben in der Außenwelt monatelang. Besonders an das Wassergeflügel angepasst hat sich *Salmonella enteritidis*, die von GÄRTNER schon im Jahre 1888 in Jena anlässlich einer Lebensmittelvergiftung entdeckt wurde.

Mit Salmonella enteritidis infiziertes Entenküken.

Wichtig: Die Salmonellen der Enten haben auch zur früheren Entenei-Verordnung geführt. Danach müssen Enteneier vor Gebrauch mindestens zehn Minuten gekocht oder in Backofenhitze durchgebacken werden. Grundsätzlich sind Enteneier aber nicht „giftig", wie in Unkenntnis oft vermutet wird. Das hitzeempfindliche Toxin liegt nur bei Salmonellenbefall vor.

Diagnose: Durch bakteriologische Kotuntersuchungen lässt sich der Verseuchungsgrad leicht feststellen.

Behandlung und vorbeugende Maßnahmen: Mit einer antibiotischen Behandlung ist eine Bestandssanierung meist nicht zu erreichen. Spezielle Impfstoffe zur Bekämpfung der Salmonellen-Infektion beim Wassergeflügel stehen nicht zur Verfügung. Im Bedarfsfall können die für Hühner zugelassenen Impfstoffe gegen Salmonellen mit besonderer Genehmigung der zuständigen Behörde eingesetzt werden.

Geflügelcholera

Die Geflügelcholera, durch *Pasteurella multocida* verursacht, verläuft beim Wassergeflügel ähnlich wie bei den Puten (siehe Seite 124), tritt aber erfahrungsgemäß meist nur in Ländern mit kalten Wintern auf. Die Behandlung mit Antibiotika oder Sulfonamiden ist bei noch nicht schwer erkrankten Tieren möglich.

Botulismus

Leitsymptome
- → **Gestörte Bewegungsabläufe**
- → **Lähmungen der Flügel- und Beinmuskulatur**
- → **Schlaffe Lähmung der Halsmuskulatur**

Allgemeines: Botulismus (Limberneck) kommt bei Enten, Gänsen und Schwänen vorwiegend nach heißen Spätsommertagen vor, wenn sie Zugang zu stehenden, warmen, sauerstoffarmen und dann alkalisch reagierenden Gewässern oder kleinen Gartentümpeln haben. Dort vermehrt sich unter solchen Gegebenheiten *Clostridium botulinum*, ein weltweit im Freien vorkommendes, sporenbildendes Bakterium. In feuchtem Futter, in Fleischmehlen oder Tierkadavern und Fliegenlarven vermehren sich diese Keime bei Temperaturen über 15 °C. Insbesondere Enten nehmen beim Gründeln die Clostridien und deren nach außen abgegebenes hitzelabiles Toxin auf, das als stärkstes Nervengift anzusehen ist. Dabei handelt es sich in der Regel um den Typ C von *Clostridium botulinum*. Glücklicherweise reagiert der Mensch aber nur auf die Typen A, B, E und F stark, sodass von dem mit Typ C betroffenen Geflügel kaum eine Gefahr für den Menschen ausgeht. Tödlich verläuft beim Menschen vor allem die Aufnahme des Typ-A-Toxins. Die Erkrankung beginnt meist mit Sehstörungen (Doppeltsehen) und Schluckbeschwerden bis zu acht Tagen nach Aufnahme des Giftes. Gründlich erhitzte Lebensmittel (zehn Minuten bei 80 °C) sind unbedenklich, das Gift wird in der Hitze zerstört.

Symptome: Bei den Typen A und E, die selten beim Geflügel zu finden sind, kommt es im Allgemeinen zur Selbstheilung. Durch das **Botulismus-Toxin Typ C** geschädigte Tiere zeigen zunächst gestörte Bewegungsabläufe, vorübergehend stärker, dann wieder weniger ausgeprägte Lähmungen der Flügel- und Beinmuskulatur und schließlich eine schlaffe Halsmuskulatur mit gestrecktem, am Boden liegendem Kopf. Davon ist der englische Krankheitsname „Limberneck" abgeleitet. Auch Durchfall oder Darmverstopfung wird beobachtet, jedoch keine Darmentzündung.

Letzlich nehmen die Tiere wegen der Schlundlähmung kein Futter mehr auf und sterben infolge einer Lähmung der Atemmuskulatur auf dem Bauch liegend in robbenähnlicher Stellung der Beine. Das Massensterben auf entsprechenden Gewässern hält, wenn kein Witterungsumschlag erfolgt, manchmal bis zu drei Wochen lang an.

Behandlung und vorbeugende Maßnahmen: Zur Eindämmung der Verluste sind die an den Teichen oder Stadtseen verendeten Tiere umgehend einzusammeln und zu einer Tierkörperbeseitigungsanstalt zu bringen. Geflügel, das noch frisst, sollte in einen Bereich mit frischem Wasser und Futter umgesetzt werden. Die Injektion von Immunserum kommt in der Regel zu spät; eine antibiotische Behandlung ist nicht angezeigt, da sie gegen das aufgenommene Gift nicht wirkt und die Clostridien beim Zugrundegehen ihre Giftstoffe vollends freisetzen. Wertvolle Einzeltiere, die vom „umgekippten" Biotop eines Gartenteiches bedroht werden, können mit der halben Dosis der Botulismus-C-Adsorbatvakzine für Nerze nach Genehmigung durch die zuständige Behörde vorsorglich geimpft werden. Bei größeren Gewässern ist für stärkere Wasserzirkulation oder die Einleitung von kühlerem Wasser zu sorgen. Kleinere Tümpel sollten vorübergehend trockengelegt und der Schlamm entfernt werden.

Ornithose

Die Ornithose hat bei den Enten ähnliche Bedeutung wie bei den Puten (siehe Seite 126) und gefährdet in erster Linie das Schlachtpersonal. Die durch kleinste Bakterien hervorgerufene Infektionskrankheit führt deshalb wie bei den Puten zum Schlachtverbot oder beim geschlachteten Tier zur Beurteilung „untauglich für den Verzehr". Auch die Enten zeigen nur geringgradig ausgeprägte Krankheitszeichen. Am lebenden Tier fällt meist nur eine Lidbindehautentzündung auf. Tetrazykline können zur Behandlung eingesetzt werden, bei Einhaltung der langen Wartezeit.

Rotlauf

Rotlaufinfektionen kommen bei Enten ebenso wie bei den Puten (siehe Seite 125) vor. Der in der Umwelt weit verbreitete Erreger kann, besonders in den Herbstmonaten, zu Verlusten bis zu 25 % führen. Die Krankheitszeichen sind wenig ausgeprägt. Es kommt durch die Bakteriämie zu Blutungen auf dem Herzen und zu fibrinösen Ergüssen in den Luftsäcken. Durch die bakteriologische Untersuchung lässt sich der Erreger nachweisen, sodass eine entsprechende antibiotische Behandlung möglich wird. Beim Umgang mit den Schlachtkörpern besteht für den Menschen die Gefahr einer Wundinfektion.

Entenhepatitis

Leitsymptome
→ **Plötzliche Todesfälle**

Allgemeines: Die Entenhepatitis ist eine unter domestizierten Enten weltweit verbreitete und mit hohen Verlusten einhergehende Viruskrankheit der Entenküken. Wildenten und Ratten kommen als Überträger in Frage, erkranken aber nach einer natürlichen Infektion nicht. Auch Jungenten, die zum Zeitpunkt der Infektion älter als etwa 30 Tage sind, bleiben gesund. In den Entenfarmen ist in älteren Enten demnach das Virusreservoir zu suchen. Seuchenausbreitung und Krankheitsverlauf ähneln also dem Seuchengeschehen der Aviären Encephalomyelitis (AE) des Huhnes. Beide Viruskrankheiten werden, wie die Kinderlähmung des Menschen, durch sehr kleine, unbehüllte und daher sehr widerstandsfähige Viren aus der **Picornavirusgruppe** ausgelöst, wobei die fäkal-orale Infektion im Vordergrund steht. So erfolgt auch bei Entenküken die Infektion durch Aufnahme virushaltiger Kotbestandteile, wenn nicht bereits eine unmittelbare Weitergabe des Erregers von der Mutterente auf die Küken stattgefunden hat. Dies ist der Fall, wenn die Elterntiere gerade zur Zeit des Bruteilegens durchseuchen. Der Krankheitsdurchbruch bleibt jedoch bei den Küken aus, wenn die Mutterenten mindestens drei Wochen vor der Legeperiode durchseucht oder geimpft worden sind. Die Küken haben dann Schutzstoffe (Antikörper) über den Eidotter mitbekommen.
Symptome: Bei den empfänglichen Küken dringt das Virus über den Darm zur Leber vor und verursacht dort schwere Leberschäden. Die degenerierte Leber wird hell ockerfarben und zeigt feinste Blutungsherde. Meist schon einen Tag nach Auftreten der ersten Schwächezustände sterben die Küken.
Vorbeugende Maßnahmen: Noch nicht betroffene Küken können geschützt werden, wenn ihnen am ersten und zehnten Lebenstag 0,5 ml bis 1,0 ml Serum von durchseuchten oder geimpften Altenten injiziert wird. Besser ist es, die Zuchtenten vor Brutbeginn zweimal zu impfen, sodass dann die Schutzstoffe über den Eidotter ins Küken gelangen. Ein Impfstoff zur Immunisierung gegen die Entenhepatitis ist in Deutschland nicht zugelassen. Im Bedarfsfall könnte ein Impfstoff aus Frankreich mit besonderer Genehmigung der zuständigen Behörde eingesetzt werden.

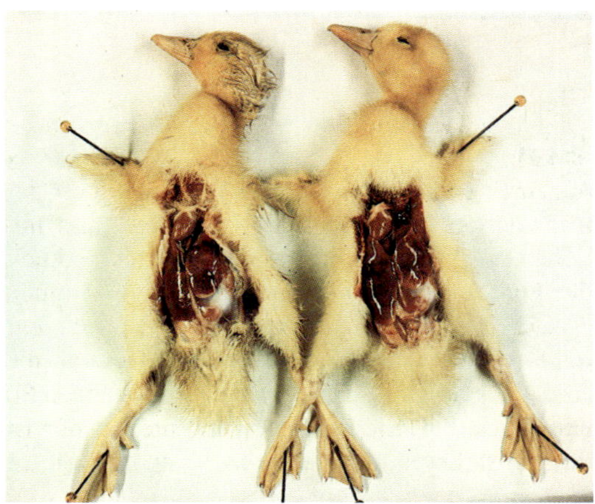

An Entenhepatitis gestorbene Küken.

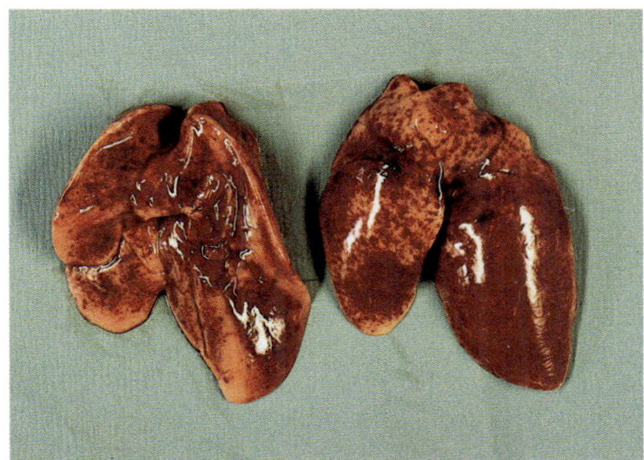

Bei der Entenhepatitis kommt es zur Leberzelldegeneration mit entzündlichen Prozessen.

Wichtig: Mit den beim Menschen vorkommenden Hepatitisviren ist das Entenhepatitisvirus nicht verwandt. Bei den Enten gibt es aber auch ein Virus aus der **Hepadnavirusgruppe**, wozu das Virus der Hepatitis B des Menschen zählt. Es wird jedoch angenommen, dass das Entenvirus den Menschen nicht infizieren kann.

Bei Enten und Gänsen wird dieses Virus vorwiegend über den Eidotter auf die Küken übertragen. Irgendwelche Beeinträchtigungen sind beim Wassergeflügel bislang nicht bekannt.

Entenpest

Die in vielen Erdteilen nachgewiesene Entenpest ist bislang in Deutschland nur ganz vereinzelt aufgetreten. Sie wird durch ein **Entenherpesvirus** verursacht, das bei allen Altersstufen eine Erkrankung auslösen kann. Vorzugsweise werden Stockenten und ihre Züchtungsformen infiziert. In einigen Ländern sind auch Erkrankungen bei Gänsen und Schwänen festgestellt worden. Der Seuchenverlauf ist bei den einzelnen Arten und Rassen des Wassergeflügels unterschiedlich. Erkrankte Tiere zeigen ein gestörtes Allgemeinbefinden, Durchfall und verweigern die Futteraufnahme; sie scheinen schließlich wie gelähmt. Am geöffneten Tier fallen eine brüchige Leber sowie Nekroseherde, also kleine zugrundegegangene Schleimhautbezirke und Fibrinauflagerungen im Verdauungsweg auf, die denen der Newcastle-Krankheit ähneln. Zur Vorbeuge sind in Entenfarmen oder bei Hausenten ebenso strenge allgemeine hygienische Maßnahmen wie bei der Newcastle-Krankheit einzuhalten. Wenn Seuchenausbrüche in der Umgebung vorkommen, sind die Enten von offenen Gewässern fernzuhalten.

Durch eine aktive Immunisierung können die Enten gegen die Entenpest geschützt werden. Der in Deutschland zugelassene Impfstoff kann auch zur Notimpfung der noch gesunden Enten einer erkrankten Herde eingesetzt werden, um die weitere Ausbreitung der Entenpest einzudämmen. Die Impfung erfolgt dreimal vor der ersten und einmal vor der zweiten Legeperiode. Die Injektion von Immunserum durchseuchter oder geimpfter Tiere bietet nur einen kurzfristigen Schutz.

Newcastle-Krankheit und Influenza-A-Virusinfektion

Das Virus der **Newcastle-Krankheit**, genannt in der „Verordnung zum Schutz gegen die Geflügelpest und die Newcastle-Krankheit“, hat sich speziell an Hühner angepasst (siehe Seite 98). Wassergeflügel ist zwar auch empfänglich, erkrankt in der Regel aber nicht sichtbar; es muss allerdings als möglicher Virusüberträger Beachtung finden. Obwohl alle Viren der Newcastle-Krankheit einheitlich aufgebaut sind und dagegen auch mit gleichartigen Impfstoffen geimpft werden kann, so ist doch die krankmachende Kraft der isolierten Virusstämme bei den einzelnen Vogelarten unterschiedlich. Impfungen sind beim Wassergeflügel jedenfalls derzeit nicht üblich.

Influenza-A-Virusinfektionen werden dagegen von Viren hervorgerufen, die sich sehr leicht wandeln können und dann plötzlich wieder neue Seuchenzüge in einer gegen diese Abarten nicht geschützten Population auslösen, was von der Influenza-A-Virusgrippe des Menschen allgemein bekannt ist. So tauchen auch beim Wassergeflügel wie bei den Puten immer wieder Influenza-A-Virusinfektionen auf. Bei seuchenhaftem Vorkommen ist deshalb eine genaue Laboruntersuchung unerlässlich.

Die Seuchenbekämpfung müsste dann, wie bei den Puten, entsprechend der Geflügelpestverordnung erfolgen. Flugenten kommen vor allem als Überträger der Influenza-A-Viren in Frage (siehe Seite 96).

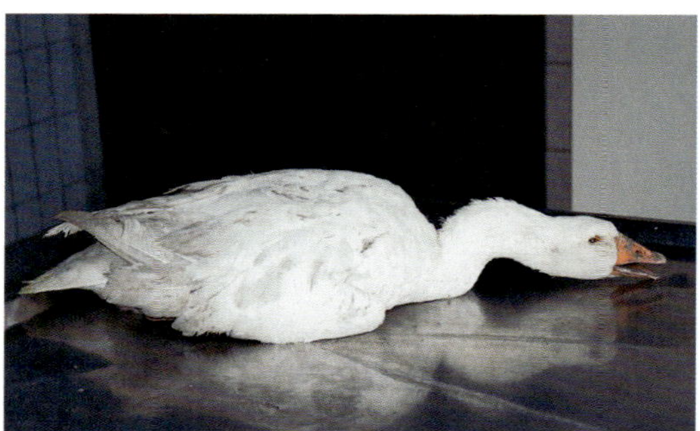

Botulismus: Schlaffe Lähmung der Halsmuskulatur mit gestrecktem, am Boden liegenden Kopf.

Tollwut

Beim frei laufenden Wassergeflügel ist auch an eine Gefährdung durch tollwutinfizierte Füchse zu denken. Obwohl eine experimentelle Übertragung von **Tollwutviren** auf Geflügel gelingt, wurde bislang nur von ganz wenigen Einzelfällen einer natürlichen Infektion berichtet. Aufgrund der Infektionsversuche wäre mit einer mehrere Wochen dauernden Zeit bis zum Durchbruch von Krankheitserscheinungen zu rechnen. Die infizierten Tiere zeigten mehr Schlaf- als Erregungszustände, viele überlebten die Infektion. Ähnlich wie beim Menschen scheint die Infektkette beim Vogel in der Regel blind zu enden, sodass mit einer Virusweiterverbreitung meist nicht zu rechnen ist. Da aber tollwutkranke Füchse ihre Scheu vor menschlichen Behausungen weitgehend verloren haben, wird dann gelegentlich das frei laufende Geflügel den schwieriger zu fangenden Mäusen als Beutetier vorgezogen.

Spezielle Gänsekrankheiten

Salmonellenbefall, **Geflügelcholera**, **Botulismus**, **Ornithose**, **Influenza-A-Virusinfektionen** und gegebenenfalls das **Entenpestvirus** kommen auch bei Gänsen vor. Die Krankheiten verlaufen ähnlich wie bei den Enten (siehe dort). Auf einige besonders bei Gänsen bedeutungsvolle Krankheiten ist aber gesondert hinzuweisen.

Magenwurmseuche

Der ebenfalls bei Enten (siehe Seite 128) zu findende Befall mit *Amidostomum anseris* kann sich bei Junggänsen so stark auswirken, dass sogar von einer Magenwurmseuche gesprochen wird. Würgeerscheinungen, auffallende Schwäche infolge von Blutarmut und Abmagerung zeigen sich vor allem in den Sommermonaten und sind Zeichen des Wurmbefalls. Altgänse können Dauerausscheider der Wurmeier sein, ohne selbst krank zu wirken.

Die im Freien, vor allem im Wasser, lange überlebenden Larven nisten sich dann bei den Junggänsen unter der Hornhaut des Muskelmagens ein und wachsen dort zur Geschlechtsreife aus. Nach Abziehen der Hornhaut sind die rötlichen Würmer mit bloßem Auge deutlich zu erkennen. Spezielle Wurmmittel dienen zur Wurmbekämpfung (siehe Seite 64). Die Trennung der Altgänse von den Junggänsen beugt dem Parasitenkreislauf vor.

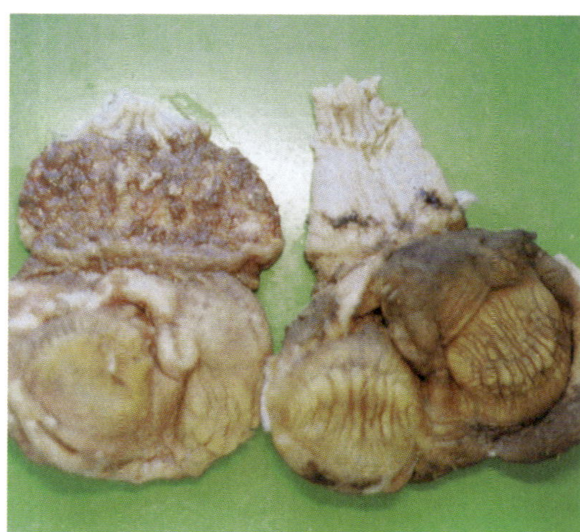

Magenwurmbefall bei Junggänsen. Über das Futter oder durch Eindringen in die Zwischenzehenhäute aufgenommene Larven setzen sich mit Vorliebe am Übergang vom Drüsen- zum Muskelmagen fest, was zur Ablösung der Keratinoidschicht führt.

Kokzidiose

Einige *Eimeria*-Arten, die den **Dünndarm** von Junggänsen befallen, sind zwar bekannt, sie spielen aber alle nur eine untergeordnete Rolle. Eine seuchenhafte Ausbreitung, verbunden mit starkem Durchfall, wird selten beobachtet.

Größere Bedeutung hat die **Nierenkokzidiose** der Gänse, verursacht durch *Eimeria truncata*. Betroffen sind Junggänse etwa ab dem zweiten Lebensmonat. Die schweren Nierenschädigungen führen innerhalb weniger Tage zu hochgradigen Schwächezuständen und zum Tod der Tiere. Die Nieren erscheinen dann vergrößert mit umgrenzten kleinen, gelblich-weißen Einlagerungen. Da es Futtermittel mit zugelassenen, geprüften Zusätzen gegen die Kokzidiose der Gänse bislang nicht gibt, bleibt neben den allgemeinen hygienischen Vorkehrungen und der gründlichen Desinfektion des leeren Stalles mit kokzidienwirksamen Desinfektionsmitteln (siehe Seite 154 f.) vor jeder Neubelegung nur die tierärztliche Behandlung unmittelbar nach Auftreten der ersten Verluste. Weil nicht alle für das Huhn geeignete Präparate auch für Gänse gut verträglich sind, werden zur Bekämpfung meist Sulfonamidpräparate eingesetzt.

Derzsysche Krankheit (Parvovirose)

Im Jahre 1974 wurde von der Poultry Science Association vorgeschlagen, die früher mit verschiedenen Namen belegte Gänseseuche zu Ehren von D. Derzsy, der in Ungarn diese Seuche erforschte, Derzsysche Krankheit zu nennen. Namen wie Gänsepest, Gänsehepatitis, Virusenteritis sollen nun nicht mehr benutzt werden. Weil die Krankheit von einem kleinen, unbehüllten und in der Umwelt widerstandsfähigen **Parvovirus** verursacht wird, ist jedoch auch die Bezeichnung „Parvovirose“ der Gänse gebräuchlich.

Nur Gans und Moschusente sind für das Virus empfänglich. Berichte über diese Virusinfektion liegen vor allem aus Europa, Israel und China vor.

Das Virus führt bei Gänseküken nur bis zum 30. Lebenstag zur Erkrankung; die Krankheitsfälle beginnen meist ab dem 8. bis 12. Lebenstag, der Höhepunkt der Verluste liegt dann zwischen dem 12. und 15. Tag. Am lebenden Tier werden neben Verweigerung der Futteraufnahme und allgemeiner Schwäche bei einzelnen Tieren Schleim im Nasenbereich, Atemnot und Durchfall beobachtet. Bei langsamerem Krankheitsablauf kann auch eine Flüssigkeitsansammlung in der Leibeshöhle (Bauchwassersucht) abgetastet werden. Beim toten, geöffneten Tier fallen vor allem die kugelige Form des abgeblassten Herzens und die hell ockerfarbene Leber auf. Besteht bereits Bauchwassersucht, so liegen die Organe in der fibrinhaltigen, sulzigen Masse. Bei den überlebenden Junggänsen bleiben später einzelne im Wachstum zurück. Auffällig sind außerdem die Befiederungsstörungen besonders des Deck- und Untergefieders im Rückenbereich.

Neben den üblichen hygienischen Vorkehrungen der isolierten Aufzucht bietet die zweimalige Injektionsimpfung der Elterntiere vor der ersten Legeperiode mit einmaliger Wiederholung vor der zweiten den besten Schutz der Gänseküken. Zusätzlich hat sich die Impfung der Küken zwischen dem 15. und 18. Lebenstag bewährt. Zugelassene Impfstoffe stehen in Deutschland zur Verfügung. Dem Eidotter mitgegebene Schutzstoffe verhüten dann das Haften des Virus beim Küken. Früher wurde versucht, die Gänseküken durch Injektion von 2 ml Serum durchseuchter Elterntiere zu schützen. Selbst wenn die Serumgabe bereits am ersten Lebenstag erfolgte, konnten aber diejenigen Tiere nicht vor der Krankheit bewahrt werden, die sich bereits im Brutapparat infiziert hatten.

Infektiöse Myokarditis der Gänseküken (REO-Virose)

Auch für die virusbedingte Myokarditis der Junggänse wurde früher der Name „Gänsepest“ benutzt, zumal das **REO-Virus** gelegentlich zusammen mit dem Parvovirus der Derzsyschen Krankheit gefunden wurde. Die Fortschritte bei der virologischen Diagnose ermöglichen aber neuerdings eine sichere Abgrenzung beider Gänsekükenkrankheiten. Von der Infektion wird bislang nur aus europäischen Ländern berichtet. Vorwiegend sind Gänsezuchten betroffen. Der Begriff „REO“ ist geprägt worden, weil derartige Viren zuerst bei Tieren in den Atemwegen (**R**espiratory) und dem Darm (**E**nteric) als „Waisenviren“ (**O**rphan) gefunden wurden, ohne dass eine zugehörige Krankheit bekannt war.

Das Gänse-REO-Virus ist für die Küken nur bis zur dritten Lebenswoche krankmachend. Erste Verluste können etwa ab dem 6. Lebenstag auftreten. Die Krankheitszeichen ähneln denen der Derzsyschen Krankheit, wobei allerdings ein stärkerer

Schleimausfluss aus Schnabel, Nasenöffnungen und Augen auffällt, was zu Schleuderbewegungen des Kopfes führt. Beim geöffneten Tier sind die Herzmuskelerweiterung und die fibrinösen Auflagerungen auf dem Herzen und der degenerierten Leber deutlicher als bei der Derzsyschen Krankheit. Da ein spezieller Impfstoff für Gänse noch nicht zur Verfügung steht, sind die Gössel nur nach einer natürlichen, vor der Legeperiode ablaufenden Durchseuchung der Elterngänse geschützt. Den Gänseküken selbst könnte unmittelbar nur ein gewisser Schutz durch die Injektion von 1 ml Serum durchseuchter Tiere gegeben werden. Das Zusammenbringen von Bruteiern verschiedener Herkunft ist vorsichtshalber zu vermeiden.

Vergiftungen

Da Wassergeflügel oft freien Auslauf hat, muss stets mit der Aufnahme giftiger Stoffe gerechnet werden. Ohne nähere Hinweise ist aber der chemische Nachweis außerordentlich schwierig und aufwendig.

Unter den **chemischen Giften** stehen folgende im Vordergrund: **Saatgutbeizmittel**, **Holzschutzmittel**, imprägnierte **Strohbindefäden**, **Herbizide**, **Pestizide** (organische Phosphorverbindungen), synthetisch hergestellte **Mineraldünger**, **Nagergifte** (Rodentizide) und, gelegentlich bei Enten, verstreute **Schrotbleikugeln**, die sie mit Steinchen verwechseln und schlucken. Im Bereich von Kraftwagenwerkstätten kam es auch schon zu Vergiftungen durch die Aufnahme von **Frostschutzmitteln**.

Entsprechende Umsicht hilft derartigen Gefahren entgegenzuwirken. Zur notwendigen Bekämpfung, der mit Krankheitskeimen behafteten Ratten und Mäuse, sind an für Geflügel unzugänglichen Plätzen, wie bei der Hühnerhaltung, die Präparate auf Hydroxykumarinbasis vorzuziehen. Diese Mittel sind für Hausgeflügel weniger gefährlich als der nach Knoblauch riechende und zu plötzlichem Tod führende **Zinkphosphid-Giftweizen**. Katzen als Mäusefänger können Krankheitskeime, beispielsweise *Pasteurella multocida*, auf das Geflügel übertragen.

Das frei laufende Wassergeflügel ist aber besonders durch **pflanzliche Gifte** bedroht. Hauptsächlich handelt es sich um Alkaloide, die bereits in kleinsten Dosen toxisch wirken. Nadeln und Samen der **Eibe** (*Taxus baccata*) führen durch das Gift Taxin besonders bei Gänsen zu Erbrechen, Durchfall und, wie bei Pferd und Kaninchen, zum Tode. Junge Triebe von **Spitz-Ahorn** (*Acer platanoides*) verursachen mit ihren Alkaloiden und toxischen Aminosäuren bei Enten Taumeln und Tod innerhalb weniger Stunden. Beim **Gewöhnlichen Goldregen** (*Laburnum anagyroides*) sind es vor allem die cystisinhaltigen Hülsen abgefallener Schoten, die für Enten und Gänse giftig sind. Unreife Früchte des auf Äckern und in Gärten vorkommenden **Gefleckten Schierlings** (*Conium maculatum*) rufen mit dem Gift Coniin Erbrechen und aufsteigende Lähmungen, schließlich auch des Atemzentrums, hervor. Durch die Aufnahme von **Tollkirschen** (*Atropa bella-donna*) wurden bei Enten Atropinvergiftungen festgestellt. Das in **Rizinusbohnen** (*Ricinus communis*) enthaltene Öl ist infolge des Ricins ungekocht giftig für Enten und Gänse. Es führt zu blutiger Magen-Darm-Entzündung. Bestimmte Fettsäuren im **Rapssamenöl** können bei Enten zu einer bis zu drei Monaten dauernden Erkrankung und im Ernstfall zum Tod führen. Leberschäden löst das Alkaloid von **Greiskrautarten** (*Senecio* spp.) bei Enten aus. Da das **Schwarze Bilsenkraut** (*Hyoscyamus niger* var. *niger*), das früher an Wegrändern und auf Schutthalden anzutreffen war, ebenso wie der **Bleiche Schöterich**, auch Gänsepest genannt (*Erysimum crepidifolium*), in jüngster Zeit fast verschwunden sind, treten Vergiftungen mit diesen Pflanzen kaum mehr auf. Eher ist in heißen Sommermonaten im Wasser von Teichen noch mit **Algengiften** zu rechnen, die bei Enten ähnliche Lähmungserscheinungen auslösen wie sie vom Botulismus bekannt sind.

Wichtige gesetzliche Bestimmungen in Deutschland

Auch bei der Geflügelhaltung sind zahlreiche gesetzliche Bestimmungen zu beachten. Ziel ist dabei

- Prävention und
- Bekämpfung von Tierseuchen,
- Tierschutz,
- Verbraucherschutz

Nachstehend wird auf einige wichtige Bestimmungen hingewiesen. Hinweise auf die jeweiligen neuesten Bekanntmachungen sind für weitere Aufklärung angegeben. Die nationalen gesetzlichen Bestimmungen sind im Internet zu finden unter www.gesetze.de. Die rechtlichen Regelungen innerhalb der EU-Mitgliedstaaten sind zu finden unter eur-lex.europa.eu.

Tiergesundheitsgesetz (TierGesG)

Gesetz zur Vorbeugung vor und Bekämpfung von Tierseuchen

In der Fassung der Bekanntmachung vom 27. Mai 2013 (BGBl. I S. 1324), zuletzt geändert durch BGBl. I S. 1850 vom 20. November 2018

Das Tiergesundheitsgesetz (TierGesG) ist am 1. Mai 2014 in Kraft getreten und hat das Tierseuchengesetz abgelöst. Das TierGesG übernimmt im Hinblick auf die Bekämpfung von Tierseuchen bewährte Vorschriften, setzt aber verstärkt auch auf Prävention. Vor dem Hintergrund, dass insbesondere Vorbeugemaßnahmen Regelungsgegenstand des Gesetzes sind, die der Erhaltung und Förderung der Tiergesundheit dienen, wurde das bisher gültige Tierseuchengesetz grundlegend überarbeitet und der Titel des Gesetzes in Tiergesundheitsgesetz (TierGesG) geändert.

Das Tiergesundheitsgesetz enthält eine Reihe von neuen Regelungen zum vorbeugenden Schutz vor Tierseuchen (Prävention), deren Bekämpfung sowie zur Verbesserung der Überwachung. So wird zum Beispiel der Personenkreis erweitert, der eine anzeigepflichtige Tierseuche anzeigen muss. Das sind neben den Amtsveterinären künftig zum Beispiel auch Tiergesundheitsaufseher, Veterinäringenieure, amtliche Fachassistenten und Bienensachverständige. Zudem wird ein rechtlicher Rahmen geschaffen, neben der Bekämpfung von Tierseuchen auch vorbeugend tätig zu werden, um die Tiergesundheit zu erhalten und zu fördern, zum Beispiel durch eigenbetriebliche Kontrollen oder verpflichtende hygienische Maßnahmen. Eine weitere neue Rechtsgrundlage ermöglicht künftig ein Monitoring über den Gesundheitsstatus von Tieren. Durch die Untersuchung repräsentativer Proben können damit Gefahren für die Tiergesundheit frühzeitiger erkannt werden. Außerdem können die zuständigen Behörden künftig Schutzgebiete einrichten. Das sind Gebiete, die überwiegend frei sind von bestimmten Tierseuchen und in die insoweit Tiere nur mit nachgewiesenem entsprechenden Gesundheitsstatus verbracht werden können.

Im Rahmen der Prävention soll zukünftig das Friedrich-Loeffler-Institut die weltweite Tierseuchensituation beobachten und frühzeitig auf eventuelle Gefahren aufmerksam machen, zum Beispiel die drohende Einschleppung von Tierseuchenerregern durch lebende Tiere oder Erzeugnisse.

Zudem soll am Friedrich-Loeffler-Institut eine „Ständige Impfkommission Veterinärmedizin" etabliert werden, die mit Rücksicht auf die Tierseuchensituation in Deutschland Impfempfehlungen erarbeiten soll. Eine in der Humanmedizin vergleichbare Kommission ist beim Robert-Koch-Institut angesiedelt.

Vorbeugemaßnahmen dienen der Erhaltung und Förderung der Tiergesundheit und damit mittelbar der Gesundheit des Menschen. Soweit es sich um Nutztiere handelt, tragen sie auch zur Erhaltung erheblicher wirtschaftlicher Werte bei.

Die grundlegende Überarbeitung und Neukonzeption des Gesetzes war auch im Hinblick auf die fortschreitende Harmonisierung des Tierseuchenbekämpfungsrechts innerhalb der EU erforderlich geworden, die neben einer effektiven Bekämpfung von Tierseuchen zunehmend auf die Erhaltung der Tiergesundheit durch Vorbeugung abzielt. Der Handel mit Tieren, mit Teilen von Tieren oder Erzeugnissen daraus innerhalb der EU und mit Drittstaaten steigt stetig. Da mit den Tieren und den Produkten Tierseuchenerreger verbreitet werden können, wächst die Bedeutung einer wirksamen Vorbeugung gegen Tierseuchen gleichermaßen.

Verordnung über anzeigepflichtige Tierseuchen

In der Fassung der Bekanntmachung vom 25. Juli 2011 (BGBl. I S. 2764), zuletzt geändert durch BGBl. I S. 1057 vom 6. Mai 2016

Im innerstaatlichen und internationalen Handelsverkehr ist das frei sein von Tierseuchen Vorbedingung für die Freizügigkeit des Handels. Die Tierseuchenbekämpfung ist eine Gemeinschaftsaufgabe des Staates und der Tierbesitzer, sowohl zum eigenen Schutz als auch zur planvollen Entwicklung des internationalen Tierverkehrs. Ohne weitsichtige Maßnahmen für die Gesundheit der Viehbestände ist keine Leistungszucht möglich.

Aufgrund der Verordnung sind nachstehend aufgeführte Tierseuchen bei Geflügel und Vögel anzeigepflichtig:

- Geflügelpest
- Infektion mit dem West-Nil-Virus bei einem Vogel oder Pferd
- Milzbrand
- Newcastle-Krankheit
- Niedrigpathogene aviäre Influenza bei einem gehaltenen Vogel
- Tollwut

Größere Bedeutung haben bei Hühnern, Puten, Wassergeflügel und anderen Geflügelarten aber nur **Geflügelpest** und **Newcastle-Krankheit**. Die Anzeigepflicht für die genannten Tierseuchen soll bewirken, dass Seuchenausbrüche frühzeitig erkannt und getilgt werden können, bevor die Tierseuche weiterverbreitet wird. Anzeigepflichtig ist sowohl der Ausbruch einer Seuche als auch der Tierseuchenverdacht. Zur Anzeige verpflichtet sind demnach:

1. der Besitzer oder sein Vertreter,
2. wer anstelle des Besitzers zeitweilig mit der Aufsicht der Tiere beauftragt ist,
3. diejenigen, die berufsmäßig mit Tierbeständen zu tun haben (z. B. Tierärzte und Leiter tierärztlicher und sonstiger öffentlicher oder privater Untersuchungsstellen, Geflügelfleischkontrolleure, Viehhändler etc.).

Die Seuchenmeldung ist **unverzüglich** zu erstatten, und zwar an die zuständige Behörde, dies ist in der Regel das örtlich zuständige Veterinäramt. Unverzüglich bedeutet ohne jeden Zeitverlust und ohne schuldhafte Verzögerung, auch am Wochenende darf es keine Verzögerung geben. Der Amtstierarzt oder sein Vertreter sind immer zu erreichen.

Geflügelpest-Verordnung

Verordnung zum Schutz gegen die Geflügelpest

In der Fassung der Bekanntmachung vom 08. Mai 2013 (BGBl. I S. 1212), zuletzt geändert durch BGBL. I S. 1655 vom 13. Oktober 2018

Aufgrund der Geflügelpestausbrüche in Europa und Asien wurde die Geflügelpest-Verordnung im Jahr 2007 grundlegend neu gefasst und zugleich die Richtlinie 2005/94/EG des Rates vom 20. Dezember 2005 mit Gemeinschaftsmaßnahmen zur Bekämpfung der Aviären Influenza (ABl. EU 2006 Nr. L 10 S. 16) in deutsches Recht umgesetzt, sowie die Richtlinie 92/40/EWG aufgehoben.

Außerdem wurden folgende Verordnungen zum 23. Oktober 2007 durch die neue Geflügelpest-Verordnung aufgehoben:

- Verordnung zum Schutz gegen die Geflügelpest und die Newcastle-Krankheit (Geflügelpest-Verordnung) vom 20. Dezember 2005,
- Verordnung über Untersuchungen auf die Klassische Geflügelpest sowie zum Schutz vor der Verschleppung der Klassischen Geflügelpest (Geflügelpestschutzverordnung) vom 1. September 2005,
- Verordnung zur Aufstallung des Geflügels zum Schutz vor der Klassischen Geflügelpest (Geflügel-Aufstallungsverordnung) vom 9. Mai 2006,
- Nutzgeflügel-Geflügelpestschutzverordnung vom 10. August 2006,
- Wildvogel-Geflügelpestschutzverordnung vom 8. September 2006.

In der Verordnung zum Schutz gegen die Geflügelpest (**Geflügelpest-Verordnung**) sind besondere Regelungen zur Vorbeugung und zur Bekämpfung, bei Auftreten von Geflügelpest bei Nutzgeflügel und Wildvögeln, festgelegt.

Im Sinne dieser Verordnung sind als **Geflügel** definiert: Hühner, Truthühner, Perlhühner, Rebhühner, Fasanen, Laufvögel, Wachteln, Enten und Gänse, die in Gefangenschaft aufgezogen oder gehalten werden. Als **gehaltene Vögel** gelten Geflügel oder in Gefangenschaft gehaltene Vögel anderer Arten. **Wildvögel** im Sinne dieser Verordnung sind ein freilebender Vogel der Ordnungen Hühnervögel, Gänsevögel, Greifvögel, Eulen, Regenpfeiferartige, Lappentaucherartige oder Schreitvögel sowie ein zu wissenschaftlichen Zwecken gehaltener Vogel dieser Ordnungen.

Die **Geflügelpest** liegt vor, wenn ein

- ➜ hochpathogenes aviäres Influenza-A-Virus der Subtypen H5 oder H7, das für multiple basische Aminosäuren im Spaltbereich des Hämagglutininmoleküls kodiert (**hochpathogenes aviäres Influenzavirus**), durch virologische Untersuchungen nachgewiesen wurde oder
- ➜ andere Influenzaviren mit einem intravenösen Pathogenitätsindex von mehr als 1,2 bei einem gehaltenen Vogel oder
- ➜ Hochpathogenes aviäres Influenza-A-Virus der Subtypen H5 oder H7, das für multiple basische Aminosäuren im Spaltbereich des Hämagglutininmoleküls kodiert, bei einem Wildvogel durch eine virologische Untersuchung nachgewiesen worden.

Ein **Verdacht auf Geflügelpest** liegt vor, wenn

- ➜ das Ergebnis der virologischen, serologischen, pathologisch-anatomischen oder klinischen Untersuchung unter Berücksichtigung der epidemiologischen Erkenntnisse den Ausbruch der Geflügelpest bei einem gehaltenen Vogel befürchten lässt oder
- ➜ Aviäres Influenza-A-Virus der Subtypen H5 oder H7, das durch eine virologische Untersuchung bei einem Wildvogel nachgewiesen worden ist.

Als **niedrigpathogene aviäre Influenza** eingestuft wird der Nachweis durch virologische Untersuchung von

- ➜ aviärem Influenza-A-Virus der Subtypen H5 oder H7 mit einem intravenösen Pathogenitätsindex von weniger als 1,2, oder
- ➜ aviäres Influenza-A-Virus der Subtypen H5 oder H7, das nicht für multiple basische Aminosäuren im Spaltbereich des Hämagglutininmoleküls kodiert (niedrigpathogenes aviäres Influenzavirus) bei einem gehaltenen Vogel nachgewiesen worden ist.

Jeder Geflügelhalter hat der zuständigen Behörde bei der **Anzeige** nach der Viehverkehrsverordnung zusätzlich mitzuteilen, ob er das Geflügel in Ställen oder im Freien hält. Außerdem sind **Aufzeichnungen** in einem **Register** einzutragen und drei Jahre lang aufzubewahren. In dieses Register ist unverzüglich

- ➜ im Falle des Zugangs bzw. Abgangs von Geflügel Name und Anschrift des Transportunternehmens und des bisherigen Besitzers, Datum des Zugangs bzw. Abgangs sowie Art des Geflügels einzutragen,
- ➜ werden mehr als 100 Stück Geflügel gehalten, ist zusätzlich je Werktag die Anzahl der verendeten Tiere einzutragen,
- ➜ werden mehr als 1000 Stück Geflügel gehalten, ist je Werktag zusätzlich die Gesamtzahl der gelegten Eier jedes Bestandes einzutragen.

Bei der **Fütterung und Tränkung** der Tiere hat der Geflügelhalter sicherzustellen, dass

- ➜ die Tiere nur an Stellen gefüttert werden, die für Wildvögel nicht zugänglich sind,
- ➜ die Tiere nicht mit Oberflächenwasser, zu dem Wildvögel Zugang haben, getränkt werden und
- ➜ Futter, Einstreu und sonstige Gegenstände, mit denen Geflügel in Berührung kommen kann, für Wildvögel unzugänglich aufbewahrt werden.

Als Maßnahmen zur **Früherkennung** möglicher Einschleppungen sind die Tierverluste in einem Geflügelbestand zur erfassen. Treten innerhalb von 24 Stunden in einem Bestand oder räumlich abgegrenzten Teil eines Bestandes Verluste von

- ➜ mindestens drei Tieren bei einer Bestandsgröße von bis zu 100 Tieren oder
- ➜ mehr als 2 % der Tiere des Bestandes bei einer Bestandsgröße von mehr als 100 Tieren
- ➜ oder es kommt zu einer Abnahme der üblichen Legeleistung oder der durchschnittlichen Gewichtszunahme von jeweils mehr als 5 %, so hat der Tierhalter unverzüglich durch einen Tierarzt das Vorliegen einer Infektion mit dem hochpathogenen oder niedrigpathogenen aviären Influenzavirus durch geeignete Untersuchungen ausschließen zu lassen.

Treten in einem Bestand oder räumlich abgegrenzten Teil eines Bestandes, in dem ausschließlich Enten und Gänse gehalten werden, über einen Zeitraum von mehr als vier Tagen

- Verluste von mehr als der dreifachen üblichen Sterblichkeit der Tiere des Bestandes oder des räumlich abgegrenzten Teils des Bestandes oder
- eine Abnahme der üblichen Gewichtszunahme oder Legeleistung von mehr als 5 vom Hundert ein,

so hat der Tierhalter unverzüglich durch einen Tierarzt das Vorliegen einer Infektion mit dem hochpathogenen oder niedrigpathogenen aviären Influenzavirus durch geeignete Untersuchungen ausschließen zu lassen.

Weiterhin hat jede Person, die gewerbsmäßig im Rahmen der Ein- oder Ausstallung von Geflügel tätig ist, den Namen und die Anschrift des jeweiligen Betriebes in dem sie tätig geworden ist, die Art der Tätigkeit, Zeitpunkt und die Art des Geflügels, aufzuzeichnen.

Der Tierhalter hat sicherzustellen, dass jede Person die gewerbsmäßig bei der Ein- oder Ausstallung von Geflügel tätig ist, während der Tätigkeit geeignete **Schutzkleidung** trägt und dass die Schutzkleidung unverzüglich nach Gebrauch gereinigt und desinfiziert oder unschädlich beseitigt wird.

Werden in einem Geflügelbestand mehr als 1000 Stück Geflügel gehalten, so hat der Tierhalter sicherzustellen, dass folgende **allgemeine Schutzmaßregeln** eingehalten werden.

- Ein- und Ausgänge zu den Ställen gegen unbefugten Zutritt oder unbefugtes Befahren sichern.
- Ställe von betriebsfremden Personen nur mit betriebseigener Schutzkleidung oder Einwegkleidung betreten werden und nach Verlassen des Stalles unverzüglich abgelegt werden.
- Schutzkleidung nach Gebrauch unverzüglich gereinigt und desinfiziert und Einwegkleidung nach Gebrauch unverzüglich unschädlich beseitigt wird.
- Nach jeder Einstallung oder Ausstallung von Geflügel die dazu eingesetzten Gerätschaften und der Verladeplatz gereinigt und desinfiziert werden und dass nach jeder Ausstallung die frei gewordenen Ställe einschließlich der dort vorhandenen Einrichtungen und Gegenstände gereinigt und desinfiziert werden.
- betriebseigene Fahrzeuge unmittelbar nach Abschluss eines Geflügeltransports auf einem befestigten Platz gereinigt und desinfiziert werden.
- Fahrzeuge, Maschinen und sonstige Gerätschaften, die in der Geflügelhaltung eingesetzt und von mehreren Betrieben gemeinsam benutzt werden, jeweils im abgebenden Betrieb vor der Abgabe gereinigt und desinfiziert werden.
- eine ordnungsgemäße Schadnagerbekämpfung durchgeführt wird und hierüber Aufzeichnungen gemacht werden.
- der Raum, der Behälter oder die sonstigen Einrichtungen zur Aufbewahrung verendeten Geflügels bei Bedarf, mindestens jedoch einmal im Monat, gereinigt und desinfiziert werden.
- eine betriebsbereite Einrichtung zum Waschen der Hände sowie eine Einrichtung zur Desinfektion der Schuhe vorgehalten wird.
- Die zuständige Behörde kann auch für kleinere Bestände bis einschließlich 1000 Stück Geflügel oder für Bestände mit in Gefangenschaft gehaltenen Vögeln anderer Arten diese Schutzmaßnahmen anordnen.

Die **Geflügelpest-Verordnung** regelt die Voraussetzungen, unter denen **Geflügelausstellungen** und **Geflügelmärkte** abgehalten werden dürfen. Die Teilnahme an Ausstellungen, Märkten oder einer Veranstaltung ähnlicher Art ist an besondere Bestimmungen geknüpft, die sowohl vom Veranstalter als auch vom Aussteller zu beachten sind.

Außerdem ermöglicht die Verordnung durch eine behördliche Anordnung die Stallpflicht und regelt die Voraussetzungen für ein Aufstallungsgebot und dessen Aufhebung.

Auf Grundlage einer Risikobewertung durch das Friedrich-Loeffler-Institut (FLI) kann die zuständige Behörde ein Aufstallungsgebot für regionale Gebiete erlassen oder das Abdecken der Freiflächen mit geeigneten Schutzvorrichtungen (Netze oder Gitter) gegen das Eindringen von Wildvögeln vorschreiben.

Besteht eine erhöhte Seuchengefahr, kann die zuständige Behörde den mobilen Geflügelhandel nur unter bestimmten Bedingungen erlauben.

Im Gegensatz zur Newcastle-Krankheit sind **Schutzimpfungen** sowie **Heilversuche** gegen die Geflügelpest und die niedrigpathogene aviäre Influenza der Subtypen H5 und H7 verboten. Allerdings kann die zuständige Behörde Ausnahmen genehmigen

- für wissenschaftliche Zwecke, soweit Belange der Tierseuchenbekämpfung nicht entgegenstehen,
- Schutzimpfungen gegen die Geflügelpest oder die niedrigpathogene aviäre Influenza anordnen, soweit dies aus Gründen der Tierseuchenbekämpfung erforderlich ist.

Die Bekämpfung ist hier auf die schnellstmögliche Tilgung des Geflügelpesterregers ausgerichtet. Des Weiteren sind in der Verordnung alle notwendigen Maßnahmen zur Verhütung der Verschleppung sowohl vor amtlicher Feststellung als auch nach amtlicher Feststellung dieser Seuche geregelt. Wird die Erkrankung in einem Geflügelbestand festgestellt, so wird der Betrieb gesperrt, alle empfänglichen Tiere des Bestandes getötet, Kontaktbetriebe ermittelt , Sperr– und Beobachtungsgebiete sowie Kontroll- und Überwachungszonen eingerichtet etc. Ziel der Bekämpfungsmaßnahmen ist die vollständige Tilgung der Seuche (siehe Seite 97).

Newcastle-Verordnung

Verordnung zum Schutz gegen die Geflügelpest und die Newcastle-Krankheit

Vom 03. November 2004 (BGBl. I S. 2748), Bekanntmachung der Neufassung BGBl. I S. 3538 vom 23. Dezember 2005

In der neuen Geflügelpest-Verordnung vom 18. Oktober 2007 sind keine Vorschriften zur Bekämpfung der Newcastle-Krankheit enthalten. Deshalb sind bis zum Erlass einer anderweitigen bundesrechtlichen Regelung – hinsichtlich der Newcastle Krankheit – weiterhin die Vorschriften der alten Geflügelpest-Verordnung in der Fassung vom 23. Dezember 2005 anzuwenden.

Im Gegensatz zur klassischen Geflügelpest, müssen gegen die Newcastle-Krankheit alle Hühner und Truthühnerbestände durch einen Tierarzt geimpft werden, sodass im gesamten Bestand eine ausreichende Immunität der Tiere vorhanden ist. Der Besitzer hat über die durchgeführten Impfungen Nachweise zu führen. Des Weiteren dürfen Hühner oder Truthühner nur in einen Geflügelbestand verbracht oder eingestellt oder auf Geflügelmärkte, Geflügelschauen oder -ausstellungen oder Veranstaltungen ähnlicher Art nur verbracht werden, wenn sie von einer tierärztlichen Bescheinigung begleitet sind, aus der hervorgeht, dass der Herkunftsbestand der Tiere, im Falle von Eintagsküken der Elterntierbestand, regelmäßig entsprechen den Empfehlungen des Impfstoffherstellers gegen die Newcastle-Krankheit geimpft worden ist.

Tierimpfstoff-Verordnung (TierImpfStV)

Verordnung über Sera, Impfstoffe und Antigene nach dem Tiergesundheitsgesetz

In der Fassung vom 24. Oktober 2006 BGBl. I S. 2355, zuletzt geändert am 26. März 2017 (BGBl. I S. 626)

Die **Tierimpfstoff-Verordnung** enthält Vorschriften über Sera, Impfstoffe oder Antigene, die unter Verwendung von Krankheitserregern oder auf biotechnischem Wege hergestellt werden und zur Verhütung, Erkennung oder Heilung von Tierseuchen bestimmt sind. Maßgeblich für diese Ausnahme vom Anwendungsbereich des Arzneimittelgesetzes war, dass veterinärmedizinische Sera, Impfstoffe und Antigene seit langem integrierter Bestandteil der staatlichen Bekämpfung übertragbarer Tierkrankheiten sind und ihre Verwendung bereits eingehend tierseuchenrechtlich geregelt ist. Zweck der Tierimpfstoff-Verordnung ist die Schaffung der notwendigen tierseuchenrechtlichen Vorschriften über die Herstellung, Zulassung, Kennzeichnung, Abgabe und Anwendung dieser Mittel.

Für die Anwendung von Impfstoffen durch den Tierhalter gelten besondere Bestimmungen.

Verordnung über meldepflichtige Tierseuchen

In der Fassung vom 23. Dezember 2005, zuletzt geändert am 31. August 2015 durch BGBl. I S. 1474

Neben den anzeigepflichtigen Tierseuchen gibt es die **meldepflichtigen Tierkrankheiten**. Meldepflichtige Tierkrankheiten sind auf Haustiere und Süßwasserfische übertragbare Krankheiten. Diese Tierkrankheiten werden nicht mit staatlichen Maßnahmen bekämpft, über sie muss jedoch ein ständiger Überblick vorhanden sein. Die Meldepflicht ist für solche Tierkrankheiten eingeführt worden, die praktische Bedeutung gewinnen können und gut zu diagnostizieren sind. Die Kenntnis der Art, des Umfanges und der Entwicklung dieser Krankheiten ist für die frühzeitige Anwendung geeigneter Bekämpfungsmaßnahmen eine unerlässliche Voraussetzung. Des Weiteren sind sie für die im Rahmen internationaler Verpflichtungen zu erstattenden Berichte notwendig.

Zur Meldung beim Geflügel der aufgeführten **Krankheiten oder den Nachweis deren Erreger** sind verpflichtet

- Leiter der Veterinäruntersuchungsämter, Leiter der Tiergesundheitsämter oder sonstiger öffentlicher oder privater Untersuchungsämter sowie
- Tierärzte, die in Ausübung ihres Berufes eine meldepflichtige Krankheit feststellen.

Die Meldungen sind unverzüglich weiterzugeben, an die nach Landesrecht zuständige Behörde unter Angabe folgender Daten:

- Datum der Feststellung,
- betroffene Tierart.

Aufgrund der Verordnung über die meldepflichtigen Tierseuchen sind bei Puten, Enten, Gänsen Hühnern und Tauben folgende Tierkrankheiten meldepflichtig:

- Camylobacteriose (thermophile Camylobacter)
- Chlamydiose (Chlamydophila Spezies)
- Gumboro-Krankheit (Hühner, Puten)
- Infektiöse Laryngotracheitis des Geflügels (ILT)
- Listeriose (*Listeria monocytogenes*)
- Marekscher Krankheit (Hühner)
- Salmonellose/*Salmonella* spp. [1)]
- Tuberkulose
- Vogelpocken (Avipoxinfektion)

1) ausgenommen Salmonelleninfektionen, für die eine Mitteilungspflicht nach § 4 der Geflügel-Salmonellen-Verordnung besteht

Geflügel-Salmonellen-Verordnung (GflSalmoV)

Verordnung zum Schutz gegen bestimmte Salmonelleninfektionen beim Haushuhn und bei Puten

Vom 06. April 2009 BGBl. I S. 752, zuletzt geändert am 26. März 2017 durch BGBl. I S. 626

Die EG-Kommission hat mit der Umsetzung der europäischen Zoonosen-Richtlinie 2003/99/EG und der Verordnung (EG) Nr. 2160/2003 des Europäischen Parlaments und des Rates vom 17. November 2003 zur Bekämpfung von Salmonellen und bestimmten anderen durch Lebensmittel übertragbaren Zoonoseerregern, der sogenannten EG-Zoonosen-Richtlinie, neben dem „Monitoring" bestimmter Zoonosen auch Maßnahmen zur Minderung der Salmonellen-Verschleppung von Geflügelbeständen in die Lebensmittelkette vorgeschrieben. Durch die Maßnahmen im Tierhaltungsbereich wird ein maßgeblicher Beitrag zum Schutz des Verbrauchers in Verbindung mit den Eier-Vermarktungsnormen, der Lebensmittelhygiene, Verbraucheraufklärung und Seuchenhygiene, zur Minderung des Salmonellen-Eintrags in die Lebensmittelkette geleistet.

Die Geflügel-Salmonellen-Verordnung löst die alte Hühner-Salmonellen-Verordnung ab und umfasst nun Hühner und Puten. Sie schreibt im Besonderen die Bekämpfung von Salmonella enteritidis und typhimurium (Salmonellen der Kategorie 1), aber auch von Salmonella hadar, virchow und infantis (Salmonellen der Kategorie 2) vor. Durch betriebseigene Kontrollen und amtliche Untersuchungen in Hühner- und Putenbeständen sowohl bei der Vermehrung, Brut, Aufzucht, Mast und Legebetrieben soll eine Übertragung der Salmonellen vom Elterntier auf die Nachkommen vorgebeugt werden.

Betroffen von dieser Verordnung sind

- Hühner- und Putenzuchtbetriebe mit mindestens 250 Tiere zu Zucht- oder Vermehrungszwecken
- Hühneraufzucht- und -legebetriebe mit mindestens 350 Hühnern
- Hühner- und Putenbrütereien
- Hähnchenmastbetriebe mit mindestens 5000 Hühnern zur gewerbsmäßigen Fleischgewinnung
- Putenmastbetriebe mit mindesterns 500 Puten zur gewerbsmäßigen Fleischgewinnung

Dafür sind je nach Bestandsart und -größe Proben aus der Einstreu, aus Kükenkästen, Kotsammelproben, Mekonium (erster Kot der Eintagsküken) oder Kükenproben zu untersuchen. Werden bei diesen Untersuchungen *Salmonella enteritidis* oder *Salmonella typhimurium* festgestellt, so ist dieser Verdacht der zuständigen Behörde (i.d.R. Veterinäramt) mitzuteilen. Bestätigt sich dieser Verdacht aufgrund einer „amtlichen" Untersuchung, so gilt die Salmonelleninfektion als festgestellt und der Betrieb unterliegt der „Sperre". Diese Sperre wird nur nach einer Impfung gegen Salmonellen oder einer chemotherapeutischen Behandlung, oder im Einzelfall nach der Tötung zur unschädlichen Beseitigung, aufgehoben.

Als weitere Maßnahme zur Minderung des Salmonellenrisikos ist in dieser Verordnung die **Impfung von Junghennen** vor der Legereife vorgeschrieben, wenn sie zum Zweck der Konsumeierproduktion vorgesehen sind.

Tierische Nebenprodukte-Beseitigungsgesetz (TierNebG)

Vom 25. Januar 2004 BGBl. I S. 82, zuletzt geändert am 04. August 2016 BGBl. I S. 1966

Das seit 1939 geltende Tierkörperbeseitigungsgesetz (TierKBG) über die Beseitigung von Tierkörpern, Tierkörperteilen und tierischen Erzeugnissen, in der Fassung vom 11. April 2001 (BGBl. I S. 523) wurde am 29.01.2004 außer Kraft gesetzt und durch das Tierische Nebenprodukte-Beseitigungsgesetz (TierNebG) ersetzt. Das TierNebG führt die harmonisierten Rechtsvorstellungen der EU, die Verordnung (EG) 1774/2002 mit Hygienevorschriften für nicht für den menschlichen Verzehr bestimmte tierische Nebenprodukte, in das deutsche Recht ein.

Bei der Beseitigung von Tierkörpern und tierischen Nebenprodukten, kurz Tierkörperbeseitigung, geht es im Wesentlichen um die hygienisch einwandfreie Verwertung bzw. möglichst unschädliche Entsorgung und Beseitigung von tierischen Nebenprodukten.

„**Tierische Nebenprodukte**" sind Schlachtabfälle ebenso wie tote, also verendete, nicht geschlachtete Nutztiere oder tote Heimtiere. Auch Küchen- und Speiseabfälle, tierische Gülle und Milch, die nicht zum menschlichen Verzehr bestimmt ist, fallen darunter.

Statt wie bisher in **Tierkörper**, **Tierkörperteile** und **Erzeugnisse** werden **Tierische Nebenprodukte** jetzt in **3 Hygienekategorien** eingeteilt. Für das Material jeder Kategorie werden bestimmte Verarbeitungs- bzw. Beseitigungsmöglichkeiten festgelegt, die von der Verwertung in Tierfutter über Vergärung in Biogasanlagen bis zur Deponierung und „thermischen Verwertung" reichen.

Kategorie 1 Nebenprodukte besitzen den höchsten Gefährdungsgrad. Darunter fallen Transmissible spongioforme Encephalopathie (TSE)-verdächtige (z. B. BSE) oder wegen TSE getötete Tiere genauso wie Heimtiere, Zoo- und Zirkustiere, Versuchstiere, auch Wildtiere, soweit sie einer auf Mensch und Tier übertragbaren Krankheit verdächtig sind und Erzeugnisse von Tieren, denen verbotene Stoffe verabreicht wurden oder bei denen Rückstände von Umweltgiften gefunden wurden. Ferner fällt in diese Kategorie das bei der Schlachtung und Zerlegung von Rindern, Schafen und Ziegen sicher gestellte Spezifizierte Risikomaterial (SRM) und Küchen- und Speiseabfälle aus Beförderungsmitteln im grenzüberschreitenden Verkehr. Dieses Material der Kategorie 1 muss zwingend beseitigt werden, sei es nach vorheriger Drucksterilisation (Zerkleinerung auf max. 5 cm Kantenlänge, Erhitzung auf mindestens 133 °C und mindestens 20 min bei 3 bar Druck) und anschließender Verbrennung oder direkter Verbrennung. Es besteht auch die Möglichkeit der Deponierung nach vorheriger Drucksterilisation.

Kategorie 2 Nebenprodukte fallen unter den nächstgeringeren Gefährdungsgrad. Der Kategorie 2 werden die herkömmlich beseitigungspflichtigen tierischen Materialien zugeordnet. Hier finden wir Nutztiere, Wildtiere, die nicht einer auf Mensch und Tier übertragbaren Krankheit verdächtig sind, Konfiskate vom Schlachthof im herkömmlichen Sinne, also Schlachtkörperteile mit krankhaften Veränderungen, und andere tierische Nebenprodukte, die weder in Kategorie 1 noch 3 aufgeführt sind und letztlich auch Gülle. Diese Stoffe müssen mit Ausnahme der Gülle einer Drucksterilisation unterworfen werden, von denen fünf verschiedene Methoden in der Verordnung beschrieben sind. Die daraus hergestellten Produkte, Tierfett und Tiermehl, können in einer Fettschmelze für technische Fette verarbeitet werden, als Bodenverbesserungsmittel dienen oder in eine Biogas- oder Kompostieranlage eingebracht werden. Material der Kategorie 2 kann aber auch direkt oder nach Verarbeitung, z. B. Drucksterilisation, verbrannt werden.

Kategorie 3 Nebenprodukte sind tierische Nebenprodukte, die hygienisch einwandfrei sein müssen, so dass von Ihnen keine Gefährdung für die Gesundheit von Mensch und Tier ausgeht. Zu ihnen zählen Schlachtnebenprodukte wie Häute, Hufe, Hörner, Borsten, Federn usw. von schlachttauglichen Tieren, ferner Rohmilch, Fische oder andere Meerestiere, Küchen- und Speiseabfälle allgemein sowie ehemalige („überlagerte") Lebensmittel.

Unter bestimmten Bedingungen kann aus diesen Stoffen Heimtierfutter gewonnen werden. Eine wie bisher vielfältige Möglichkeit technischer Verwertung von Häuten, Hornmehl, Borsten, Federn usw. ist ebenfalls vorgesehen. Material der Kategorie 3 kann aber auch nach Zerkleinerung und Erhitzung in eine Biogas- oder Kompostieranlage eingebracht werden, direkt verbrannt oder nach Verarbeitung auf eine Deponie gebracht werden.

Verendetes Geflügel und als „untauglich zum Genuss für Menschen" beurteilte Tierkörperteile wie auch sonstige Nutz- und größere Haustiere sind über **Tierkörperbeseitigungsanstalten** zu beseitigen. Nach den jeweiligen Ausführungsgesetzen der Bundesländer zum TierNebG dürfen lediglich „einzelne Tierkörper vom Geflügel" auf eigenem Gelände vergraben werden. Auch einzelne Tierkörper von verstorbenen kleinen Heimtieren, wie Hund oder Katze, dürfen auf eigenem Gelände unter einer mindestens 50 Zentimeter starken Erdschicht vergraben werden. Voraussetzung ist, dass das Grundstück nicht in unmittelbarer Nähe von öffentlichen Wegen und Plätzen und nicht im Wasserschutzgebiet liegt.

Tierschutzgesetz

In der Fassung der Bekanntmachung vom 18. Mai 2006 (BGBl. I S. 1206, 1313), zuletzt geändert am 17. Dezember 2018 (BGBl. I S. 2586)

Das Staatsziel Tierschutz, das seit nunmehr zehn Jahren im Grundgesetz verankert ist, dient als verfassungspolitische Leitlinie. Die Tiergesundheit und das Wohlbefinden der Tiere in Verbindung mit höchsten Produktions- und Produktstandards und damit die Sicherheit für Mensch und Tier im Vordergrund. Der Tierschutz steht sowohl bei Haustieren, landwirtschaftlichen Nutztieren, Versuchstieren in der Forschung oder bei Tieren die im Zirkus Kunststücke vorführen im Vordergrund. Zum Schutz dieser Tiere wurden neue Regelungen getroffen. Außerdem wurden neue Regelungen verankert zum Qualzuchtverbot, Schenkelbrand bei Pferden, Wildtiere im Zirkus, die Einfuhr von Wirbeltieren, beim Verkauf von Heimtieren, zur Erlaubnispflicht der gewerbsmäßigen Hundeausbildung und Verbote wie Tiere zu verlosen und der Zoophilie.

Mit der letzten Änderung des Tierschutzgesetzes wurde der Tierschutz in vielen Bereichen und für eine Reihe von unterschiedlichen Tierarten verbessert. Deutlich verbessert wurde im Rahmen der Novellierung des Tierschutzgesetzes der Schutz von Versuchstieren. Unter anderem wurden weitere gesonderte Regelungen für die Verwendung von Affen erlassen. Zentraler Bestandteil ist ein fast vollständiges Verbot der Nutzung von Menschenaffen als Versuchstiere.

Die Haltung von Nutztieren darf in Deutschland nur unter Einhaltung der Regelungen des Tierschutzgesetzes und der Tierschutz-Nutztierhaltungsverordnung erfolgen. Sinn und Zweck dieser Regelungen ist insbesondere, sicherzustellen, dass es Nutztieren möglich ist, ein nahezu natürliches der jeweiligen Tierart entsprechendes Verhalten auszuüben. Die Einhaltung der entsprechenden Mindestanforderungen gewährleistet eine angemessene Ernährung und Pflege und eine verhaltensgerechte Unterbringung von Nutztieren. Der Nutztierhalter ist außerdem verpflichtet, seine Tiere täglich zu kontrollieren und in Augenschein zu nehmen.

Darüber hinaus wurde mit dem am 13. Juli 2013 in Kraft getretenen Dritten Gesetz zu Änderung des Tierschutzgesetzes eine Verpflichtung des Halters zu einer tierschutzbezogenen Eigenkontrolle anhand von Tierschutzindikatoren eingeführt. Damit soll der Eigenverantwortung des Tierhalters für die tierschutzgerechte Haltung und Betreuung der Tiere ein höherer Stellenwert eingeräumt werden. Das Wohlergehen der Tiere soll anhand der Indikatoren eingeschätzt werden und gegebenenfalls Maßnahmen zur Verbesserung ergriffen werden. Ziel ist es, den Tierschutz in der landwirtschaftlichen Nutztierhaltung weiter zu verbessern und die Haltungsbedingungen noch stärker an die Bedürfnisse der Tiere anzupassen. So sollen zum Beispiel Strategien zur Vermeidung nicht-kurativer Eingriffe wie dem Schnabelkürzen bei Legehennen entwickelt oder nachhaltige und/ oder besonders tiergerechte Haltungsverfahren gefördert werden.

Im Grundsatz gelten bei Wirbeltieren ein Amputationsverbot und die Vorschrift der Betäubung bei mit Schmerzen verbundenen Eingriffen. Dies gilt im Einzelfall nicht, wenn der Eingriff für die vorgesehene Nutzung des Tieres zu dessen Schutz oder zum Schutz anderer Tiere unerlässlich ist. Deshalb ist das Kürzen des Schnabels bei Nutzgeflügel erlaubt, wenn glaubhaft dargelegt werden kann, dass der Eingriff unerlässlich ist.

Aufgrund der **Allgemeinen Verwaltungsvorschrift zur Durchführung des Tierschutzgesetzes vom 9. Februar 2000** (BAnz. Nr. 36a S. 1) darf die zuständige Behörde (i.d.R. Veterinäramt) die Erlaubnis zur Durchführung des Schnabelkürzens erteilen, wenn die Tiere nach den fachlich anerkannten Haltungsanforderungen gehalten werden und somit bekannte Faktoren, die für Federpicken und Kannibalismus verantwortlich sind, ausgeschlossen werden können, trotzdem aber die Gefahr des Federpickens weiter besteht. Dennoch ist das Schnabelkürzen bei Küken, die dazu bestimmt sind, in herkömmlichen Käfigen gehalten zu werden, verboten.

Darüber hinaus darf bei Hahnenküken, die als Zuchthähne für Mastküken Verwendung finden sollen, ohne Betäubung das krallentragende letzte Zehenglied während des ersten Lebenstages abgesetzt werden.

Tierschutz-Nutztierhaltungsverordnung (TierSchNutztV)

Verordnung zum Schutz landwirtschaftlicher Nutztiere und anderer zur Erzeugung tierischer Produkte gehaltener Tiere bei ihrer Haltung

Vom 22. August 2006 BGBl. I S. 2043, zuletzt geändert am 05. Juli 2017 durch BGBl. I S. 2147

Für das Halten von Nutztieren zu Erwerbszwecken gelten die Maßgaben der Tierschutz-Nutztierhaltungs-Verordnung, die auch der Umsetzung verschiedener EG-Richtlinien dient. Darin sind allgemeine Anforderungen an Haltungseinrichtungen hinsichtlich der baulichen Beschaffenheit der Ställe sowie an Überwachung, Fütterung und Pflege enthalten. Konkrete Anforderungen zur Haltung bestehen im Verordnungstext bislang für die Kälber, Legehennen, Masthühner, Schweine und für Kaninchen und Pelztiere.

In der Richtline **1999/74/EG zur Festlegung von Mindestanforderungen zum Schutz von Legehennen** vom 19. Juli 1999, Europäisches Amtsblatt Nr. L 203, S.53 Stand: 05.06.2003 sind die Mindestanforderungen an die Haltung von Legehennen festgeschrieben. In Deutschland ist diese Richtline mit der Tierschutz-Nutztierhaltungsverordnung und der Ersten Verordnung zur Änderung der Tierschutz-Nutztierhaltungsverordnung vom 28. Februar 2002 sowie der Zweiten Verordnung zur Änderung der Tierschutz-Nutztierhaltungsverordnung vom 1. August 2006 in geltendes Recht umgesetzt. Damit wurde die Kleingruppenhaltung (ähnlich dem ausgestaltete Käfig) als Haltungsform in Deutschland zugelassen. Allerdings hat das Bundesverfassungsgericht diese Verordnung wegen eines Formfehlers im Gesetzgebungsverfahren für nicht verfassungskonform erklärt.

Durch die sechste Verordnung zur Änderung der TierSchNutztV 2016 ist die Haltung von Legehennen in Kleingruppen in Deutschland nicht mehr erlaubt. Betriebe, die in der Vergangenheit in Kleingruppenhaltung investiert haben dürfen diese Anlagen entsprechend der jeweiligen getroffenen Regelungen mit den zuständigen Behörden nur noch bis Ende 2025 bzw. 2028 weiter betreiben. Die Verordnung beinhaltet die Anforderungen an die Haltungseinrichtungen in Freiland-, Boden- und Volierenhaltung sowie die Anforderungen bei der Überwachung, Fütterung und Pflege von Legehennen.

In der Richtlinie 2007/43/EG des Rates vom 28. Juni 2007 sind ebenfalls die Mindestanforderungen zum Schutz von Masthühnern erlassen Diese Richtlinie wurde am 09. Oktober 2009 mit der Vierten Verordnung zur Änderung der Tierschutz-Nutztierhaltungsverordnung mit detaillierten Anforderungen an die Haltung von Masthühnern in geltendes Recht umgesetzt. Die Verordnung beinhaltet Regelungen zur Sachkunde und Sachkundenachweis der Tierhalter. Präzise Angaben zu den baulichen Voraussetzungen, den Tränkevorrichtungen, Fütterungseinrichtungen, zur Lüftung und Tageslichteinfall.

Tierschutz-Schlachtverordnung (TierSchlV)

Verordnung zum Schutz von Tieren im Zusammenhang mit der Schlachtung oder Tötung und zur Durchführung der Verordnung (EG) Nr. 1099/2009 des Rates) vom 31. Dezember 2012 (BGBl I S.2982)

Mit dieser Verordnung soll der Schutz von Tieren bei der Schlachtung verbessert werden. Sie ist am 1. Januar 2013 in Deutschland in Kraft getreten. Damit wurde die EU-Tierschutzschlachtverordnung (**Verordnung (EG)** Nr. 1099/2009 **über den Schutz von Tieren zum Zeitpunkt der Tötung** vom 24. September 2009 (Amtsblatt der Europäischen Union L 303, S.1 vom 18.11.2009) in nationales Recht umgesetzt.

Jeder, der Geflügel betreut, ruhigstellt, betäubt, schlachtet oder tötet, muss über die hierfür notwendigen Kenntnisse und Fähigkeiten (Sachkundenachweis) verfügen.

Der Sachkundenachweis wird von der zuständigen Behörde oder der sonst nach Landesrecht beauftragten Stelle auf Antrag erteilt, wenn die Sachkunde im Rahmen einer erfolgreichen Prüfung oder eine als gleichwertig anerkannte Qualifikation nachgewiesen worden ist.

Wer Geflügel im Rahmen seiner beruflichen Tätigkeit zur direkten Abgabe kleiner Mengen von Fleisch an

- Endverbraucher oder
- örtliche Betriebe des Einzelhandels zur unmittelbaren Abgabe an Endverbraucher schlachtet,

muss ebenfalls über einen gültigen Sachkundenachweis verfügen.

Im Sinne dieser Verordnung ist eine **Tötung** jedes bewusst eingesetzte Verfahren, das den Tod eines Tieres herbeiführt. Außerhalb von Schlachthöfen darf eine **Nottötung** (Tötung von verletzten Tieren oder kranken Tieren, mit große Schmerzen oder Leiden, wenn es keine andere praktikable Möglichkeit gibt, diese Schmerzen oder Leiden zu lindern) durchgeführt werden.

Im Fall der **Nottötung** ergreift der Halter der betroffenen Tiere alle Maßnahmen, die erforderlich sind, um die Tiere so bald als möglich zu töten.

Vor einer Tötung ist eine Betäubung (das Tier ohne Schmerzen in eine Wahrnehmungs- und Empfindungslosigkeit versetzten, einschließlich jedes Verfahrens, das zum sofortigen Tod führt) durchzuführen.

Die Bestimmungen der nationalen Verordnung zur Betäubung und Tötung von Geflügel weichen deutlich von den zulässigen Betäubungsverfahren der Verordnung (EG) Nr. 1099/2009 ab.

Im Folgenden sind einige mögliche Methoden zur Betäubung und Nottötung von Geflügel außerhalb eines Schlachthofs nach der nationalen Tierschutz -Schlachtverordnung aufgeführt. Weitergehende Informationen zu den im Einzelfall vorliegenden Voraussetzungen und Bestimmungen sind bei den zuständigen Veterinärämtern zu erfragen.

Methoden zur Betäubung und Nottötung bei Geflügel

Der **penetrierende Bolzenschuss** ist ein einfaches Betäubungsverfahren und führt zu einer schwerwiegenden und irreversiblen Schädigung des Gehirns durch einen Bolzen, der auf das Schädeldach aufschlägt und dieses durchdringt. Ein den Tod herbeiführendes Verfahren muss unmittelbar danach durchgeführt werden.

Der **nicht penetrierende** Bolzenschuss/Schlag ist ein einfaches Betäubungsverfahren und verursacht eine schwerwiegende und irreversible Schädigung des Gehirns durch einen Bolzen, der auf das Schädeldach aufschlägt, dieses aber nicht durchdringt. Diese Methode darf bei Geflügel angewendet werden. Ein den Tod herbeiführendes Verfahren muss unmittelbar danach durchgeführt werden.

Der Kugelschuss (Schuss mit einer Feuerwaffe) ist bei Geflügel zur Nottötung zugelassen. Der Kugelschuss ist so auf den Kopf des Tieres abzugeben und das Projektil muss über ein solches Kaliber und eine solche Auftreffenergie verfügen, dass das Tier sofort betäubt und getötet wird.

Die Zerkleinerung darf bei Küken und bei nicht schlupffähigen Küken angewendet werden.

Der **Genickbruch**, der zu zerebraler Ischämie führt, ist bei Geflügel mit einem Lebendgewicht von bis zu 3 kg erlaubt. Der Genickbruch darf bei Geflügel nur außerhalb von Schlachthöfen im Falle der Nottötung und nur im Anschluss an eine Betäubung durchgeführt werden.

Der stumpfe Schlag auf den Kopf durch einen festen und präzisen Schlag auf der Kopf, der eine schwerwiegende Schädigung des Gehirns hervorruft, darf bei Geflügel mit einem Lebendgewicht von bis zu 5 kg angewendet werden. Der stumpfe Schlag auf den Kopf ist mit einem geeigneten Gegenstand und ausreichend kräftig auszuführen. Ein den Tod herbeiführendes Verfahren muss unmittelbar danach durchgeführt werden.

Arzneimittelgesetz (AMG)

Gesetz über den Verkehr mit Arzneimitteln

Bekanntgabe der Neufassung BGBL. I S. 3394 vom 15. Dezember 2005, zuletzt geändert am 18. Juli 2017 BGBl. I S. 2757

Durch die neuen Regelungen der 16. AMG Novelle, die am 1. April 2014 in Kraft getreten ist, soll durch den sorgfältigen Einsatz von Antibiotika in der Tiermedizin die Ausbreitung von Antibiotika-Resistenzen begrenzt werden.

Die Novelle des Arzneimittelgesetzes (AMG) hat zum Ziel den Einsatz von Antibiotika in der Nutztierhaltung auf das zur Behandlung von Tierkrankheiten absolut notwendige Maß zu minimieren. Um den Einsatz von Antibiotika zu kontrollieren, werden die Befugnisse der zuständigen Kontroll- und Überwachungsbehörden in erheblichem Umfang erweitert. Der Tierhalter ist verpflichtet den Antibiotika-Einsatz kritisch zu überprüfen und wo notwendig zu reduzieren.

Durch die neuen Regelungen, die am 1. April 2014 in Kraft getreten sind,

- wird die Minimierung des Einsatzes von Antibiotika als permanente Aufgabe des Tierhalters etabliert,
- ist der Tierhalter verpflichtet den Einsatz von Antibiotika und dessen Ursachen in seinem Betrieb zu überprüfen,
- müssen sich die Behörden zur Tierarzneimittelüberwachung aktiv und vor Ort ein Bild über den Antibiotika-Einsatz machen und angemessene Maßnahmen treffen.

Betroffen von der Pflicht zur Erfassung der eingesetzten Arzneimittel sind Tierhaltungsbetriebe, die durchschnittlich mehr als

- 20 zur Mast bestimmte Rinder,
- 250 zur Mast bestimmte Schweine,
- 1.000 Mastputen oder
- 10.000 Masthühner halten.

Ab dem 01. Juli 2014 beginnt die Verpflichtung der Tierhalter zur halbjährlichen Erfassung der Arzneimittelanwendung, folgendes ist vom Tierhalter zu erfassen:

- die Bezeichnung des angewendeten Antibiotikums,
- die Anzahl und die Tierart der behandelten Tiere,
- die Anzahl der Behandlungstage,
- die insgesamt angewendete Menge von Antibiotika,
- für jedes Halbjahr Angaben zur Anzahl der gehaltenen Tiere, die es ermöglichen, die durchschnittliche Anzahl gehaltener Tiere zu ermitteln.

Der erste Erfassungszeitraum endet am 31.12. 2014. Die bis dahin erfassten Daten müssen dann bis zum 14.01.2015 für das 2. Halbjahr 2014 vom Tierhalter an die zuständige Behörde übermittelt werden. Der nächste Erfassungszeitraum erstreckt sich dann vom 01.01.2015 bis zum 30.06.2015 usw.

Die Mitteilung selbst hat elektronisch oder schriftlich zu erfolgen. Die für den Vollzug zuständigen Länderbehörden haben eine Tierarzneimitteldatenbank als Teil der sogenannten HIT-Datenbank (Herkunftssicherungs- und Informationssystem) für Tiere geschaffen. Informationen dazu sind auf der Internetadresse www.hi-tier.de eingestellt.

Danach findet der halbjährliche Vergleich der betriebsindividuellen Situation mit anderen Betrieben gleicher Produktionsrichtungen statt.

Liegt ein Betrieb über dem Durchschnitt aller Betriebe müssen Tierhalter und Tierarzt gemeinsam die Ursachen ermitteln und Maßnahmen ergreifen, die zur Reduzierung der Antibiotika-Anwendung führen. Sofern ein Betrieb mit seiner Kennzahl zu den 25 Prozent mit den höchsten Werten zählt, muss der Tierhalter einen schriftlichen Maßnahmenplan zur Senkung des Antibiotika-Einsatzes erarbeiten und diesen der zuständigen Behörde übermitteln.

Die zuständige Behörde kann

- bei Betrieben, deren Therapiehäufigkeit die bundesweiten Kennzahlen überschreiten, konkrete Maßnahmen zur Verbesserung der Hygiene, der Gesundheitsvorsorge oder sonstiger Haltungsbedingungen anordnen, wenn sich dies positiv auf die Reduzierung des Antibiotika-Einsatzes auswirkt,

- grundsätzlich auch Maßnahmen in anderen Rechtsbereichen ergreifen, wenn dies zur Antibiotika-Reduzierung unerlässlich ist,
- im Extremfall sogar das Ruhen der Tierhaltung anordnen,
- Tierärzte und Tierhalter auffordern, weitere Daten zur Abgabe und Anwendung von Antibiotika zusammengefasst zu übermitteln,
- von anderen Behörden, die Betriebe zum Beispiel im Bereich Tierschutz und Lebensmittelhygiene kontrollieren, Daten und Erkenntnisse anfordern, die auf einen Verstoß gegen arzneimittelrechtliche Vorschriften hindeuten.

Darüber hinaus enthält das AMG zahlreiche Ermächtigungen, um Details unter anderem zu folgenden Punkten in Verordnungen zu regeln:

- Verbindlichkeit, der mit der Zulassung bestimmter Antibiotika in der Packungsbeilage festgelegten Anwendungsbestimmungen für den Tierarzt. Dies ist z.B. bei oral anzuwendenden Antibiotika wichtig.
- Verpflichtendes Antibiogramm (Laboruntersuchung über die Wirksamkeit eines Antibiotikums) z. B. beim Wechsel eines Antibiotikums und bei einer eventuell erforderlichen Umwidmung.
- Einschränkung des Einsatzes von humanen „Reserveantibiotika“ in Deutschland für die Tierhaltung durch Begrenzung der Umwidmung.

Das Europäische Lebensmittelhygienerecht

Die EU-Kommission hat das Europäische Lebensmittelhygienerecht mit der Verordnung 178/2002 als „Basis-Verordnung“ neu gestaltet, um für einen umfassenden Gesundheitsschutz des Verbrauchers eine transparente und schlüssige Hygienepolitik zu schaffen. Dazu wurden vier neue Verordnungen zur Lebensmittelhygiene im Amtsblatt der EU veröffentlicht. Dieses neue **EU-Hygienepaket** ist seit **1. Januar 2006** unmittelbar in allen Mitgliedsstaaten geltendes Recht. In diesem Hygienepaket sind die bislang gültigen 16 produktspezifische Richtlinien, die Vorschriften der Richtlinie 93/43/EWG (diese RL wurde mit der deutschen Lebensmittelhygieneverordnung in nationales Recht umgesetzt) zusammengefasst und auf Gemeinschaftsebene vereinheitlicht.
Das EU-Hygienepaket setzt sich im Grundsatz aus **vier neuen Verordnungen** zusammen:

1. Verordnung (EG) Nr. 852/2004 über Lebensmittelhygiene („H1“)
Diese Verordnung löst die deutsche Lebensmittelhygieneverordnung ab. Alle Lebensmittelunternehmen sind zur Einhaltung und Beachtung dieser allgemeinen und spezifischen Hygienevorschriften verpflichtet. Die allgemeinen Hygieneregeln für die Primärproduktion sind in Anhang I, für andere Betriebe in Anhang II aufgeführt. Weiterverarbeitende Betriebe, wozu auch Gaststätten zählen, werden zur Durchführung einer Gefahrenanalyse (HACCP-Konzept nach Codex Alimentarius) und einer angemessenen schriftlichen Dokumentation verpflichtet, wobei die Primärproduktion von dieser Anforderung ausgenommen ist. Weiterhin besteht für alle Betriebe eine allgemeine Betriebsregistrierungspflicht, für Betriebe im Bereich der Verarbeitung von Lebensmitteln tierischer Herkunft ist eine zusätzliche Zulassung erforderlich. Des Weiteren umfasst diese Verordnung die Erarbeitung von branchenspezifischen „Leitlinien für eine gute Hygiene-Praxis“ sowie die Bestimmungen für die Ein- und Ausfuhr von Lebensmitteln für Nicht-EU-Länder.

2. VO (EG) 853/2004 über spezifische Hygienevorschriften für Lebensmittel tierischer Herkunft („H2")

Diese Verordnung gilt ergänzend zur Hygieneverordnung 852/2004 und regelt spezifische Hygienevorschriften für Betriebe, die Lebensmittel tierischen Ursprungs verarbeiten.

Sie gilt für unverarbeitete Erzeugnisse und für Lebensmittel, die als „Verarbeitungserzeugnisse" aus der Erstverarbeitung hervorgehen. Ausgenommen sind Lebensmittel, die als Zutat Verarbeitungserzeugnisse tierischen Ursprungs und Zutaten pflanzlichen Ursprungs enthalten sowie Einzelhandelsbetriebe (mit Ausnahmen) und Betriebe der Gemeinschaftsverpflegung. In der Verordnung sind die Zulassungsvoraussetzungen festgelegt für Schlacht- und Zerlegebetriebe, Fleisch-, Geflügelfleisch und Hackfleischverarbeitung sowie für Wildfleisch, für Muscheln, Fisch, Milch, Eier, Gelatine u.a. Die Zulassungsvoraussetzungen entsprechen i.d.R. den bisher geltenden Bestimmungen. Die Zulassung erfolgt produktunabhängig nach einem einheitlichen Verfahren. Die bisherige Zweiteilung zwischen registrierungspflichtigen Betrieben bestimmter Größenordnungen mit lokalem Markt und zulassungspflichtigen Betrieben im Fleisch- und Geflügelfleischhygienerecht ist zugunsten einer Flexibilisierung und risikoorientierten Bewertung bei der Zulassung entfallen. Außerdem erhalten zugelassene Betriebe branchenunabhängig ein „Identitätskennzeichen", das auf allen Lebensmitteln zum Zwecke der Rückverfolgbarkeit aufgebracht werden muss.

3. VO (EG) 854/2004 mit Vorschriften für die amtliche Überwachung von zum menschlichen Verzehr bestimmten Erzeugnissen tierischen Ursprungs („H3")

Diese Verordnung regelt die Durchführung der Veterinärkontrollen im Bereich Lebensmittel tierischen Ursprungs.

Die Verordnung beschreibt die Grundsätze der amtlichen Überwachung, regelt die Aufgaben und Kompetenzen bei Betriebszulassungen, -prüfungen und Erteilung des Identitätskennzeichens sowie Verfahren zur Einfuhr. Die Maßnahmen wurden vereinfacht und modernisiert, spezifische Betriebskontrollen erfolgen auf Grundlage eines risikobasierten Ansatzes. Die Verordnung ergänzt die zeitgleich erlassene:

4. Verordnung (EG) Nr. 882/2004 über amtliche Kontrollen zur Überprüfung der Einhaltung des Lebensmittel- und Futtermittelrechts sowie der Bestimmungen über Tiergesundheit und Tierschutz („H4")

Diese neuen EU-Hygiene-Vorschriften haben als unmittelbar geltende Verordnungen erhebliche Auswirkungen auf das bestehende nationale Hygienerecht. Für den nationalen Gesetzgeber war am 1. Januar 2006 der Stichtag zur Bewerkstelligung der Änderungen der deutschen Gesetze, Verordnungen und Durchführungsvorschriften. Die nationalen Verordnungen zur Durchführung der Vorschriften des gemeinschaftlichen Lebensmittelhygienerechts und die Aufhebung der nationalen Verordnungen auf den Gebieten der Geflügelfleisch-, Fleisch-, Fisch-, Milch- und die Lebensmittelhygiene-Verordnung sind 2006 in Kraft getreten.

Das Geflügelfleischhygienegesetz und die Geflügelfleischhygiene-Verordnung und die Lebensmittel-Hygiene-Verordnung, sind abgelöst worden durch die Vorschriften der VO 853/2004 (Anhang III, Abschnitt II: Fleisch von Geflügel und Hasentieren) und VO 854/2004 (Anhang I Frischfleisch, Abschnitt IV Spezielle Vorschriften, Kapitel V Geflügel). Ebenso sind die Hühnerei-, die Entenei- und die Eiprodukte-Verordnung durch das EU-Hygienepaket zum größten Teil außer Kraft gesetzt worden. Es gelten in sofern nur noch die Regelungen der Verordnung 852/853/854 sowie der Verordnung der EU über bestimmte Vermarktungsnormen für Eier (VO (EWG) Nr. 1907/90) und der dazugehörigen Durchführungs-VO (VO (EWG) 2295/2003).

Durch das neue EU-Hygienepaket ist die Abgabe „kleiner Mengen" von Primärerzeugnissen bzw. bestimmten Lebensmittel tierischen Ursprungs an Endverbraucher und an den Einzelhandel ausgenommen. Für diesen Bereich der Abgabe basieren die jeweiligen Anforderungen auf einer risikoorientierten Bewertung. Primärerzeugnisse werden als „kleine Menge" definiert, wenn der Eier-Erzeuger weniger als 350 Legehennen hält und von diesen die Eier abgibt, bei Geflügelfleisch, wenn jährlich insgesamt nicht mehr als 10.000 Stück Geflügel gemästet und geschlachtet bzw. verarbeitet werden.

Lebensmittel- und Futtermittelgesetzbuch (LFGB)

Lebensmittel- und Futtermittelgesetzbuch in der Fassung der Bekanntmachung vom 3. Juni 2013 (BGBl. I S. 1426), zuletzt geändert durch Verordnung vom 28. Mai 2014 (BGBl. I S. 698)

Das **Lebensmittel-, Bedarfsgegenstände- und Futtermittelgesetzbuch** (Lebensmittel- und Futtermittelgesetzbuch – LFGB) ist in Deutschland am 7. September 2005 in Kraft getreten. Es löst weitgehend die Bestimmungen des Lebensmittel- und Bedarfsgegenständegesetzes (LMBG) ab. Damit wurde das deutsche Lebensmittelrecht entsprechend den gültigen EU-Verordnungen neugeordnet.

Das LFGB umfasst alle Produktions- und Verarbeitungsstufen vom Acker bis zum Teller und gilt außer für Lebensmittel und Bedarfsgegenstände auch für Futtermittel und Kosmetika. Oberstes Gebot ist die Lebensmittelsicherheit. Lebensmittel, die nicht sicher sind, dürfen nicht in den Verkehr gebracht werden. Der Hersteller, Händler oder Inverkehrbringer hat die einwandfreie Qualität der Ware sicherzustellen. Auf allen Verarbeitungsstufen vom Feld bis auf den Teller ist die Rückverfolgbarkeit der Produkte zu gewährleisten. Bei hinreichendem Verdacht für ein Gesundheitsrisiko können die Behörden die Öffentlichkeit informieren.

Legehennenbetriebsregistergesetz (LegRegG)

Gesetz über die Registrierung von Betrieben zur Haltung von Legehennen

Legehennenbetriebsregistergesetz vom 12. September 2003 (BGBl. I S. 1894), zuletzt geändert am 28. Juli 2014 (BGBl. I S. 1308)

Mit Wirkung vom 19. September 2003 trat das Legehennenbetriebsregistriergesetz in Kraft. Danach sind Betriebe mit mindestens 350 Legehennen zur Haltung von Legehennen und Betriebe mit weniger als 350 Legehennen verpflichtet, sofern die Eier in den Verkehr gebracht werden, sich eine entsprechende **Betriebskennnummer** zuteilen zu lassen. Seit 1. Januar 2004 müssen zudem alle Eier der Güteklasse A zur Herkunftssicherung mit dem sogenannten Erzeugercode versehen werden. Mit Hilfe dieser Kennummer ist es dem Verbraucher möglich, Eier gezielt nach Haltungsart und Herkunft zu kaufen, ferner wird dadurch eine Rückverfolgbarkeit möglich.

Vermarktungsnormen für Eier

Die wichtigsten europäischen Grundlagen der EG Vermarktungsnormen für Eier sind folgende genannte Verordnungen:

- Verordnung (EU) Nr. 1308/2013 des Europäischen Parlaments und des Rates vom 17. Dezember 2013 über eine gemeinsame Marktorganisation für landwirtschaftliche Erzeugnisse und zur Aufhebung der Verordnungen (EWG) Nr. 922/72, (EWG) Nr. 234/79, (EG) Nr. 1037/2001 und (EG) Nr. 1234/2007
- Verordnung (EG) Nr. 589/2008 der Kommission vom 23. Juni 2008 mit Durchführungsbestimmungen zur Verordnung (EG) Nr. 1234/2007 des Rates hinsichtlich der Vermarktungsnormen für Eier
- Richtlinie 1999/74/EG des Rates vom 19. Juli 1999 zur Festlegung von Mindestanforderungen zum Schutz von Legehennen

Die wichtigsten nationalen Verordnungen und Vermarktungsnormen für Eier sind im Folgenden genannte Verordnungen:

- Verordnung über Vermarktungsnormen für Eier in der Fassung der Bekanntmachung vom 18. Januar 1995 (BGBl. I S. 46), die zuletzt durch Artikel 5 der Verordnung vom 17. Juni 2014 (BGBl. I S. 793) geändert worden ist
- Lebensmittelhygiene Verordnung (LMHV)
- Verordnung über Anforderungen an die Hygiene beim Herstellen, Behandeln und Inverkehrbringen von Lebensmitteln In der Fassung der Bekanntmachung vom 21. Juni 2016 BGBl. I S. 1469, zuletzt geändert am 08. Januar 2018 (BGBl. I S. 99)

Für die Kennzeichnung von Eiern gelten die Vermarktungsnormen für Eier.

- Obligatorischer **Erzeugercode** mit Angaben zu Haltungsform und Herkunft auf den Eiern der Güteklasse A. Die erste Ziffer gibt Aufschluss über das Haltungssystem, aus dem das Ei stammt:

0 für ökologische Erzeugung
1 für Freilandhaltung
2 für Bodenhaltung
3 für Käfig- und Kleingruppenhaltung

- Stempelung der Eier mit dem Erzeugercode entweder im Legebetrieb oder spätestens in der ersten Packstelle. Der Erzeugercode dient der Identifizierung des Betriebes und somit der Rückverfolgbarkeit der Eier bis in den Legehennenstall.
- Fakultative Angabe des Verbraucherhinweises „**Ursprung** der Eier: siehe Stempel auf dem Ei" auf der Verpackung. Hierdurch Vermeidung möglicher Missverständnisse, wenn Packstelle und Legebetrieb nicht im gleichen Mitgliedstaat liegen.
- Obligatorische Kennzeichnung von Eiern der Güteklasse A aus Drittstaaten, die keine den EU-Regelungen vergleichbaren Haltungsanforderungen haben, mit der Angabe „Nicht-EU-Norm" und dem Herkunftsland auf dem Ei. Die Eier sind bereits im Exportland zu stempeln.
- Regelmäßige Kontrolle aller Legebetriebe und Packstellen auf Basis einer Risikoanalyse.
- Zusammenfassung der bisherigen Güteklassen B und C zur neuen **Güteklasse B**. Güteklasse B bzw. „Eier zweiter Qualität oder deklassiert" sind für gemäß der RL 89/437/EWG zugelassene Unternehmen der Nahrungsmittelindustrie oder für Unternehmen der Nicht-Nahrungsmittel-Industrie bestimmt.
- Gewaschene Eier (bisher Güteklasse B) dürfen für einen Übergangszeitraum von drei Jahren weiterhin als Konsumeier vermarktet werden. Sie müssen als „gewaschene Eier" gekennzeichnet werden und im Übrigen alle Anforderungen der Güteklasse A erfüllen. Sie dürfen nur in dem Mitgliedstaat vermarktet werden, in dem sie in einer dafür zugelassenen Anlage gewaschen wurden. In Deutschland dürfen „gewaschene Eier" **nicht** vermarktet werden.

Der Mitgliedstaat, in dem die Packstelle liegt, wird nun nicht mehr durch Ziffern verschlüsselt, sondern mit Buchstaben angegeben. Das **Länderkennzeichen** informiert über das **Herkunftsland** des Eies, z. B.:

DE Eier aus Deutschland
NL Eier aus Niederlanden
FR Eier aus Frankreich

- Auch **Direktvermarkter** müssen ihre Eier, die sie auf Wochenmärkten vermarkten, mit dem **Erzeugercode** stempeln.

Erzeugercode

Ausgenommen von der Kennzeichnungspflicht ist die Vermarktung direkt vom Erzeuger auf der Hofstelle oder an der Haustür (max. 100 km vom Produktionsort entfernt) unmittelbar an den Endverbraucher unsortiert für den eigenen Bedarf.

Im Handel werden Eier in vier verschiedenen **Gewichtsklassen** angeboten.

- Gewichtsklasse S: klein, unter 53 g
- Gewichtsklasse M: mittel, 53 g bis unter 63 g
- Gewichtsklasse L: groß, 63 g bis unter 73 g
- Gewichtsklasse XL: sehr groß, 73 g und darüber

Die beiden mittleren Größen M und L sind im Handel die gängigsten, Eier in den Größen S und XL sind etwas seltener zu finden. Der genannte Buchstabe ist auf den **Verpackungen** zu erkennen.

Je nach **Qualität** (z. B. Luftkammergröße, Schalenzustand, innere Zusammensetzung usw.) werden Eier in **Güteklassen** eingestuft. Im Handel werden nur Eier der **Güteklasse „A"** bzw. **„A-Frisch"** angeboten. Gekennzeichnet sind die Eier dann auf dem Karton mit „Güteklasse A", „A" oder „A-Frisch". Eier der Güteklasse A sind frische, gekennzeichnete Eier, die jedoch älter als sieben Tage sein können. Ihre Schale muss unverletzt, sauber, aber nicht gereinigt sein. Des Weiteren dürfen keine Fremdeinlagerungen im Ei-Inneren festgestellt werden. Im Übrigen dürfen Eier der Güteklasse A keinen Fremdgeruch aufweisen, nicht gereinigt oder gewaschen und nicht unter +5 °C gekühlt worden sein.

Eine zusätzliche Kennzeichnung **„Extra bis ..."** oder **„Extra frisch bis ..."** ist durch eine Banderole bei Eiern der Güteklasse „A", deren Luftkammer höchstens 4 mm hoch ist, möglich. Zu dem ange-

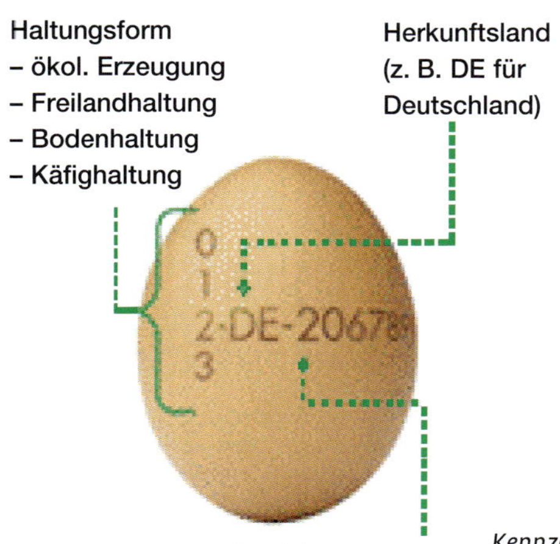

Kennzeichnung von Eiern (www.cma.de).

gebenen Datum muss die Zusatz-Kennzeichnung vom Anbieter im Handel entfernt werden. Dann gehören diese Eier automatisch der Güteklasse „A“ an.

Eier der **Güteklasse B** sind verzehrfähige Eier, die nicht in Güteklasse „A” eingestuft werden, weil z. B. die Luftkammer größer als 6 mm ist oder die Eier verschmutzt sind. Sie werden mit besonderem Zeichen gestempelt. Der Verkauf ist aber im Lebensmittelhandel nicht üblich.

Eier dürfen nach Tier-LMHV gewerbsmäßig als Lebensmittel nur in den Verkehr gebracht werden, wenn sie vor allem vor Witterungseinflüssen geschützt und vom 18. Tag nach dem Legen an bis zur Abgabe bei einer Temperatur von +5 °C bis +8 °C gelagert wurden. Jedoch dürfen Hühnereier nur innerhalb von höchstens 21 Tagen nach dem Legen an den Verbraucher abgegeben werden. Der Verbraucher findet auf den Packungen ein Mindesthaltbarkeitsdatum sowie den Verbraucherhinweis „Bei Kühlschranktemperatur aufbewahren“ und „Nach Ablauf des Mindesthaltbarkeitsdatums durcherhitzen“. Auf der Verpackung und auf dem Ei kann das Legedatum oder auf der Verpackung der Hinweis „vom ... (Tag und Monat) an bei +5 °C bis +8 °C zu kühlen“ (18 Tage nach dem Legedatum) angegeben sein. Werden Hühnereier im Einzelhandel lose oder vom Erzeuger ab Hof, auf einem örtlichen Markt oder im Verkauf an der Tür an den Verbraucher abgegeben, so sind diese Angaben auf einem Schild auf oder neben der Ware oder auf einem Begleitzettel anzugeben.

Merkmale

Güteklasse A = A-frisch (beide Bezeichnungen möglich)	Möglicher Zusatz: „extra oder extra frisch“ (bis zum 9. Tag nach dem Legedatum)
Luftkammer höchstens 6 mm hoch	Luftkammer höchstens 4 mm hoch
Saubere, unverletzte Schale (nicht gereinigt)	
Frei von fremden Gerüchen	
Eiklar und Eidotter frei von Fremdeinlagerungen; beim Durchleuchten muss der Dotter in der Mitte des Eies liegen und darf nur schemenhaft sichtbar sein	
Keim nicht sichtbar entwickelt	

Lebensmittelhygiene-Verordnung (LMHV)

Verordnung über Anforderungen an die Hygiene beim Herstellen, Behandeln und Inverkehrbringen von Lebensmitteln

In der Fassung der Bekanntmachung vom 21. Juni 2016 BGBl. I S. 1469, zuletzt geändert am 08. Januar 2018 (BGBl. I S. 99)

Diese Verordnung dient der Regelung spezifischer lebensmittelhygienischer Fragen sowie der Umsetzung und Durchführung von Rechtsakten der Europäischen Gemeinschaft oder der Europäischen Union auf dem Gebiet der Lebensmittelhygiene.

Lebensmittel dürfen nach den Allgemeinen Hygieneanforderungen nur so hergestellt, behandelt oder in den Verkehr gebracht werden, dass sie bei Beachtung der im Verkehr erforderlichen Sorgfalt der Gefahr einer nachteiligen Beeinflussung nicht ausgesetzt sind. Mit lebenden Tieren darf nur so umgegangen werden, dass von ihnen zu gewinnende Lebensmittel bei Beachtung der im Verkehr erforderlichen Sorgfalt der Gefahr einer nachteiligen Beeinflussung nicht ausgesetzt sind.

Geregelt sind die Anforderungen an die Abgabe kleiner Mengen bestimmter Primärerzeugnisse direkt an Verbraucher.

- Wer kleine Mengen Primärerzeugnisse (z. B. Eier aus eigener Erzeugung von Betrieben mit weniger als 350 Legehennen) direkt an Verbraucher oder örtliche Betriebe des Einzelhandels (im Umkreis von 100 km) zur unmittelbaren Abgabe an Verbraucher abgibt, hat bei deren Herstellung und Behandlung angemessene Maßnahmen einzuhalten. Diese umfassen beispielsweise die baulichen Anforderungen an Betriebsstätten. Verkaufseinrichtungen, Lagerungsmöglichkeiten und die Anforderungen an Ausrüstungsgegenstände. Des Weiteren sollten angemessene Reinigungs- und Desinfektionsmöglichkeiten vorhanden sein. Sichergestellt werden müssen bestimmte Anforderungen an die Personalhygiene und an Personen die mit Primärerzeugnissen umgehen.

Tierische Lebensmittel-Hygieneverordnung (TierLMHV)

Verordnung über die Anforderungen an die Hygiene beim Herstellen, Behandeln und Inverkehrbringen von bestimmten Lebensmitteln tierischen Ursprungs

Neugefasst am 18. April 2018 BGBl. I, berichtigt am 15. Mai 2018 BGBl. I S. 619

Diese Verordnung dient der Regelung von Fragen des Herstellens, Behandelns und Inverkehrbringens bestimmter Lebensmittel tierischen Ursprungs sowie der Umsetzung und Durchführung von Rechtsakten der Europäischen Gemeinschaft oder der Europäischen Union auf dem Gebiet der Lebensmittelhygiene bei Lebensmitteln tierischen Ursprungs

Rechtliche Grundlagen zur Erzeugung von Geflügelfleisch

Die wichtigsten europäischen hygienerechtlichen Grundlagen für die Erzeugung von Geflügelfleisch sind in folgende Verordnungen zu finden:

- **Verordnung (EG) Nr.** 178/2002 des Europäischen Parlaments und des Rates vom 28. Januar 2002 zur Festlegung der allgemeinen Grundsätze und Anforderungen des Lebensmittelrechts, zur Errichtung der Europäischen Behörde für Lebensmittelsicherheit und zur Festlegung von Verfahren zur Lebensmittelsicherheit (ABl. L 31 vom 1.2.2002, S. 1)
- Verordnung (EG) Nr. 852/2004 des Europäischen Parlaments und des Rates vom 29. April 2004 über Lebensmittelhygiene
- Verordnung (EG) NR. 853/2004 des Europäischen Parlaments und des Rates vom 29. April 2004 mit spezifischen Hygienevorschriften für Lebensmittel tierischen Ursprungs
- Verordnung (EG) Nr. 854/2004 des Europäischen Parlaments und des Rates vom 29. April 2004 mit besonderen Verfahrensvorschriften für die amtliche Überwachung von zum menschlichen Verzehr bestimmten Erzeugnissen tierischen Ursprungs
- Verordnung (EG) Nr. 882/2004 des Europäischen Parlaments und des Rates vom 29. April 2004 über amtliche Kontrollen zur Überprüfung der Einhaltung des Lebensmittel- und Futtermittelrechts sowie der Bestimmungen über Tiergesundheit und Tierschutz

Die wichtigsten nationalen Verordnungen zu den hygienerechtlichen Bestimmungen für die Erzeugung von Geflügelfleisch sind in folgenden Verordnungen genannt:
- Tierische Lebensmittel-Hygieneverordnung (Tier-LMHV)
- Lebensmittelhygiene Verordnung (LMHV)
- Tierische Lebensmittel-Überwachungsverordnung (Tier-LMÜV)

Die grundlegenden allgemeinen und spezifischen hygienischen Anforderungen an das Herstellen, Behandeln und in den Verkehr bringen von Lebensmitteln, sind in der EU-Verordnung (EG) Nr. 852/2004 über Lebensmittelhygiene und der Verordnung (EG) Nr. 853/2004 mit spezifischen Hygienevorschriften für Lebensmittel tierischen Ursprungs geregelt. Diese Vorschriften haben das Ziel, eine einwandfreie Beschaffenheit von Lebensmitteln von der Herstellung bis zur Abgabe an den Verbraucher sicherzustellen.

Alle Lebensmittelunternehmen, also auch die landwirtschaftlichen Betriebe, unterliegen dem EU-Hygienerecht und haben auf allen Produktions-, Verarbeitungs- und Vertriebsstufen einschließlich der Primärproduktion dafür Sorge zu tragen, dass die von ihnen in Verkehr gebrachten Lebensmittel sicher sind.

Im Einzelnen werden umfassende Nachweise im Erzeugerbetrieb, die der Halter von Schlachtgeflügel führen muss, gefordert. Des Weiteren wird im Herkunftsbetrieb eine umfangreiche **Schlachtgeflügeluntersuchung** vom amtlichen Tierarzt innerhalb der letzten 72 Stunden vor der Schlachtung durchgeführt. Diese Nachweise und die Schlachtgeflügeluntersuchung (siehe Tabelle Seite 34) sind Voraussetzung für die Erteilung der Schlachterlaubnis. Weiterhin sind die Untersuchung des Schlachtgeflügels im Schlachtbetrieb, die Vorgehensweise und die Beurteilungskriterien bei der **Geflügelfleischuntersuchung** (Tabelle Seiten 34 und 35) sowie die Kennzeichnung des untersuchten Geflügelfleisches vorgeschrieben. Ferner enthalten die Verordnungen genaue Anforderungen an die Beschaffenheit und Ausstattung der Räume sowie allgemeine Hygieneanforderungen für Personal, Einrichtungsgegenstände und Arbeitsgeräte.

Direktvermarktende Betriebe mit Zulassungspflicht

Grundsätzlich sind Betriebe, die Lebensmittel tierischen Ursprungs herstellen, auf der Grundlage der Verordnung (EG) Nr. 853/2004 auch in Verbindung mit der nationalen Tier-LMHV verpflichtet, eine Zulassung zu beantragen.
- Direktvermarktende Betriebe fallen unter die Zulassungspflicht, wenn sie als Betrieb des Einzelhandels tierische Produkte (Geflügelfleisch, Eier u. a.) verarbeiten und mehr als ein Drittel ihrer Produktionsmenge an andere Betriebe des Einzelhandels (z. B. Großküchen, Gastronomie und andere Direktvermarkter) abgeben. Marktstandumsätze außerhalb der Betriebsstätte sind nicht mit in dieses Drittel der Umsätze mit anderen Einzelhändlern einzubeziehen. Die Zulassung wird ebenfalls erforderlich bei Abgabe dieser Erzeugnisse an andere Betriebe, wenn diese außerhalb eines Absatzradius von 100 Kilometern liegen.
- Alle Schlachtbetriebe, auch Kleinstbetriebe sind zulassungspflichtig. Dies gilt auch für kleine selbstschlachtende Metzgereien oder Direktvermarkter. Die Zulassungsanforderungen des EU-Lebensmittelhygienerechts sehen keine starren und detaillierten Vorgaben vor, sondern sind flexibel formuliert, sodass die individuelle Situation auch kleiner und kleinster Schlachtbetriebe angemessen berücksichtigt werden kann. Aus ihnen ergeben sich für die Zulassungsbehörden Ermessensspielräume, durch die den individuellen Gegebenheiten des zuzulassenden Betriebs, insbesondere bei handwerklich strukturierten Betrieben Rechnung getragen werden kann. Mit der Allgemeinen Verwaltungsvorschrift Lebensmittelhygiene stehen den Zulassungsbehörden zudem Auslegungshinweise für die Zulassungsanforderungen im Einzelfall zur Verfügung, um die besondere Situation kleiner und mittlerer Betriebe angemessen zu berücksichtigen. (Schlachtstätten für Geflügel und Hasentiere sind hiervon unter bestimmten Bedingungen ausgenommen.)

Das Inverkehrbringen von Lebensmitteln tierischen Ursprungs aus nicht zugelassenen Betrieben ist auf genau definierte Ausnahmefälle beschränkt:

Direktvermarktende Betriebe mit Registrierungspflicht

- Betriebe mit hofeigener Verarbeitung von Lebensmitteln tierischen Ursprungs, wenn sie ihre Eigenproduktion an Ort und Stelle an den Endverbraucher verkaufen bzw. maximal ein Drittel ihrer Produktion an andere Betriebe des Einzelhandels (inklusiv zum Beispiel Großküchen) in „nebensächlicher Tätigkeit auf lokaler Ebene" abgeben (Umkreis von nicht mehr als 100 km)
- Betriebe bei Abgabe kleiner Mengen (Fleisch von jährlich nicht mehr als insgesamt 10.000 Stück Geflügel), das im landwirtschaftlichen Betrieb geschlachtet worden ist, direkt an Verbraucher oder an örtliche Einzelhandelsbetriebe (inklusiv zum Beispiel Großküchen).

Direktvermarktenden Betriebe, die der Registrierung, aber nicht der Zulassung bedürfen, haben die allgemeinen Hygienevorschriften zu erfüllen, die im Anhang der Verordnung (EG) Nr. 852/2004 über Lebensmittelhygiene oder in der schon erwähnten nationalen LMHV und LMHV-Tier festgelegt sind, jedoch nicht die für zugelassene Betriebe zusätzlich geltenden spezifischen Hygieneanforderungen der Verordnung (EG) Nr. 853/2004.

Betriebe die weder Zulassungs- noch Registrierungspflicht haben

Weder eine Zulassung noch Registrierung benötigen Betriebe, die ausschließlich kleine Mengen von Primärerzeugnissen direkt an den Endverbraucher oder an örtliche Einzelhandelsbetriebe (inklusive zum Beispiel Großküchen) abgeben. Als „kleine Mengen" gelten

- Eier aus eigener Erzeugung von Betrieben mit weniger als 350 Legehennen,

bei direkter Abgabe an Verbraucher in haushaltsüblichen Mengen, bei Abgabe an Betriebe des Einzelhandels (inklusiv zum Beispiel Großküchen) in Mengen, die der für den jeweiligen Betrieb tagesüblichen Abgaben an Verbraucher entsprechen.

Für die Abgabe kleiner Mengen von Primärerzeugnissen gelten die Anforderungen der nationalen LMHV, für die Abgabe von kleinen Mengen an Eiern, frischem Geflügelfleisch zusätzlich auch die Anforderungen der LMHV-Tier.

Gefahrstoffverordnung (GefStoffV)

Vom 26. November 2010 (BGBl. I S. 1643), zuletzt geändert am 29. Märt 2017 durch BGBl. I S. 626

Das Verdampfen von Formalin (Begasung) z. B. in Ställen, Brutanlagen oder Eiern ist nur unter Einhaltung der Gefahrstoffverordnung (GefStoffV) zulässig. Die Technischen Regeln für Gefahrstoffe (TRGS 522) konkretisieren die Anforderungen der Gefahrstoffverordnung um Raumdesinfektionen mit Formaldehyd durchzuführen. Voraussetzung zur Anwendung von Verfahren, bei denen Formaldehyd gasförmig entweicht, sind eine Erlaubnis, ein Befähigungsschein und ein Sachkundenachweis.

Hinweise zu Desinfektionsmaßnahmen

Da der Desinfektionserfolg von zahlreichen Faktoren beeinflusst wird, prüft fortlaufend ein Desinfektionsausschuss der **Deutschen Veterinärmedizinischen Gesellschaft (DVG)** im Handel befindliche Präparate nach bestimmten Prüfungsrichtlinien der DVG auf ihre Wirksamkeit. Die Ergebnisse werden jeweils in einer „**Liste für die Tierhaltung**" und in einer „**Liste für den Lebensmittelbereich**" sowie in einer „**Liste für Tierarztpraxen und Tierheime**" unter der Homepage der DGV tagesaktuell veröffentlich. Außerdem finden sich hier Hinweise zur vorbeugenden Desinfektion gegen das Virus der klassischen Geflügelpest (Aviäre Influenza).

Die Desinfektionsmittellisten können tagesaktuell auf der Homepage der DVG (**www.dvg.de**) abgelesen werden. Alle für den Bereich der Tierhaltung und den Lebensmittelbereich gelisteten Profunkte sind DIN EN-Prüfnormen erfolgreich geprüft. Als zusätzliche DVG-spezifische Qualitätsmerkmale werden über die EN-Normen hinausgehend weitere Prüfrichtlinien gefordert.

Zur **Händedesinfektion** sind geprüfte Handelspräparate zu benutzen. Es wird dabei auf die „Liste der nach den Richtlinien für die Prüfung chemischer Desinfektionsmittel geprüften und von der Deutschen Gesellschaft für Hygiene und Mikrobiologie als wirksam befundenen Desinfektionsverfahren" und auf die „Liste der vom Gesundheitsamt (heute: Robert-Koch-Institut – RKI) geprüften und anerkannten Desinfektionsmittel und -verfahren" hingewiesen.

In den Listen sind vor allem Angaben enthalten im Hinblick auf die Wirksamkeit gegen die verschiedenen Erregergruppen, außerdem auf notwendige Gebrauchskonzentrationen und die oft missachtete erforderliche Einwirkungsdauer. Für die Flächendesinfektion werden 0,4 Liter der zubereiteten Gebrauchslösung je m^2 Fläche empfohlen; im Lebensmittelbereich wird vorausgesetzt, dass die Einrichtungen und Anlagen nach der empfohlenen Einwirkungszeit mit sechs bis acht Liter Wasser von Trinkwasserqualität je m^2 Fläche gespült werden.

Die Biozidprodukte Richtlinie (RL 98/8/EG) ist 1998 in Kraft getreten. Sie regelt die Zulassung der Biozidprodukte in Europa und dient dem Schutz der menschlichen Gesundheit und der Umwelt. Es werden nur noch geprüfte Biozidprodukte, die hinreichend wirksam sind und deren Wirkung auf den Menschen und die Umwelt als akzeptabel bewertet werden, zugelassen. Für die Wirkstoffe der Biozide gelten Übergangsvorschriften bis 2024, sofern diese auf ihre Wirksamkeit und Wirkung auf Mensch, Tier und Umwelt bis 2024 geprüft werden.

Seit September 2013 ist in allen Mitgliedstaaten die neue Biozid-Verordnung (EU) No 528/2012 in Kraft und löst die alte Biozidprodukte-Richtlinie ab. In dieser Verordnung wurden neu aufgenommen die Prüfung von Nanomaterialien und Waren, die mit Biozidprodukten behandelt sind. Die Verordnung verbietet die Anwendung von Wirkstoffen, die karzinogen, mutagen, reprotoxisch oder persistent, bioakkumulierend oder toxisch sind. Demnach sollen Stoffe mit gefährlichen Eigenschaften gegen weniger bedenkliche Stoffe ausgetauscht werden. Es werden darin die Bedingungen für ein vereinfachtes Zulassungsverfahren geregelt. Die Zulassung von Biozidprodukten gilt national und kann über eine gegenseitige Anerkennung auch für andere EU-Mitgliedstaaten übertragen werden (Unionszulassung). Außerdem wird die Biodiversität als Schutzgut in dieser Verordnung aufgenommen.

In Deutschland bearbeitet die Bundesanstalt für Arbeitsschutz und Arbeitsmedizin (BAu.A) (Arbeitsschutz) die Zulassungsanträge in Zusammenarbeit mit dem Umweltbundesamt (UBA) (Umweltschutz) und dem Bundesinstitut für Risikobewertung (BfR) (Verbraucherschutz).

Teil der neuen Zulassungsverfahren in der Biozidprodukte-Verordnung ist die Testung der Desinfektionsmittel auf ihre mikrobiologische Wirksamkeit. Die Prüfmethode der DVG und die europäischen Methoden unterscheiden sich. Viele Hersteller lassen die Wirksamkeit ihrer Desinfektionsmittel nach den EU-Zulassungsverfahren prüfen. Deshalb ist die Anzahl der zugelassenen Desinfektionsmittel in der DVG Liste für den Lebensmittelbereich deutlich zurückgegangen.

Ziel der Desinfektionsmaßnahmen in der **Tierhaltung** (DLG Merkblatt 364 – Reinigung und Desinfektion von Stallanlagen) ist, die horizontale Erregerübertragung von Tier zu Tier, beim Geflügel von Herde zu Herde hauptsächlich vor der Neubelegung eines Stalles oder beim Stallzugang (Desinfektionsmatte, Schuhe) einzuschränken. Beim Ausbruch einer anzeigepflichtigen Seuche erfolgen die Maßnahmen nach Anweisung des beamteten Tierarztes.

Im **Lebensmittelbereich** wird der Schutz vor Erregern tierischen Ursprungs zwar schon durch die tierärztliche Überwachung der Herden und gegebenenfalls durch Impfungen, beispielsweise gegen Salmonellen, eingeleitet. Mit dem Behaftetsein einzelner Tiere mit auch für den Menschen nicht ungefährlichen Keimen (z. B. **Salmonellen,** ***Helicobacter*****-Keime**) ist aber trotzdem zu rechnen, sodass auch im Bereich der Verarbeitung der Produkte einer Keimverschleppung durch Desinfektionsmaßnahmen entgegengewirkt werden muss. Diese schützen überdies die Lebensmittel vor Schmutzkeimen der Umwelt und damit vor Qualitätseinbußen. Präparate der Liste für den Lebensmittelbereich eignen sich auch zur Desinfektion der Tränkeeinrichtungen des Stalles.

Seit einigen Jahren haben sich bei Tieren und Menschen die weltweit vorkommenden **entero-hämorrhagischen *Escherichia coli* (EHEC)-Keime** in Deutschland ausgebreitet, wo sie jetzt als häufiger Erreger von Darmerkrankungen bei Kindern unter 14 Jahren und Menschen über 60 Jahren auftreten und in Einzelfällen zu tödlichem Nierenversagen führen. EHEC sind eine Untergruppe der Shigatoxin-produzierenden *E. coli* (STEC).

Zur STEC-Gruppe gehören nach derzeitigem Kenntnisstand ca. 300 verschiedene Serotypen. Da gegenwärtig noch nicht bekannt ist, welche Eigenschaften einen STEC/VTEC zum EHEC machen, müssen alle STEC/VTEC sicherheitshalber als potentielle EHEC betrachtet werden. EHEC sind in vielen Ländern der Erde, auch in Deutschland, verbreitet. Der Darm von Rindern und kleinen Wiederkäuern ist das natürliche Reservoir für diese Keime. Auch bei anderen Tierarten (Schwein, Hühner, Kaninchen, Hund, Katze, Pferd, Vögel) wurden STEC nachgewiesen. Ihre Rolle für die Übertragung auf den Menschen wird als gering eingeschätzt.

Nicht nur Tierkontakte oder kontaminierte Lebensmittel, auch Direktübertragungen von Mensch zu Mensch führen zu Infektionen (schon weniger als 100 Keime reichen aus, Händedesinfektion!).

Eine Übertragung durch kontaminiertes Trink- oder Badewasser ist nicht ausgeschlossen. Ebenfalls kann – besonders in Gemeinschaftseinrichtungen – die direkte Übertragung von Mensch zu Mensch eine Rolle spielen. Für den Nachweis einer EHEC-Infektion besteht gemäß § 7 Infektionsschutzgesetz eine **Meldepflicht.**

EHEC-Infektionen können durch Lebensmittel tierischen Ursprungs ausgelöst werden. Vor allem rohe bzw. nicht durchgegarte Rindfleischprodukte und **Rohmilch** sowie daraus hergestellte Produkte (Rohmilchkäse) können mit EHEC kontaminiert sein. Durch Schmierinfektion kann der Keim auf andere Lebensmittel übertragen werden. Daneben kann auch rohes, im Boden oder bodennah wachsendes Obst und Gemüse über Rinderdung mit EHEC belastet sein. Auf Edelstahloberflächen sind EHEC bis zu einem Monat, auf der Oberfläche von Fleisch bei Tiefkühllagerung (bei minus 20 °C) mehrere Monate lang nachweisbar. Eine Erhitzung über 70 °C tötet EHEC sicher ab.

Neuerdings häufen sich bei **Gruppenerkrankungen des Menschen** mit Übelkeit, Erbrechen und Durchfällen außer den Salmonellen- und *Helicobacter*-Infektionen auch Infektionen mit den weltweit vorkommenden, kleinen, gegen Umwelteinflüsse sehr widerstandsfähigen **Noroviren** (zuerst im Jahr 1968 in Norwalk/Ohio beschrieben). Noroviren, früher auch als Norwalk-Viren bezeichnet, gelten heute neben Rotaviren als die häufigsten Verursacher von viralen Gastroenteritiden. Die Erreger werden den Caliciviridae zugeordnet. Noroviren sind weltweit verbreitet. Infektionen kommen in allen Altersgruppen vor. Typischerweise verursachen Noroviren Ausbrüche in Gemeinschaftseinrichtungen wie Kindergärten, Schulen und Altersheime.

Die Übertragung der Noroviren erfolgt auf fäkal-oralem Weg. Ansteckungsquelle ist Stuhl oder Erbrochenes. Ausbrüche gehen oftmals von kontaminierten Speisen oder Getränken aus. Aufgrund der hohen Umweltresistenz spielen auch kontaminierte Gegenstände, wie Spielzeuge in Kindergärten, eine wichtige Rolle. In einigen Fällen scheint die Infektion auch auf aerogenem Weg zu erfolgen.

Beschwerden treten zwölf bis 48 Stunden nach Aufnahme der Erreger auf. Die Ansteckungsfähigkeit besteht während der akuten Erkrankung sowie meist noch über zwei Tage nach Abklingen der Symptome. Bislang sind diese Viren nur beim Menschen und nicht bei Tieren nachgewiesen worden. Der Erreger wird massenhaft im Stuhl ausgeschieden. Daher kommt es vor allem nach mangelhafter Toiletten- und Händehygiene bei der Arbeit mit den Lebensmitteln zur Kontamination der Produkte mit diesen Viren. Zu den wichtigsten Schutzmaßnahmen gehören eine regelmäßige gründliche Reinigung und Desinfektion, mit einem alkoholischen Desinfektionsmittel, der Hände vor der Arbeit mit Lebensmitteln. Daneben gehören das Tragen von Handschuhen und Schutzkitteln sowie der Verzicht auf Händeschütteln zu den einfachsten Strategien eine Ansteckung zu vermeiden. Von besonderer Bedeutung ist die Desinfektion von kontaminierten Flächen, insbesondere in Sanitärbereichen. Dabei ist zu beachten, dass nur Präparate eingesetzt werden sollen, die über eine nachgewiesene Viruswirksamkeit verfügen. Für den Einsatz taugliche Desinfektionsmittel können aus der vom Robert-Koch-Institut geprüften Liste von anerkannten Präparaten ersehen werden. Nach dem Infektionsschutzgesetz § 7 ist der Nachweis der akuten Infektion namentlich **meldepflichtig**.

Problematisch wird es allerdings, wenn Wundinfektionen der Hände, beispielsweise infizierte Brandblasen, vorliegen. Hier werden am häufigsten **Staphylokokkenstämme** gefunden, die ein **hitzestabiles Toxin** bilden. Auch in den damit kontaminierten Lebensmitteln können sich diese Staphylokkoken-Keime vermehren und ihr Toxin in ihr Umfeld abgeben. Gruppenerkrankungen mit im Vordergrund stehendem Erbrechen treten dann meist schon zwei bis vier Stunden nach der Aufnahme des betroffenen Lebensmittels auf. Die Dauer der Erkrankung ist kürzer als bei der Nahrungsmittelvergiftung durch die ein **hitzelabiles Toxin** bildenden Salmonellen, wobei die Magen-Darm-Entzündung in der Regel auch später, sechs bis 40 Stunden nach Verzehr des Lebensmittels, zustande kommt. Ein Schutz der Nahrungsmittel vor dem Kontakt mit den Erregern der infizierten Wunden gelingt nur mit Hilfe geeigneter Schutzhandschuhe.

Aus der Liste der Desinfektionsmittel für die **Tierhaltung** sind auch die mit Wirkung auf **Parasiteneier** und/oder **Tuberkulose-Bakterien** aufgeführten Präparate zu entnehmen.

Wirkungsweise der wichtigsten Wirkstoffgruppen

Wirkstoffgruppe	Wirkungsweise
Aldehyde	Breites Wirkungsspektrum auf Zellproteine und Nukleinsäuren (Viren) Zerstörung von Bestandteilen der Zellwand Behinderung des Zellstoffwechsels Glutaraldehyd ist bei sehr hohen Belastungen mit organischem Material noch wirksam **Toxizität:** Kontakt führt zu Reizung der Haut, Schleimhäute, Atemwege, Verdauungstrakt
Alkohole	Wirkung durch Eiweißfällung (Denaturierung von Proteinen) Ethanol: 60–70%ige Konzentration wirksam (v. a. zur Händedesinfektion) Isopropanol: 50–70%ige Konzentration wirksam 95%ig keine desinfizierende Wirksamkeit, nur konservierender Effekt **Toxizität:** Methanol ist sehr giftig
Chlor und Chlorabspalter	Oxidation von Zellproteinen und Nukleinsäuren der Mikroorganismen, Reaktion von Chlor mit Zellenzymen **Toxizität:** Mischung von Chlor mit Säuren setzt Chlorgas frei
Jodophore	Oxidation von Bestandteilen der Eiweißmoleküle **Toxizität:** gering
Sauerstoffabspalter (Peroxide)	Oxidation von Zellproteinen und Nukleinsäuren der Mikroorganismen **Toxizität:** Verätzung der Haut und Schleimhäute
Laugen	Zerstörung der Zellwand der Bakterien **Toxizität:** stark ätzend
Säuren	Störung der Protonenpumpe in der Zellwand der Bakterien **Toxizität:** konzentrierte Säure verursacht starke Schleimhautreizung
Phenole	Zerstörung der Zellwand der Bakterien Inaktivierung von Proteinen im Zellinneren **Toxizität:** Verätzung der Haut, Vergiftung bei Resorption über die Haut
Oberflächenaktive Substanzen:	
• Kationische Tenside (Quarternäre Ammoniumverbindungen)	Zerstörung des Zellmilieus, Denaturierung von Proteinen **Toxizität:** gering, Hautsensibilisierung
• Amphotere Verbindungen	Zerstörung des Zellmilieus, Denaturierung von Proteinen **Toxizität:** gering
• Guanidin	Schädigung der Zytoplasmamembran **Toxizität:** akut toxisch bei oraler Aufnahme
• Anionische Tenside	Nicht als Desinfektionsmittel geeignet

Wirkungsspektrum und pH-Abhängigkeit der wichtigsten Wirkstoffgruppen (modifiziert nach STRAUCH und BÖHM, 2002)

Wirkstoffgruppe	Rkt.[1] Geschw.	optimaler pH-Bereich 2 3 4 5 6 7 8 9 10	Sporen	Vegetative Formen	Mykobakterien	Gram-neg. Bakterien	Hefen	Schimmelpilze	Viren	Beeinflussung durch das Milieu
Peressigsäure	S		+++	+++	+++	+++	+++	+++	+++	stark
Chlor (Na-Hypochlorit)	S		+++	+++	++	+++	++	++	+++	stark
Chlorabspalter	S		+++	+++	++	+++	++	++	+++	stark
Jod	S		+++	+++	++	+++	++	++	+++	stark
Formaldehyd	L		+++	+++	+++	+++	++	++	+	stark
Formaldehydabspalter	LL		+++	+++	++	+++	++	++	+	stark
Glutaraldehyd	S		+++	+++	+++	+++	++	++	+	stark
Phenol und Derivate	S		–	+++	+++	+++	++	++	+	gering
Alkohol	S		–	+++	+++	+++	++	++	+	gering
Quat. Verbindungen	L		–	+++	–	++	+++	+++	+	stark
Guanidine	S		–	+++	–	+++	++	++	+	stark
[2]Amph. Verbindungen	L		–	+++	++	+++	+++	+++	+	mäßig

gute Wirksamkeit, abnehmend
nur noch schwache Wirkung

S: schnell wirksam
L: langsam wirksam
LL: sehr langsam wirksam
[1] Rkt. Geschw. = Reaktionsgeschwindigkeit
[2] Amph. = Amphotere

+++ gute Wirksamkeit
++ mäßig wirksam
+ selektiv wirksam
– unwirksam

Unbehüllte Viren

Virusgruppe	Wichtige Virusarten bzw. Krankheiten	Empfänglich
RNA-Viren		
Picorna	Maul- und Klauenseuche Rhinoviren (Schnupfen) Kükenencephalomyelitis Entenhepatitis	Wiederkäuer, Schwein Schwein, Pferd, Rind, (Mensch) **Huhn** **Ente**
Calici	Felines Calicivirus (Schnupfen) Hämorrhag. Kaninchenseuche Noroviren (Norwalk-Viren)	Katze Kaninchen Mensch
Reo	Reovirus Rotavirus (Säuglingsenteritiden) Virus der Blauzungenkrankheit	Säuger, **Geflügel** Säuger, **Geflügel** Wiederkäuer
Birna	Infektiöse Bursitis (Gumboro) Infektiöse Pankreasnekrose	**Geflügel** Salmoniden
Polyomavividae DNA-Viren		
Parvo	Parvovirosen Gastroenteritis/Myocarditis Panleukopenie (Katzenseuche) Nerzenteritis Gänsehepatitis (Derzsysche Krankheit)	Rind, Schwein, (Mensch) Hund Katze Nerz **Gans, Moschusente**
Papillomvividae	Papillomviren	Säuger
Adeno	Hundehepatitis (HCC) Adenoviren	Hund Säuger, **Geflügel**
Circo	Kükenanämie (CAV) Beak and Feather Disease (BFDV) Porcines Circovirus (PCV)	**Huhn** **Psittaciden** Schwein

Behüllte Viren

Virusgruppe	Wichtige Virusarten bzw. Krankheiten	empfänglich
RNA-Viren		
Toga	Europäische Schweinepest Mucosal Disease/Virusdiarrhoe Pferdeencephalomyelitiden	Schwein Rind Pferd, (Mensch)
Orthomyxo	Influenza, klassische Geflügelpest	Säuger, **Geflügel**
Paramyxo	Parainfluenza Newcastle Disease Respiratory-Syncytial-Viren Staupe Rinderpest	Säuger, **Geflügel** **Geflügel** Säuger Hund Rind
Rhabdo	Tollwut, Tollwutvirus, Virus der Veskulären Stomatitis, Virus der Hämorrhagischen Septikämie, Virus der Infektiösen Hämatopoetischen Nekrose	Säuger
Retro	Leukosen, Sarkome Infektiöse Anämie Visna-Maedi HIV (AIDS)	Säuger, **Geflügel** Pferd Schafe, Ziege Mensch
Corona	Übertragbare Gastroenteritis Coronavirus-Enteritiden Infektiöse Bronchitis Infektiöse Peritonitis	Schwein Säuger, **Puten** **Huhn** Katze
Arena	Lymphozytäre Choriomeningitis	Nager, (Mensch)
Flavi	Gelbfieber Zeckenencephalomyelitis Virus der Bovinen Virusdiarrhöe Virus der Klassischen Schweinepest Border-Disease-Virus, Zeckenenzephalitis-Virus Drehkrankheit Israelische Putenencephalitis	Mensch Mensch Rind Schwein Schafe, Kälber, Lämmer Wiederkäuer, (Mensch) Schaf **Pute**
Arteri	Equines Arteritisvirus (EV) Virus des seuchenhaltigen Spätabortes (PRRSV)	Pferd Schwein
Borna	Borna-Krankheit	Pferd, Schaf
DNA-Viren		
Herpes	Pseudowut (Aujeszky) IBR-IPV (Nasen-Lungen-Entzündung, Bläschenausschlag) Rhinopneumonitis-Stutenabort Infektiöse Laryngotracheitis Mareksche Hühnerlähmung Rhinotracheitis (Schnupfen)	Säuger Rind Pferd *Huhn* *Huhn* Katze
Pox	Pocken Myxomatose Parapocken, Ecthyma	Säuger, *Geflügel* Kaninchen Rind, Schaf, (Mensch)
Asfarviridae	Virus der Afrikanischen Schweinepest	Schwein

Ergänzende Fachliteratur

BESSEI, W.: Bäuerliche Hühnerhaltung. Verlag Eugen Ulmer, Stuttgart 1999.

ESTERMANN, M.-T.: Hühner, Gänse, Enten, 8. A. Verlag Eugen Ulmer, Stuttgart 2010.

GOMRINGER, A.: Unsere ersten Hühner. Verlag Eugen Ulmer, Stuttgart 2012.

HAIDER, G. und MONREAL, G.: Krankheiten des Wirtschaftsgeflügels, Band I und Band II. Gustav Fischer Verlag, Jena-Stuttgart 1992.

HAFEZ, H. M. und JODAS, S.: Putenkrankheiten. Ferdinand Enke Verlag, Stuttgart 1997.

KEPPLER, G.: MTool/Basiswissen Legehennenhaltung

LUTTITZ, H. V.: Enten und Gänse halten. Verlag Eugen Ulmer, Stuttgart 2005.

PEITZ, B. und PEITZ, L.: Hühner halten, 9. A. Verlag Eugen Ulmer, Stuttgart 2015.

PEITZ, B. und BAUER, W.: Hühner in meinem Garten. Verlag Eugen Ulmer, Stuttgart 2012.

ROLLE, M. und MAYR, A.: Medizinische Mikrobiologie, Infektions- und Seuchenlehre. Ferdinand Enke Verlag, Stuttgart 2006.

SAMBRAUS, H. H.: Farbatlas Nutztierrassen, 7. A. Verlag Eugen Ulmer, Stuttgart 2011.

SCHMIDT, H. und PROLL, R.: Taschenatlas Hühner und Zwerghühner, 3. A. Verlag Eugen Ulmer, Stuttgart 2014.

SIEGMANN, O. und NEUMANN, U.: Kompendium der Geflügelkrankheiten, 7. A. Verlag Schlütersche, Hannover 2012.

STRAUCH, D. und BÖHM, R.: Reinigung und Desinfektion in der Nutztierhaltung und Veredelungswirtschaft. Ferdinand Enke Verlag, Stuttgart 2002.

Bildquellen

Umschlagfoto: iStock.com/Nikon Shutterman

Die Fotos auf den Seiten 93 r., 95, 103 l., 121, 122 u., 132 u. wurden von Prof. Dr. med. vet. H.M. Hafez, Berlin, zur Verfügung gestellt.

Das Foto auf Seite 26 l. wurde von Herrn R. Heinisch, Fa. Salmet, zur Verfügung gestellt.

Die Fotos auf den Seiten 24 und 25 wurden von Tobias Riehle zur Verfügung gestellt.

Alle anderen Fotos stammen aus dem Archiv der Autoren.

Die Zeichnungen fertigte Brigitte Zwickel-Noelle nach Vorlagen des Autors und aus der Fachliteratur.

Die Abbildungen auf den Seiten 7, 8, 9, 10, 22, 23, 85, 86 kolorierte Helmuth Flubacher, Waiblingen, die Abbildungen auf den Seiten 24, 40 und 41 fertigte er neu.

Der Verlag Eugen Ulmer ist nicht verantwortlich für den Inhalt von Links.

Impressum

Dr. med. vet. Silvia Jodas war von 1997 bis 2006 Lehrbeauftragte für Geflügelhygiene und -krankheiten an der Universität Hohenheim. Von 2003–2006 war sie an der Klinik für Vögel der Ludwig-Maximilians-Universität München tätig.

Prof. Dr. med. vet. Hellmut Woernle war bis 1989 Lehrbeauftragter für Geflügelhygiene und -krankheiten an der Universität Hohenheim. Er war Leiter des Staatl. Tierärztl. Untersuchungsamtes Stuttgart, Vorsitzender der Stuttgarter Tierärztl. Gesellschaft und war im Beirat der Grimminger-Stiftung für Zoonosenforschung tätig. Prof. Woernle verstarb 2011.

Bibliografische Information der Deutschen Nationalbibliothek
Die Deutsche Nationalbibliothek verzeichnet diese Publikation in der Deutschen Nationalbibliografie; detaillierte bibliografische Daten sind im Internet über http://dnb.d-nb.de abrufbar.

Wollgrasweg 41, 70599 Stuttgart (Hohenheim)
E-Mail: info@ulmer.de
Internet: www.ulmer-verlag.de
Lektorat: Pia Fehrenbach, Antje Springorum, Dr. Eva-Maria Götz
Herstellung: Judith Schumann
Umschlagentwurf: Verlag Eugen Ulmer
Satz: r&p digitale medien, Echterdingen
Reproduktion: timeRay, Jettingen
Druck und Bindung: Pustet, Regensburg
Printed in Germany

ISBN-13 978-3-8186-0524-7

Stichwortverzeichnis

Fett: Farbabbildungen

HIER KÖNNEN SIE WEITERLESEN

Hühner halten

Beate und Leopold Peitz.
10., akt. und erw. Auflage 2021.
192 S., 96 Farbfotos, 14 farbige Zeichnungen, 14 Tabellen, geb.
ISBN 978-3-8186-1167-5.

Dieses Buch bietet Ihnen alles Wissenswerte, um Ihre Hühner artgerecht halten zu können. Sie erfahren mehr über Hühnerrassen, auch solche für Anfänger, über die körperlichen Eigenheiten, die Gesundheit und das Verhalten der Hühner. Sie finden Informationen dazu, wie Hühnerstall und Auslauf am besten gestaltet werden, wie Sie Ihre Legehennen richtig füttern, über die Brut der Eier und Aufzucht der Küken sowie über Ihre eigenen Hühnerprodukte wie Eier und Fleisch.

ERFOLGREICHE MOBILSTALLHALTUNG

Geflügel im Mobilstall.
Management und Technik.
Jutta van der Linde, Henning Pieper.
2018. 208 Seiten, 104 Farbfotos,
30 farbige Zeichnungen, 15 Tabellen,
kart. ISBN 978-3-8186-0344-1.

Ein Mobilstall ermöglicht eine erfolgreiche Direktvermarktung von Eiern und Geflügelfleisch. Aber welche Faktoren machen die Mobilstallhaltung so attraktiv? Wie rechnet sich ein Mobilstall für Geflügel? Was ist beim Management zu beachten und wie organisiert man die Vermarktung von Eiern und Fleisch? Dieses Buch zeigt sowohl Bio- als auch konventionellen Betrieben, wie der Einstieg in die Mobilstallhaltung am besten gelingt und wie bestehende Geflügelbestände optimiert werden können. Die Autoren Jutta van der Linde und Henning Pieper sind erfahrene Berater der Landwirtschaftskammern Nordrhein-Westfalen und Niedersachsen und Experten für alle Themen rund um die Mobilstallhaltung.

BEZAUBERNDE MINI-HÜHNER

Unsere ersten Wachteln.
Anne-Kathrin Gomringer.
2., aktualisierte Auflage 2018.
96 Seiten, 90 Farbfotos,
19 Zeichnungen, Klappenbroschur.
ISBN 978-3-8186-0531-5.

Die Haltung von Wachteln ist nicht schwer. Welche Arten von Wachteln es gibt, welche sich besonders gut für die Haltung eignen und was alles dazu gehört, damit die Hühnchen glücklich und gesund leben – von Unterbringung über Fütterung, Brut und Kükenaufzucht bis zu den eigenen Wachteleiern für die Küche – all dies erfahren Sie in diesem sympathischen Ratgeber.

DAS NACHSCHLAGEWERK

Hühner und Zwerghühner.
182 Rassen für Garten, Haus, Hof und Ausstellung.
Horst Schmidt, Rudi Proll.
4., aktualisierte Auflage 2018.
192 Seiten, 368 Farbfotos, kart.
ISBN 978-3-8186-0707-4.

In diesem kompakten Buch werden 182 Rassen in 366 Farbfotos vorgestellt. Je ein Foto von Hahn und Henne zeigt beispielhaft standardgerechte Vertreter der Rasse. Über Zuchtgeschichte, Rassemerkmale und alle wichtigen charakteristischen Eigenschaften, Besonderheiten, Farbenschläge, Legeleistung und Nutzung der unterschiedlichen Hühner und Zwerghühner informiert das handliche Buch auf einen Blick.